J. Spörer

Nowaja Semlä

SALZWASSER
VERLAG

J. Spörer

Nowaja Semlä

1. Auflage 2012 | ISBN: 978-3-86444-882-9

Erscheinungsort: Paderborn, Deutschland

Salzwasser Verlag GmbH, Paderborn. Alle Rechte beim Verlag.

Nachdruck des Originals von 1867.

J. Spörer

Nowaja Semlä

NOWAJA SEMLÄ

IN

GEOGRAPHISCHER, NATURHISTORISCHER

UND

VOLKSWIRTHSCHAFTLICHER BEZIEHUNG.

NACH DEN QUELLEN BEARBEITET

VON

J. SPÖRER.

MIT EINER ÜBERSICHTSKARTE UND EINER SPEZIALKARTE.

(ERGÄNZUNGSHEFT No. 21 ZU PETERMANN'S „GEOGRAPHISCHEN MITTHEILUNGEN".)

GOTHA: JUSTUS PERTHES.
1867.

INHALTS-VERZEICHNISS.

VORWORT.

Die Geographie und Erforschung der Polar-Regionen nach Kräften fördern zu helfen, habe ich mir seit längerer Zeit unter Anderem auch die Aufgabe gestellt, eingehende geographische und kartographische Arbeiten über diese Gebiete zu veröffentlichen.

Die vorliegende Monographie über Nowaja Semlä bildet eine dieser Arbeiten.

Angesichts des seit drei Jahren neuerweckten Interesse für den hohen Norden hatte ein gebildeter hochherziger Russischer Kaufmann, Ssidorow, eine beträchtliche Summe Geldes für die Bearbeitung und Herausgabe eines Werkes über jenes arktische Inselland bestimmt, welches den Schauplatz ruhmvoller, ausgezeichneter Russischer Erforschungs-Expeditionen bildet und in geographischer wie auch in kulturhistorischer Beziehung ein nicht geringes Interesse beansprucht. Die Abfassung dieses Werkes geschah unter der Direktion und Supervision der unausgesetzt eine eben so grossartige als resultatenreiche Thätigkeit entfaltenden K. Russischen Geographischen Gesellschaft in St. Petersburg, so zwar, dass nach einem von dem hochverdienten Präsidenten der Gesellschaft, Admiral Lütke, entworfenen Plane eine Reihe erster Gelehrten Russlands, wie Baer, Helmersen, Ruprecht u. A., an besonderen Abtheilungen des Werkes thätig waren, welches im Jahre 1866 unter der Redaktion des Herrn Carl Swenske in einem stattlichen Quartbande in Russischer Sprache erschien.

Dieses Werk bildet, wenn auch nicht die Grundlage, doch den Ausgangspunkt und die allgemeine Richtschnur für die gegenwärtige Monographie, welche, nach einem selbstständigen Plane verfasst, in allen Fällen auf die Quellen selbst zurückgeht und nach dem Wortlaut der Originalberichte bearbeitet worden ist. Unter diesen Quellen sind neben den allgemein bekannten, in Französischer oder Deutscher Sprache abgefassten, Schriften der St. Petersburger Akademie ganz besonders zu nennen die Mémoiren des K. Russischen Hydrographischen Departements und andere in Russischer Sprache erschienene Werke, die ausserhalb Russland so gut wie ganz unbekannt und bis jetzt wenig oder gar nicht benutzt sein dürften.

So viel daher, auch in Deutscher Literatur, über Nowaja Semlä bis jetzt geschrieben sein mag, so gewährt die vorliegende Monographie, welche unter Benutzung aller Quellen gründlich, eingehend und systematisch bearbeitet ist, zum ersten Mal eine vollständige Übersicht der Geographie und Naturgeschichte dieses Stückes unserer Erde in Deutscher Sprache, und auch gegen das Russische Werk von Swenske nimmt sie eine durchaus selbstständige Stellung ein.

Wie sehr verschieden, um wie viel richtiger und reichhaltiger als alle bisherigen Publikationen dieser Abriss der Geographie von Nowaja Semlä ist, wird schon ein einziger Blick auf die Spezialkarte (Tafel 2) im Vergleich mit allen bisher ausserhalb Russland gebotenen Karten darthun.

Für die Bearbeitung dieses Werkes hatte ich das Glück, einen lieben Freund zu gewinnen, dessen sprachliche, geographische und geschichtliche Kenntnisse eben so sehr wie sein tiefes Interesse für die Förderung der geographischen Wissenschaft ihn in hohem Grade zur Beherrschung der Aufgabe befähigten. Bei der äusserst seltenen Bekanntschaft mit der Russischen Sprache — denn sogar Al. v. Humboldt und Carl Ritter waren ihrer nicht mächtig — dürfte es nur selten vorkommen, dass ähnliche Werke zur Bearbeitung und Publikation gelangen.

Möchten die verehrten Deutschen Leser beim Studium dieser gediegenen Arbeit nicht übersehen, wie viel Russland in gründlicher und eingehender Weise für die Geographie gethan hat und noch thut, und wie es mehr als je an der Zeit ist, dass auch unser Deutschland, gegenwärtig so gross und mächtig dastehend unter den Völkern der Erde, endlich mit eintritt unter die Zahl derjenigen gebildeten Nationen, die sich die geographische Erforschung unseres Planeten angelegen sein lassen. Mit einziger Ausnahme der Österreichischen Novara-Expedition[1]) und ihrer wahrhaft grossartigen und wissenschaftlich bedeutungsvollen Publikationen hat Deutschland *als Staat* für die Erdkunde im Allgemeinen kaum mehr gethan als die ungebildeten wilden Völker der Erde; in dieser Beziehung stehen wir unter den Russen, Engländern, Franzosen, ja sogar unter den Dänen, Schweden, Holländern und Amerikanern. Nehmen wir z. B. unsere nördliche Hemisphäre, so ist die Erforschung der nördlichen Gegenden auf der Europäisch-Asiatischen Seite aufs Ruhmwürdigste vertreten durch Russland, diejenige auf der Amerikanischen Seite durch England, die Gruppe von Spitzbergen durch Schweden; wir Deutsche haben, von *Staatswegen*, nicht einmal so viel gethan, als Dänemark, Frankreich, Holland — jedes einzelne dieser Länder — für die Kenntniss von Grönland, Spitzbergen und Nowaja Semlä gethan haben; Deutschland hat in dieser Richtung bis jetzt nicht mehr und nicht minder gethan als etwa die Barbarei-Staaten. Ist das nicht gerade für uns Deutsche, die wir uns mit Vorliebe mit der geographischen Wissenschaft beschäftigen, erniedrigend? Aber gegen unsere Regierungen darf man einen Vorwurf allein nicht richten, es ist unsere eigene bisherige Zerfahrenheit, die an der Thatenlosigkeit Deutschlands in dieser Richtung ebensoviel Schuld trägt. Denn wenn es sich z. B. um Hebung unseres Seewesens handelt, so muss man billig fragen: Wesshalb werden die unter unserem Volke zusammengebrachten Flottengelder zurückbehalten? die etwa so viel betragen, als die Franzosen gegenwärtig durch eine National-Subskription für ihre Nordpol-Expedition zusammenbringen wollen. Wenn man für die noch vorhandene Summe von gegen 100,000 Thlr. doch kein Schiff kaufen kann, wesshalb bestimmt man dieselbe nicht zur Ausrüstung einer Deutschen Nordpol-Expedition, wie sie von Deutscher Seite gewünscht und gutgeheissen ist, und wie sie, *mittelbar*, zur Hebung des Deutschen Seewesens unendlich viel mehr beitragen würde als ein einzelnes neues Schiff?

Gotha, 25. September 1867.

A. Petermann.

---

[1]) Die Preussische Ostasiatische Expedition hatte einen rein handelspolitischen Zweck.

RUSSLAND.

Unter'm Himmelszelte,
Weithin ausgespannt,
Dehnt in duft'ger Ferne
Steppengrün sich aus;

Und an dessen Saum,
Über'm Wolkenzug,
Ragen riesengross
Bergkolosse auf.

Ströme wogen hin
Durch das Gräsermeer,
Wege ziehen sich
Frei in alle Welt...

Schau' ich südwärts aus,
Wogt ein Kornfeld auf,
Zitternd jeder Halm,
Wie im Teich das Rohr;

Wiesen breiten sich
Wie ein Teppich aus,
Purpurn glüht die Reb'
Auf in Sonnengluth.

Schau' ich nordwärts aus,
Wogt ein Flockenmeer,
Wirbelt weisser Schnee
Über Wüsten hin;

Hebt sich stolz die Brust
Grauer Meeresfluth,
Wandert bergehoch
Nordpols Eis dahin;

Flammt in düst'rer Gluth
Durch des Nebels Schwall
Himmelsfeuersbrunst,
Nordlichts Schein, empor. —

Das bist, Heimath, Du.
Mächt'ges Russenland,
Süsses Vaterland,
Heil'ges Russland, Du!

Weithin wuchs'st Du aus,
Durch drei Welten hin,
Machtvoll wuchs'st Du auf,
Stolz in Herrscherglanz.

Fehlt es Dir an Raum
Etwa für die Lust
Kühner Werdekraft,
Frischen Heldenmuths?

Fehlt es Dir an Gut
Etwa für den Gast,
Für den Freund an Brod,
Für den Feind an Stahl?

Schlummert nicht im Schooss
Dir die Riesenkraft?
Schmückt Dich Thatenruhm
Grosser Vorzeit nicht?

Vor wem hast Du Dich
Je erniedriget?
Vor wem krochest Du
Je im Missgeschick?

Die Du niederwarfst,
Die Mongolenmacht —
Unter Hügeln ruht
Deiner Steppen sie.

Rangst mit Lithau'n Du,
Rangst den Kampf zu End',
Und den Lächen warfst
Grimmig Du zurück.

Ist's so lange her,
Dass vom Abendland
Schwarzes Sturmgewölk
Rings umwälzte Dich?

Wälder sanken hin
Unter seinem Hauch,
Es erzitterte
Bang' die Mutter Erd'.

Von dem Dörferbrand
Qualmt es schwarz empor,
Zu den Wolken steigt
Drohend auf der Rauch.

Doch kaum rief der Zar
Auf sein Volk zum Streit,
Als im Sturm ringsum
Russland hoch aufwogt, —

Sammelt seine Söhne
Auf steht Jung und Alt —
Und empfing die Gäste
Zu dem blut'gen Mahl.

Auf der weiten Fläche,
Unter Haufen Schnee,
Schlummerten für immer
Stumm die Gäste ein.

Schneesturm sang das Grablied
Auf der Völkergruft,
Nordlands Stürme heulten
Wild den Klaggesang.

Aus dem Brandschutt stiegen
Neu die Städte auf.
Durch die Gassen wimmelt
Frisch das ems'ge Volk.

Über graue Meere,
Ferner Länder Gruss
Fröhlich Dir zutragend,
Ziehen Schiffe her.

Deine Felder grünen,
Wieder lärmt's im Wald.
Aus der Erde Tiefen
Schürfst Du Erz und Gold.

Durch die weiten Länder,
In der weiten Welt,
Tönt's von Deinem Ruhme
Hell mit eh'rnem Klang.

Wohl verdienst Du es,
Mächt'ges Russenland,
Dass man liebet Dich,
Stolz Dich Mutter nennt, —

Dass für Deine Ehre
Fest Dein Sohn eintritt,
Dass den Kopf er hinlegt,
Wenn die Ehr' es heischt.

Das Lied im reimlosen Rhythmus des Russischen Volksgesanges, das das Vorwort vertritt, ist von einem Russischen *Bauern* Nikitin aus dem Woronesch'schen Gouvernement, der Heimath „Koljzoff's", 10 Jahre vor der Erlösungsthat des 19. Februar gedichtet. Das Werk „Nowaja Semlä", dessen Bearbeitung hier vorliegt, ist auf Kosten des Russischen *Kaufmanns* Ssidorow, eines Mitglieds der Russischen Geographischen Gesellschaft, gedruckt worden. — Es sind das Thatsachen, die in „Europa" beachtet zu werden verdienen. Eine neue Sammlung der Dichtungen Nikitin's wird vorbereitet oder ist vielleicht schon erschienen. Möchte doch das Beste darin in einer Bodenstedt'schen Übertragung den Deutschen vermittelt werden. Es ist für die Deutsche *Kultur-*Nation die höchste Zeit, sich über ihre Lage inmitten der sich vorbereitenden Weltgeschicke geographisch und historisch zu orientiren und Stellung zu nehmen, bevor sie aus ihrem Gemüthsdusel durch den Donner der Kanonen herausgerüttelt wird. Nikitin's „Russland" und E. M. Arndt's „Was ist des Deutschen Vaterland?!" sind durch die Ereignisse des Jahres 1866 in einer Weise beleuchtet worden, die keiner Erläuterung bedarf. — Russland hat den Nationalstaat hinter, die geistig-sittliche Durchbildung der Einzelpersönlichkeit vor sich, Deutschland — doch brechen wir hier lieber ab. —

Gotha, den 1. Februar 1867.

J. Spörer.

I. Geschichtliche Einleitung.

1. Ausbreitung der Slawen über Ost-Europa [1].

Die elementaren Grundzüge der Russischen Volksgeschicke, die allmähliche Ausbreitung der Russen über das Ost-Europäische Tiefland, das Entstehen und Wachsen des Russischen Staatsgebiets — sie sind in dem Laufe der Russischen Ströme vorgezeichnet.

Vom Weissen bis zum Schwarzen Meere, von der Ostsee bis zum Kaspi-See fehlt jegliche dominirende Erhebung, jeder schroffe Gegensatz. Die Gleichförmigkeit der Bodenformen, die allmählichen Übergänge des Klima's, der organischen Gebilde, leiteten die Bewohner zu gleichartiger Beschäftigung, gleicher Ernährungs- und Lebensweise an; die Gleichartigkeit der Existenzformen erzeugte die Ähnlichkeit der Bräuche, Sitten, Anschauungen, der Empfindungs- und Glaubensweise. Die Ebene, so weit sie auch reichen mag, so stammverschieden ihre Bevölkerungselemente auch sein mögen, führt, früh oder spät, zum einheitlichen Staatswesen, zum geschlossenen Einheitsstaat. Die Weite des Russischen Staatsterritoriums, die Gleichförmigkeit seiner Theile, ihr unlösbarer Zusammenhang —, sie sind geographisch bedingt.

Das Ost-Europäische Tiefland ist nach SO. geöffnet, hängt hier mit den Central-Asiatischen Flachländern zusammen. Seit den frühesten Zeiten strömten durch das Uralisch-Kaspische Völkerthor Asiatische Nomadenstämme nach Europa ein, ergingen sich in den wahlverwandten Steppenstrichen an den Unterläufen der Wolga, des Don, des Dnepr, drangen durch das Stromthal der unteren und mittleren Donau ins Herz von West-Europa vor. An ihnen vorüber bewegen sich vom Fusse der Karpathen aus Slawische Ackerbaustämme immer tiefer nach NO. hinein, die Mittel-Russische Ebene erfüllend. — Das Süd-Russische Steppengebiet bedingte einerseits den Jahrhunderte langen Kampf der sesshaften, agrikolen Bevölkerung mit dem räuberischen Nomadenthum, andererseits das fessellose Leben des freien Steppenbauern und Lanzenreiters (Kosaken) auf dem Grenzstriche zwischen der Bodenkultur und dem Weidelande. Der Russische geordnete Staat hatte sich nicht bloss der beständigen Einfälle der Asiatischen Räubernomaden zu erwehren, er hatte auch das gesetz- und ordnungslose Treiben der kühnen Grenzwächter zu zügeln. Erst als das

Wachsthum der Bevölkerung, die Organisation und Kräftigung des Staatswesens und der Staatsgewalt weiter fortgeschritten war, konnte das Steppengebiet in die Kultursphäre des Staates hineingezogen werden.

Die Slawenstämme wanderten an den grossen Strömen hinauf, bis sie nordwärts auf die Finnen stiessen. Diese Bewegung war keine Asiatisch erobernde, sondern eine Europäisch kolonisirende. Sie dauert in östlicher Richtung mit gesteigerten Kulturmitteln noch heute fort, wie sie vor zwei Jahrtausenden begonnen. Breitet sich die West-Europäische Auswanderung zur See in westlicher Richtung über den Erdkreis aus, so dringen die Russischen Slawen zu Lande ostwärts vor. Ihre Eroberungen tragen den allgemein Europäischen Kulturstempel: es sind auf Ackerbau begründete Niederlassungen.

„Im Skythenlande", sagt Herodot, „ist Nichts merkwürdig als die Flüsse, welche es bewässern; sie sind gross und zahlreich" [1]. In der That bietet ausser Nord-Amerika kein Erdtheil ein so eigenthümlich gegliedertes Stromland dar wie Ost-Europa. Nirgends sonst haben Flusssysteme so entschieden die Abgrenzung der Landschaften und Stämme bestimmt wie hier. Schon in ältester Zeit treten vier Bewässerungsgebiete, das See'ngebiet Nowgorod's, das Polozkische Gebiet des Düna-Beckens, das Dnepr-Becken, das obere Wolga-Bassin, als geschlossene Land- und Stammgebiete auf.

Das See'ngebiet Nowgorod's vermittelt geographisch und historisch Ost- und West-Europa, Mittel- und Nord-Russland. Hier stiessen die Slawen mit den Germanischen Skandinaviern zusammen; durch den Ilmen-See ging die grosse Wasserstrasse aus dem nordwestlichen Europa nach dem südöstlichen. Aus dem grossen Wasserthore der Finnischen Meerbusens führt die Newa in den Ladoga-See, aus diesem der Wolchow in den Ilmen-See, aus dem Ilmen-See die viel verzweigte Lowatj zu dem centralen Quellgebiet der grossen historischen Stromadern des Dnepr, der Wolga und der Düna.

Nirgends haben die Slawen in ihrer Bewegung nordwärts die Küste erreichen können, doch gelang es den Nowgorodern, an einem geographisch-historischen Knoten-

[1] Ssolowjeff, Geschichte Russlands, Bd. I, SS. 1—24.

Spörer, Nowaja Semlä.

[1] Θωμάσια δὲ ἡ χώρη αὕτη οὐκ ἔχει, χωρὶς ἢ ὅτι ποταμούς τε πολλῷ μεγίστους καὶ ἀριθμὸν πλείστους. — Vgl. die alte Geographie und Ethnographie Süd-Russlands in Max Duncker's Geschichte des Alterthums (2. Aufl. 1855), Bd. I, SS. 459—476; Bd. II, SS. 573—579.

1

punkte, an dem Ausflusse des Wolchow aus dem Ilmen-See, festen Fuss zu fassen, wo Nowgorod (Neustadt), der erste Krystallisationskern des Russischen Staates, ansetzte. Der zweite dominirende Punkt an der Heer- und Handelsstrasse, die Mündung des Wolchow am Newo-See (Ladoga), ward von ihnen nicht okkupirt. Lange wogte die majestätische Newa herrenlos zwischen Waldöden dahin, Jahrhunderte lang kämpften Schweden und Russen um den „Schlüssel" des grossen See'ngebiets, und erst Peter der Grosse gewann den welt- und kulturgeschichtlichen Schwerpunkt des Russischen Staates durch die Gründung von Schlüsselburg an dem Ausfluss, von Petersburg und Kronstadt an der Mündung des Russland erschliessenden Stromes. Anfang und Ende alt-Russischer Geschichte fallen hier zusammen, Neu-Russlands Geschichte hebt hier an mit der Eroberung der Baltischen Küste.

Das Nowgoroder Stammgebiet umfasste das gesammte Flussgeäder des Ilmen-Beckens, seine Naturgrenze bildet die Wasserscheide, welche es von den Quellgebieten der Düna, des Dnepr und der Wolga abgrenzt. So unmerklich die Wasserscheiden des Ost-Europäischen Flachlandes in geographischem Sinne sind, so wichtig erscheinen sie in ethnographischer, und kultur- und staatsgeschichtlicher Beziehung. An ihnen laufen die Grenzen der Stammgebiete hin. Südlich trennte die Wasserscheide des Quelllandes der Düna das Nowgoroder Gebiet von dem Polozkischen und Smolenskischen ab, nach Osten bildete die Wasserscheide des Quellgebiets der Wolga die Grenze gegen das Rostow'sche oder Susdaljsche Land. Die Nowgoroder Stadt Torshok (Marktstadt), ins Wolgagebiet vorgeschoben, war ein steter Zankapfel zwischen dem Freistaate Nowgorod und den Susdaljschen Fürsten: es war eben eine Nowgoroder Kolonie auf fremdem Gebiete. Das ganze nordöstliche, das Kolonial- und Zinsgebiet der Wolchow-Republik umfassende Russland trug den charakteristischen Namen „Sawolozkaja Tschudj", das Tschudenland jenseit des „Wolok" (der Wasserscheide) [1].

Im engsten Zusammenhange mit dem System des Ilmen-Beckens steht das System des Peipus-See's. Dennoch streben die Bewohner desselben, die Kriwitschi, obgleich befreundet mit den Nowgorodern, von Anfang an nach Selbstständigkeit. Wie der See in der Narowa seinen eigenen Abfluss hat, so hat auch Pskow sein eigenes Dasein, seine Sonderentwickelung. Aber durch die Ansiedelungen der Esthen zum Meere vorzudringen, vermochten auch die Kriwitschi nicht.

Das Nowgoroder Land zeigt einen Gegensatz in Boden-

beschaffenheit, Klima und Vegetation zwischen dem nördlichen und südlichen Theile, der in den ursprünglichen Sitzen seiner Ansiedler zu Tage tritt; die hohen, trockenen, zum Anbau vorzugsweise geeigneten Striche zwischen der Schelonj und Lowatj (Staraja Russa, Nowgorod) sind von Slawen, die niederen, sumpfigen Gegenden nach der Ssäsj, der Mologa, der Luga sind von Finnen besiedelt. Übrigens ist der Nowgoroder Boden nur relativ fruchtbar. Schon früh wandte sich der Sinn der Ilmen-Anwohner kaufmännischen Unternehmungen zu. Lange vor der Festsetzung der Waräger-Rossen vermittelten sie den Verkehr des Südens mit den Finnischen Völkerschaften, während ihnen die Karawanen der Bulgaren von der Wolga her die Schätze des Orients zum Umsatz gegen nordische Produkte brachten [1]. Aber das städtische Gemeinwesen am Wolchow war bezüglich seines Nahrungsbedarfes von seinen südlichen Nachbarn abhängig und konnte von ihnen gelegentlich, wenn die Zufuhr meerwärts hier unterbrochen war, ausgehungert werden. Ihre wichtigsten Ausfuhrartikel bezog die Handelsrepublik aus ihrem nordöstlichen Koloniallande (dem Dwina- und Petschora-Becken). So wie die Moskowischen Fürsten hier ihre Herrschaft begründet hatten, brach sie mit ihrer eigenartigen Lebensordnung zusammen.

Der Weg aus der Lowatj in den Dnepr führt durch das Quellgebiet der Düna, durch das Land der Kriwitschi von Polozk. Es wurde bereits von Rurik besetzt, denn nur von hier aus konnte das Land der Smolenskischen Kriwitschi okkupirt, die Herrschaft der Normannenfürsten weiter südwärts vorgerückt werden.

Auch an der Düna waren die Slawen nicht bis zur Küste vorgedrungen. Die Stromanwohner Livischen Stammes unterwarfen sich zwar den neuen Gebietern, aber sie assimilirten sich nicht der Slawisch-Russischen Nationalität, sie wurden nicht in Sprache, Glauben und Sitte zu Russen. Daher konnten die Deutschen hier im 12. Jahrhundert von der See aus ihre Herrschaft begründen und siegreich landeinwärts vordringen. — Das Fürstenthum Polozk ordnete sich den Lithauischen Herrschern unter und kam, als diese den Thron der Polnischen Piasten einnahmen, an Polen. Aber die Quellflüsse der Düna lagen im Moskowischen Staatsgebiete. Über Livland zur Ostsee vorbrechend eroberte Iwan IV. Polozk. Stephan Bathory rang es ihm glücklich ab und fast das ganze Düna-Gebiet kam an Polen. Da treten die Schweden auf und besetzen das Mündungsland. Das Düna-Becken gehört nun drei Staaten an. Peter der Grosse vertrieb die Schweden aus dem Mündungsgebiet, Katharina II. annektirte den Mittellauf. So ward das gesammte Stromgebiet dem Russischen Staate einverleibt.

---

[1] Vgl. Ferdinand Heinr. Müller, Der Ugrische Volksstamm, Bd. I, SS. 343—345.

[1] Kurd v. Schlözer, Livland und die Anfänge des Deutschen Lebens im Baltischen Norden, Berlin 1850, S. 161.

Nach Osten, Süden und Westen bildeten die Wasserscheiden der Düna, des Dnepr und des Niemen die Grenze des Polozkischen Fürstenthums. Wo die Zuflüsse des Dnepr und der Düna sich am meisten nähern (Beresina - Kanal), gingen die Waräger, nachdem sie ihre Herrschaft in Polozk befestigt hatten, südwärts ans rechte Ufer des Dnepr vor. Gleichwie das Fürstenthum Polozk vom Düna-Becken, wird das Fürstenthum Lithauen vom Niemen-, das Königreich Polen vom Weichsel-Becken gebildet.

Das Lithauer Gebiet, zwischen dem Geäder des Niemen, der Weichsel und des Dnepr sich ausbreitend, von weglosen Sumpf- und Waldwildnissen noch heute erfüllt, schützte die westliche Grenze der Ost-Slawen besser, als jedes Gebirge es vermocht hätte. Als die Preussen den Deutschen Rittern erlagen, erwehrten sich die stammverwandten Lithauer derselben und drangen in südöstlicher Richtung gegen Russland vor, ein Fürstenthum gründend, in dessen Gebiete sich die Flussadern der Düna, des Niemen, des Dnepr und der Weichsel verknüpften. Im Lithauischen Mittellande werden Polnisches, Lithauisches und Russisches Land auf dem engen Raume zwischen Pinsk, Brest Litowsk und Augustowo durch drei Kanäle (Oginski-Kanal, Dnepr-Bug-Kanal, Augustow'scher Kanal) mit einander verbunden. Die Volksgeschicke flossen hier in Blut und Thränen zusammen.

Das südwestlich gelegene, im staatlichen Sinne alt-Russische Stromgebiet des oberen und mittleren Dnepr-Systems breitet sich an der grossen Heer- und Handelsstrasse aus, die „aus dem Warägerlande zu den Griechen" führt. Auch der Dnepr theilte das Geschick der eigentlich Russischen Ströme[1]). Normannisch-Slawische „Lodjen" schwammen auf ihm hinunter zum Schwarzen Meere und weiter an der Küste hin nach Byzanz, aber sein unterer Lauf, sein Mündungsgebiet waren Jahrhunderte lang in fremder Gewalt. Denn langsam erwuchs in den Inneren Ost-Europa's der Russische Staat, langsam verdichtete und breitete sich die agrikole Bevölkerung aus, mit Beil, Sense und Pflug[2]) in harter Arbeit sich den Boden anschaffend, und langsam koncentrirte und centralisirte sich die Staatsgewalt. Fast ein Jahrtausend verging, bis das Russische Volk von innen heraus zu den Mündungen seiner Ströme vordringen, seine Meeresküsten sich aneignen konnte. Das Herzland, in welchem

die Stromadern entspringen, ist Gross-Russland, speziell das Grossfürstenthum Moskau. Wohl hat sich am Dnepr die Heroenzeit Alt - Russlands ausgelebt, aber die Nähe der Steppe mit ihren räuberischen Wanderstämmen, der fessel- und schrankenlosen Freiheitslust des Kosakenthums, gestattete nicht das ruhige, stetige Werden und Wachsen eines einheitlichen, strengen, festen, Alles seinen Zwecken unterordnenden Staatswesens. Wo im fernen geschützten Quell- und Centrallande Ost-Europa's die Russischen Riesenströme entstehen und wachsen, da entstand und wuchs der Russische Staat, wohin sie ihren Lauf nehmen, dahin breitete er sich aus — zum Kaspischen, zum Baltischen und Schwarzen Meere.

Am Ilmen-See (Staraja Russa, Nowgorod) begann die Russische Herrschaft. So lange Rurik lebte, zogen immer neue Kriegshaufen Skandinavischer Stammgenossen dem bahnbrechenden Helden nach. Als er starb, war der weite Landstrich zwischen der Newa, der Düna und dem Dnepr Russisch. Aber kaum hatte der Staat im Norden Halt und Ausdehnung gewonnen, so ward auch schon der Herrschersitz von Nowgorod nach Kiew verlegt. Hier sass weithin gebietend der gewaltige Oleg und sprach: „Das soll die Mutter aller Russischen Städte werden." Aber schon Swätoslaw behagte es nicht mehr in der Dnepr-Stadt. „Ich will in Perejaslawetz an der Donau leben", sagt er der Mutter, „dort ist der Mittelpunkt meines Reiches." Mit Normannen-Ungestüm dringt er nach SO. und Süden, gegen den Kaukasus, den Don, den Pontus Euxinus, über die Donau, über den Balkan bis zur Maritza vor. Sein und seiner Normanno - Russen Wahlspruch war: Siegen oder untergehen. Es waren gewaltige Herrschernaturen, diese Skandinavischen Fürsten! Mit Waffengewalt einigten sie die zersplitterten Slawenstämme zum mächtigen Russenvolke. Rastlos trieb es sie vorwärts, tief in die Steppe hinein, weit über das Meer hinaus. Sie zügelten das räuberische Reitervolk der Petschenegen, das ihnen den Weg nach Byzanz verlegte, sie kehrten mit Schätzen beladen aus dem Bosporus heim; doch der köstlichste Hort, den sie gewannen, war das Griechisch-katholische Christenthum, das sich langsam mit der Russisch-Slawischen Bevölkerung über Ost-Europa ausbreitete und das geistig - sittliche Bindemittel der Russischen Nationalität wurde.

Das Walten der Normannen-Fürsten zu Anfang der Russischen Geschichte, eines Oleg, Swätoslaw, Wladimir, Jaroslaw, spiegelt vorbildlich Natur- und Schicksalszug, Weltstellung und Weltbestimmung des Russischen Reiches für alle Zeiten ab[1]). —

Im Süden und SO. entbrannte der ein Jahrtausend lange

---

[1]) Die Tschudische Dwina, längs deren Ufer stromabwärts die Nowgoroder Kolonisation schon im 12. Jahrhundert das Weisse Meer, die „Propontis des Nördlichen Polar-Oceans", erreichte, kann nicht als ursprünglich Russischer Strom betrachtet werden. In die Russische Geschichte greift die Dwina schicksalsmächtig ein, indem sie anderthalb Jahrhunderte lang den Verkehr zwischen Ost- und West - Europa vermittelte und die Neu-Russische Ära unter Peter dem Grossen anbahnte.

[2]) Die alte Rechtsformel für die Besitzergreifung des Bodens heisst: „Mein die Erde, so weit Beil, Sense und Pflug gegangen", d. h. mein Besitzthum reicht so weit wie meine Siedler-Arbeit. Beläjeff, Geschichte Gross-Nowgorod's, Moskau 1864, S. 60.

---

[1]) Vgl. Fallmerayer, Fragmente aus dem Orient, 1845, SS. 16—22.

1*

Kampf mit dem Asiatischen Nomadenthum, nach SW. und Westen dämmten Ungarn und Polen mit ihrem höher entwickelten, an das Romanisch-Germanische, Römisch-katholische West-Europa sich anlehnenden Staatswesen die Ausbreitung der Russischen Slawen ab. Der einzige offene Weg lag nach NO. — Vom oberen Wolga-Becken (Ros ow, Susdalj) breitete sich die Russische Kolonisation in dieser Richtung aus. Städtegründung war die Hauptsorge der Wladimir'schen Fürsten. Erwies sich auch der Boden karger, der Himmel rauher als in Klein-Russland, so hatte doch der Ansiedler hier nicht die verheerenden Raubzüge der Polowzer, der Lithauer zu fürchten. So kam es, dass das Susdaljsche Land im 13. Jahrhundert bereits zwanzig Fürstliche Städte zählte.

Da ward Kiew (1240) von den Mongolen erstürmt und eingeäschert und alle Russischen Fürstenthümer überragend erhob sich Wladimir. Die Versetzung des Metropolitansitzes hierher machte es zum Mittelpunkte der einheitlich organisirten geistlichen Verwaltung. Als dann der kirchliche und staatliche Schwerpunkt Gross-Russlands nach Moskau verlegt ward, breitete sich das Reich durch die ländersammelnde Thätigkeit des Moskowischen Herrschergeschlechts nach allen Seiten aus, schritt die Städtegründung an den Flüssen hinunter unaufhaltsam fort. An der Wolga wuchsen ungefährdet Kostroma, Jurjewetz Powolshki, Nishni-Nowgorod empor. Dann kam es zum Zusammenstoss mit Kasan, entbrannte der Kampf auf Leben und Tod mit den Wolga-Tataren. — So ward Moskau der nationale Mittelpunkt des Reiches. Im Herz- und Kernlande Gross-Russlands gelegen, erlangte der Herrschersitz mit der unaufhaltsam fortschreitenden Ausdehnung des Staatsgebiets eine stetig wachsende Bedeutung[1]. Kiew bewahrt die religiösen, Moskau die staatlichen Heiligthümer der Russischen Nation[2].

Peter der Grosse brach zum Meere vor, um jeden Preis die Verbindung mit der West-Europäischen Kulturwelt erstrebend. „Eine Quadrat-Meile Land für einen Quadrat-Fuss See!" pflegte er zu sagen. Asow ward erobert und wieder verloren, Archangelsk, das damalige Seethor des Russischen Reiches, während eines dreimaligen Aufenthaltes daselbst scharf ins Auge gefasst, aber schliesslich für die Newa-Mündung aufgegeben. Weder das um jene Zeit todte Mittelmeer noch die Polarsee konnten den Zwecken des Russischen Reformators entsprechen. Am einen Eingang der grossen Wasserstrasse, „die vom Wa[a]gerlande zu den Griechen führt", ward Petersburg gegründet, Russland der abend-

ländischen Kultur erschlossen, diese durch ein grossartiges, die Wolga mit der Newa verbindendes Kanal-System ins Innere des Reiches getrieben[1].

2. Die Normannen im Eismeere. Ottar's Entdeckungsfahrt.

Gleichwie auf dem Baltischen waren auch auf dem Weissen Meere Normannen die ersten uns bekannten Seefahrer. Bis zu den höchsten zugänglichen Breiten befuhren sie die Polarsee, Fischerei und Seejagd treibend[2]. Lange vor Ottar segelten sie ins Weisse Meer (Gand wik) zu den Ufern der Dwina (Wjena). Holmgard (Cholmogory), auf einer Strom-Insel der Einmündung der Pinega gegenüber gelegen, war der grosse Stapelplatz für die morgenländischen Waaren, welche dorthin von drei unter sich nahe verwandten Völkern, den Chasaren, Bulgaren und Biarmiern, vermittelt wurden. In Inner-Asien beginnend lässt sich der Waarenzug der Wolga aufwärts über die „Uwally" zur Dwina hinab im Zwielichte der Geschichte verfolgen.

Holmgard's Blüthe fällt in die Zeit vor der Ausbreitung der Nowgoroder Herrschaft, ins 10. und 11. Jahrhundert, als Normannen und Biarmier frei und ungefährdet die Schätze der fernen Morgenlandes gegen die des Abendlandes austauschten. Biarmien erzählt in den Sagen von den abenteuerlichen Fahrten der alten Wikinger in märchenhaftem Glanze. Die Araber kannten das Land, vielleicht nur nach Hörensagen. Die ältesten in Russland aufgefundenen muhammedanischen Münzen gehören dem Perm'schen Gouvernement an. 1851 ward dem Ministerium des Inneren ein aufgefundener Schatz aus dem südlichen Theile des Gouvernements Perm zugestellt, welcher unter anderen Kostbarkeiten Skandinavische, Byzantinische und Indobaktrische Münzen aus der Zeit vom 5. bis 7. Jahrhundert enthielt. Mögen auch die Erzählungen der Wikinger von dem Reichthume der Tempel Biarmiens übertrieben sein, der Wohlstand des Landes, sein weithin reichender Handelsverkehr stehen fest. Der heilige Stephan, der Apostel der Permier (im 14. Jahrhundert), fand in Biarmien eine Menge in feine Thiere gehüllter Götzenbilder. Die Gestalt derselben war der „steinernen Weiber", die noch jetzt häufig in Sibirien wie in Süd-Russland gefunden werden. Die Schale, welche die Wikinger auf den Knieen des Götzenbildes erblickten, findet sich noch jetzt bei den meisten derselben vor. — Biarmien bleibt dieser reiche, mächtige Tschudenstaat! — Die Nachkommen der alten Bi-

---

[1] Vgl. das klassische Werk Ferdinand Heinr. Müller's. Historisch-geographische Darstellung des Strom-Systems der Wolga, Berlin 1839, S. 1—678.

[2] Vgl. Aus Ost und West, von Fr. Bodenstedt, Berlin 1861: Der Kreml in Moskau als Träger und Mittelpunkt der Russischen Geschichte, SS. 49—89.

[1] Vgl. K. L. Blum, Ein Russ. Staatsmann, 1857, Bd. 1. Russlands künstliche Wasserstrassen, SS. 398—432.

[2] Der Walfischfang, den sie in der Gegend des Nord-Kaps betrieben, war auf den hier häufigen Finnfisch (Balaenoptera) gerichtet. — v. Baer, Bulletin scientifique de l'Académie Imp. de St.-Pétersbourg, T. III, p. 351.

armier, die Syrjänen und Permier (Permäki), haben die Geschichte ihrer Vorfahren vergessen. Noch bewohnen circa 125.000 Tschuden Biarmischer Abkunft die vier Gouvernements Perm, Wjätka, Wologda und Archangel, aber ausser vagen Überlieferungen von lokalen Heroen enthalten ihre Sagen keine Spur geschichtlicher Vergangenheit. Nur die Gräber geben hier dem Forscher stumme Antwort auf seine Fragen.

Nordwärts vom Verbreitungsbezirk der Tschuden zogen von Alters her wie heute Lappen und Samojeden ihren Renthierheerden bis an die Eismeer-Küsten nach. Mit den Wäldern begannen die Tschuden-Sitze und zogen sich nach den Berichten der Chroniken südwärts bis zu den Ufern der Oka hin; manche Ortsnamen auf dem rechten Dnepr-Ufer sind Tschudischen Ursprungs; Finnen folgten Attila's Schwerte, die Tschudischen Magyaren wanderten vom Ural hinunter zum Pannonischen Steppenland.

Die Ugri, die Tschudischen Bewohner des nördlichen Ural, sind spurlos verschwunden. Von Syrjänischen Wegweisern geführt drangen die Nowgoroder zu ihnen in die Felsschluchten des Europäisch-Asiatischen Grenzgebirges vor und zwei Jahrhunderte hindurch floss hier das beste Blut Nowgorod's. Die Heimkehrenden erzählten Wundermären von den Völkerschaften, „die in steinernen Vesten eingeschlossen lebten". Auch die Araber brachten von ihren Handelszügen zu den Kama-Bulgaren märchenhafte Berichte über diesen Tschudenstamm heim. Im 17. Jahrhundert erst verschwindet der Landes- und Volksname aus der Geschichte. Samojeden besetzen den nördlichen, Wogulen den südlichen Theil Ugriens. — Sind die Ostjäken-Stämme am Obj, Irtysch und an der Kowda die Abkömmlinge der einst so berühmten, heldenkühnen Ugrier?[1]

Der Weltverkehr auf der Uralischen Grenzmarke des Orients und Occidents erlitt zu Anfang des 13. Jahrhunderts durch die Geschicke der drei den Handel vermittelnden Völkerschaften bedeutende Störungen. Das merkwürdige, in seinen ethnologischen Charakterzügen so räthselhafte Kulturvolk der Chasaren war untergegangen; an seiner Stelle hausten seit dem 10. Jahrhundert Türkenstämme. Die Bulgaren an der Mittel-Wolga erlagen den unausgesetzten Angriffen der Grossfürsten von Susdalj und Wladimir, die Biarmier den Nowgorodern. Dann fegte der Mongolensturm über Russland hin. — Der regelmässige Verkehr der Normannen mit den Biarmiern hatte aufgehört. 1217 geschieht des letzten Normannenschiffes Erwähnung, das in die Düna einlief. Doch hörten die Handelsbeziehungen zwischen den Skandinaviern, Russen und Tschuden nie gänzlich auf, wie

aus den durch Herberstein aufbewahrten Berichten des Russischen Dolmetschers Gregorius Istoma von seiner Reise im J. 1496, welche er an Lappland vorbei nach Bergen und von da nach Dänemark machte, deutlich erhellt[1].

Um das Jahr 870 fand jene, bereits angedeutete, erste Entdeckungsfahrt in der Europäischen Polarsee Statt, deren Kunde uns durch König Alfred erhalten worden ist, indem er den Reisebericht Ottar's in seine Bearbeitung des Orosius aufnahm.

Ottar, ein Norwegischer Edelmann, wohnte im Helgenlande, an der Polargrenze Normannischer Ansiedelungen. Da die Küste Skandinaviens nur noch drei Tagefahrten weiter gegen Norden bekannt war, so beschloss er eine Entdeckungsfahrt, „um zu erkunden, wie weit sich wohl das Land in jener Richtung erstrecken möge". Er behielt auf seiner Reise die See immer am Backbord oder zur Linken, die Küste Norwegens immer am Steuerbord oder zur Rechten, fand die letztere aber nur von Fischern, Voglern und Jägern Finnischer Wanderstämme bewohnt. Als er drei Tage lang über das äusserste Revier nordischer Walfischfänger hinaus gefahren war, bog das Land nach Osten herum und blieb dieser Richtung auf den vier nächsten Tagefahrten treu, dann aber strich die Küste fünf Tage lang wieder südlich bis zur Mündung eines grossen Flusses, in welche der Seefahrer einlief. Aus dieser Schilderung ergibt sich, dass Ottar das Nordkap Europa's umsegelt hat und durch das Weisse Meer an die Dwina gelangt ist. Das östliche Ufer dieses Stromes wagte er nicht zu betreten, weil er es dicht bevölkert fand mit Finnischen Biarmiern, von deren Feindseligkeiten zu befürchten hatte. — Auch diese in edlem Wissenstrieb unternommene Fahrt blieb wie fast alle nautischen Leistungen der Normannen unbeachtet und der hohe Norden Skandinaviens zählte bei den meisten Erdkundigen unter die unbekannten Länder, bis im J. 1553 Englische Seefahrer das Nordkap abermals entdeckten und ihm seinen heutigen Namen hinterliessen. — Wichtige Enthüllungen verfallen nutzlos der Vergessenheit, wenn die Zeit noch nicht reif ist für ihr Verständniss[2].

3. Kolonisirung Nordost-Europa's durch die Nowgoroder. Nowasemlaer Fahrten Russischer Jagdreisender im 16. Jahrhundert[3].

Neben der städtegründenden Thätigkeit der Moskowischen Fürsten tritt gleich bedeutend, aber mit durchaus verschiedenem Charakter die Kolonisationsthätigkeit der mächtigen

[1] Westnik Ewropy, St. Petersburg 1866, I. Bd.: Die Besiedelung NO.-Europa's durch die Russen, von Prof. Eschewski, SS. 222—227.

[1] Ferdinand Heinrich Müller, Der Ugrische Volksstamm, Bd. 1, SS. 364—378.
[2] O. Peschel, Geschichte der Erdkunde, München 1865, SS. 79—81.
[3] Westnik Ewropy, Die Besiedelung Nord-Ost-Europa's durch die Russen, von Prof. Eschewski.

Wolchow-Republik uns entgegen. Ging der Zug der Normannischen Staatsgründung nach Süden, den Dnepr hinab, so sehen wir bald die Normannisch-Slawischen „Lodjen" aus dem See'ngebiet über den Wolok (Wasserscheide) zwischen dem Weissen und Kaspischen Meere die Dwina hinab zum Weissen Meere und zur Polarsee vordringen, an den dominirenden Punkten des ganzen Stromsystems befestigte Städte erwachsen, — Sammelpunkte eines lebhaften Handelsverkehrs so wie des den eingebornen Jägerstämmen auferlegten Jassak (Tribut in Pelzwerk), Stützpunkte der Macht und Herrschaft Gross-Nowgorod's. Früh schon ward Cholmogory (Holmgard) Mittel- und Schwerpunkt des Slawisch-Skandinavischen Seeverkehrs, dessen Spuren an der Lappländisch-Finnmarkischen Küste durch das ganze Mittelalter reichen. Wo heute Archangelsk steht, ward bereits im 12. Jahrhundert vom Erzbischof Johann das Kloster des heil. Erzengels Michael gestiftet [1] und zehntete dem Georgien-Kloster in Nowgorod, dem ältesten zum Wolchow, dessen Gründung Jaroslaw dem Grossen zugeschrieben wird. — Wohl wäre die mächtige Russisch-Slawische Handelsrepublik im Stande gewesen, eine den Deutschen gefährliche Thätigkeit zur See auf dem Baltischen Meere zu entwickeln, wenn sich nicht ihre ganze Kraft auf die Eroberung und Kolonisirung des Finnischen Nordens und der Uralgegenden geworfen hätte [2]. Durch die geographische Lage ihres Heimathsgebiets war es von selbst gegeben, dass sich die Nowgoroder über das vermittelnde See'ngebiet des Beloje und Kubinskoje Osero den jenseit der Wasserscheide (Wolok) gelegenen Pelzländern zuwandten, der „Sawolotschje", wo jener alte Skandinavisch-Biarmische Handelsverkehr Statt fand, dessen Erbschaft sie antraten.

Reissend schnell breiteten sich die Nowgoroder über die Stromlandschaften des Nördlichen Eismeeres aus. Eine Urkunde des 12. Jahrhunderts (Ustawnaja Gramota des Fürsten Swätoslaw Olgowitsch) zählt bereits 30 Ansiedelungen auf — längs des Laufes des Onega bis zum Meere, längs der Pinega, längs des ganzen Laufes der Dwina und ihrer Nebenflüsse. Der arktische Landstrich ward unter der Leitung der reichen Nowgoroder Bojaren besetzt und befand sich in ihrem Privatbesitz. Sie legten Städte an, erhoben

den Jassak von den zinspflichtigen Jägerstämmen, herrschten im Namen Gross-Nowgorod's und zahlten eine gesetzlich fixirte Summe jährlich in den Staatsschatz der Republik. Schon im 11. Jahrhundert durchzogen Nowgoroder Handelskarawanen die Landschaften der Petschera, Permiens und Ugriens nach allen Richtungen. Der reiche Kaufherr Gurät Rogowitsch sendete seine Agenten nach Petschera und Jugrien, um Silber, kostbares Pelzwerk, „Mammuthknochen und andere Handelsartikel" des hohen Nordens einzutauschen. Übrigens hatten die Waldwildnisse für die Republik nur Werth als Zins- und Handelsgebiet. Die Befestigung ihrer Herrschaft daselbst ging nicht ohne Blutvergiessen ab. In der Chronik heisst es vom Jahre 1187: „Um diese Zeit wurden die Petscher'schen und Jugor'schen Steuereinnehmer in Petschera [dem Syrjänenlande] erschlagen, andere jenseit des Wolok, also dass gegen 100 Köpfe kühner Männer fielen." Drei Jahrhunderte später galt die Eingeborenen Gross-Nowgorod als Oberherr — und sie leisteten den Moskowischen Grossfürsten Iwan Wassiljewitsch Widerstand, als er 1483 seine Heerhaufen zur Unterwerfung Petschera's und Jugriens aussandte [1].

Der Luxus, welchen die mittelalterliche Gesellschaft mit Pelzwerk trieb, gab der Nowgorod'schen Unternehmungslust den ersten Impuls zur Besiedelung des rauhen nordöstlichen Landstrichs des Europäischen Russlands bis zur Eismeerküste hin. Aus der Sawolotschje bezogen die reichen Kaufherren der Wolchow-Republik die werthvollen Rauchwaaren (Biber-, Zobel-, Fuchs- und Marderfelle), mit denen sie die Europäischen Märkte versorgten. Ausser dem zahmen Pelzwerk lieferte ihnen der arktische Seestrich Walfisch-, Walross- und Seehundsthran so wie Seevögel. An den Ufern der Waga bereiteten sie Theer und Potasche, wie aus dem Freibrief (gramota) des Fürsten Andreas erhellt. Aus Perm und Jugra bezogen sie Transkama'sches Silber, welches wahrscheinlich aus dem Jenissei bearbeiteten Gruben stammte, wie die Forschungen Pallas' nachgewiesen. Der enorme Gewinn, welchen der Fang und der Handel mit den Fellen der Pelzthiere abwarf, hatte die Gründung von Handelsfaktoreien veranlasst. Bald erwuchsen dieselben zu industriellen Betriebsörtern und Handelsstädten mit ansässigen kaufmännischen Genossenschaften. In dem Freibriefe Wsewolod's (12. Jahrhundert) geschieht bereits des Handelsstandes an der Onega, in Karelien, Wologda und Permien Erwähnung [2].

Im 15. Jahrhundert entrollt sich uns ein ungemein belebtes Bild regsten Verkehrs in den rauhen, unfruchtbaren

[1] „Im J. 1419 verwüsteten Murmannen und Norweger das Kloster, wie die Dwina'sche Chronik berichtet. 1584 bauten die Moskowischen Wojewoden eine hölzerne Stadt um dasselbe, die den Namen „Neu-Cholmogory" erhielt. 1637 brannten Stadt und Kloster ab. Das Kloster wurde an seiner heutigen Stelle, im Stadtviertel Nätschery, neu aufgebaut, an der Stelle des ehemaligen Klosters erhob sich nun die Kirche des Erzengels." P. Ssemonoff, Geogr.-statistisches Wörterbuch des Russischen Reiches, Bd. 1, S. 141.

[2] Eine Urkunde vom J. 1346 bezeichnet Pskow, Polozk, Dorpat, Follin, Riga, Reval und Gothland als diejenigen Orte, wo sich Deutsche und Russische Kaufleute begegneten. Sie markiren die Handelssphäre Nowgorod's an der Ostsee. Vergl. Kurd v. Schlözer, Die Hansa und der Deutsche Ritterorden in den Ostseeländern, Berlin 1851, S. 128.

[1] Beläjeff, Geschichte Gross-Nowgorod's von den ältesten Zeiten bis zu seinem Falle, Moskau 1864, SS. 37—43.
[2] Kastamaroff, Nordrussische Volksstaaten (Ssewerno-russkija Narodoprawstwa), St. Petersburg 1863, Bd. II, SS. 219—222.

Landstrichen des äussersten Nordostens unseres Erdtheils. Das Gebiet von Wologda erzeugte bereits in Fülle Flachs und Talg, Wologda selbst war der Stapelplatz für die örtlichen Produkte, welche von hier aus nach Nowgorod verführt wurden [1]. In Weliki-Ustjug befand sich der grosse Kauf- und Tauschhof für die Rauchwaaren des ganzen nordischen Landstrichs; Jugrier, Wogulen, Petscherer (Syrjänen) und Permier, die Russischen Jäger, welche die einsamen Waldwildnisse des Nordens nach Pelzwild durchstreiften, fanden sich auf dem hiesigen Pelzmarkte zusammen. Mit der Schneeschmelze trafen aus dem Bjelo-Osero durch den Kubinskischen See die Barken-Karawanen mit Getreide und mannigfachen Natur- und Industrie-Erzeugnissen ein, um ihre Ladungen gegen das Pelzwerk der Eingeborenen auszutauschen; alljährlich expedirte das Kyrillo-Belo-Oserskische Kloster seine Flussschiffe mit verschiedenen Waaren (vorzüglich Lederfabrikaten) hierher [2]. Eine lebhafte Schifffahrts- und Handelsbewegung fand zwischen Ustugj und Cholmogory Statt, wo ein Jahrmarkt für Pelzwerk abgehalten wurde.

Wagelustige Promyschlenniki (Handelsreisende) gingen von hier aus auf ihren „Lodjen" in das offene Meer, segelten am rechten Ufer hin zur Mesen'schen Bucht, gingen die Mesenj hinauf, bogen in die Pesa ein und gelangten über den Wolok (Tragplatz, portage) durch die Wolokowycha-See'n in die Zylma, weiter in die Petschora, welche sie thalwärts nach Pustosersk führte. Die kecksten der Mannschaften bogen in die Ussa ein, gingen über den dortigen Tragplatz in die Ssyswa und weiter in den Obj bis zur Einmündung des Irtysch. Die Russischen Händler tauschten überall unter den eingeborenen Stämmen Pelzwerk gegen Getreide, Kleidung und Thongeschirr ein und weckten unter ihnen die ersten Bedürfnisse des civilisirten Lebens. — Während ein Theil der „Promyschlenniki" den Küstenweg ostwärts zur Mesenj-Mündung einschlug, ging ein anderer westwärts und tauschte von den Lappen Fische ein. An den Küsten des Eismeeres beschäftigten sich die Russischen Promyschlenniki (Jagdreisenden) mit der Jagd auf Walrosse, Robben und Eisbären, mit der Fischerei und dem Aussieden des Seesalzes, welches die Belo-Oserskischen Kaufleute von ihnen bezogen. Salz wurde in grossen Quantitäten auf den Besitzungen des Ssolowezkischen [1] Klosters gesotten und bildete eine Haupteinnahme desselben [2].

Den Russen wurde die Inselkette (Waigatsch, Nowaja Semlä), welche die Kara-See vom dem Europäisch-Arktischen Meere trennt, früh bekannt. Seitdem die Nowgoroder über den Ural nach Jugrien vorgedrungen waren, unternahmen sie Jagdzüge dahin und nannten das neu entdeckte Land

---

[1] Wologda war die erste Handelsstation der Nowgoroder in der „Sawolozkaja Tschudj". Im J. 1147 gründete der heil. Jerassim hier das Dreifaltigkeitskloster, das später in eine Pfarrkirche verwandelt wurde. Die Stadt, die sich um das Kloster ansetzte, stand unter der Oberhoheit Nowgorod's. Sie wird zuerst in einer Urkunde vom J. 1264 genannt. Im J. 1273 plünderte der Fürst von Twer, Swätoslaw Jaroslawitsch, im Bunde mit den Tataren Wologda und führte die Einwohnerschaft gefangen fort, aber schon im 14. Jahrhundert finden wir an derselben Stelle eine neue volkreiche Stadt, um deren Besitz Moskau und Nowgorod mit einander hadern. Sie kam bald an den Freistaat, bald an die Grossfürstenthum, bis sie endlich unter Wassilii Wassiljewitsch, dem Blinden, dem Moskowischen Staate endgültig einverleibt wurde. Dem Moskowischen Herrschern diente sie zum Verbannungsort. Am Kreuzpunkte der Verkehrslinien zwischen dem Kaspischen, Baltischen und Weissen Meere gelegen nahm die Stadt einen neuen Aufschwung mit dem Erscheinen der Engländer in der Dwina. Sie wurde der Stapelplatz für die nach Archangelsk gehenden und aus Archangelsk und Sibirien kommenden Waaren. Der erste Russische Gesandte, der von Iwan IV. an den Hof der Königin Elisabeth nach England geschickt wurde, war ein Wologder. — Während des Interregnums wurde die Stadt von den Polnisch-Lithauischen Banden schwer heimgesucht, kam dann in den Zeiten der Ruhe unter den ersten Romanoffs wieder empor, wurde von Peter, der bei der Holländischen Wittwe Frau Butz einzukehren pflegte, fünf Mal besucht, was aber das allmähliche Sinken des Verkehrs und des darauf gegründeten Wohlstandes der Bevölkerung nicht aufhalten konnte. — Seit der Russisch-Europäische Handel sich in Petersburg koncentrirte, schrumpfte Wologda zum Stapelplatz für die örtliche Produktion zusammen, die hier verfrachtet und von hier aus nach Archangelsk und Petersburg verschifft wird. — Die alte Nowgoroder Stadt spiegelt in ihren wechselnden Geschicken die Entwickelungsgeschichte Russlands in strenger Folgerichtigkeit ab. — P. Ssemonoff, Geogr.-statist. Wörterb., Bd. I, S. 529.

[2] Vergl. Blasius, Reise im Europäischen Russland, Braunschweig 1844, SS. 110—113. „Von hier aus verbreitete sich das Christenthum in diesen nördlichen Gegenden. Das Kloster war der Zufluchtsort für Verfolgte; in seinen Mauern fanden die Kranken Pflege, die Armen Speise. Mehr als ein Mal hat es die Feinde Russlands, die bis hierher vorgedrungen waren, mit den Waffen in der Hand empfangen und manche Belagerung vereitelt. Zwei Mal hat es sich gegen die Stürme der Tataren gehalten. Noch im Jahre 1612 und 1613 haben die Polen nach vergeblicher Belagerung vor diesen Klostermauern umkehren müssen. — Es ist eine reine kräftige Hand, die aus diesem Kloster in die Russische Geschichte eingreift. Thätiges Christenthum, Werke der Menschenliebe und Thaten eines aufopfernden, heldenmüthigen Patriotismus sind von diesen Mauern über ganz Nord-Russland ausgegangen."

[1] Das im 15. Jahrhundert von Zosimus und Salvatius gegründete Ssolowezkische Kloster greift tief ein in die Russische Geschichte. Abraham Palizin und Nikon sind aus ihm hervorgegangen. Besonders merkwürdig ist die volkswirthschaftliche Einsicht und Praxis der Mönche des Weissen Meeres. Sie hielten die Bevölkerung nicht zum undankbaren Landbau an, dagegen gaben sie sich die grösste Mühe, in ihr Sinn und Lust für gewerbliche Thätigkeit zu wecken. Rhederei, Schifffahrt, Jagd und Fischfang, — Salz- und Theersiedereien, Ziegelbrennereien, Eisenschmelzereien blühten unter der sorgfältigen Pflege der Ssolowezkischen Klosterleute empor. Die Mönche bauten ihre Schiffe in den Petschenskischen Meerbusen, dessen Ufer sich mit Werften, Schiffereien, Pech- und Theersiedereien, Potasche- und Lederfabriken bedeckten. Seit 1548 wurden auf ihren Gütern Eisengruben bearbeitet, Sägemühlen, Ziegelbrennereien eingerichtet. Im 16. Jahrhundert verbanden sie auf ihren weiten Besitzungen 52 See'n durch Kanäle und verführten überallhin das in ihren Siedereien gewonnene Salz. — War der Staat in Noth, so kamen ihm die verständigen Wirthschafter mit Geld, Munition und Mannschaft zu Hülfe. Die Ssolowezkischen Mönche bahnten an der Spitze ihrer Baure Peter dem Grossen vom Weissen Meere aus den Weg zum Ladoga-See. Sie legten die Heerstrasse durch Wald und Sumpf, schleppten zwei Jachten mit Kanonen an den Onega-See, schickten dem Heere vollständig ausgerüstete Kriegsmannschaften von ihren Gütern zu und machten dem Zaren die Gründung Schlüsselburg's möglich. — Gegenwärtig gehören die beiden Dampfer auf dem Weissen Meere dem Kloster, das die Schifffahrtsschule und die geringe Rhederei in Archangelsk aus seinen Mitteln unterhält. Russkij Westnik, Juni 1866 (63. Band): „Der Norden Russlands, von M. Ssidoroff", SS. 739—741.

[2] Kastamaroff, Geschichte des Handels des Moskowischen Staates im 16. u. 17. Jahrhundert, St. Petersburg 1862, SS. 7—11.

Nowaja Semlä (Neuland). Die Anwohner der Dwina-Bucht sollen zu Wasser nach der Obj-Mündung gegangen sein und es heisst, dass zu Ende des 15. Jahrhunderts am unteren Stromlaufe des Obj Russen angesiedelt waren, die zur See dahin gekommen waren. — Die Sage berichtet, dass Nowgoroder Seefahrer aus Nowaja Semlä gediegenes Silber heimgeholt hätten. Lütke verweist die Entstehung derselben in viel spätere Zeit. Die ergiebigen Fischereien und die reichen Jagdgründe der Nowasemlaer Land- und Seegewässer mussten auf die unternehmungs- und wagelustige Küstenbevölkerung des Weissen Meeres, in deren Adern mehr als Ein Tropfen Normannenblut rieselte, auch ohne die zweifelhafte Sage von den Metallschätzen der Insel eine unwiderstehliche Anziehungskraft ausüben. Dass Russen in früher Zeit Jagdzüge nach der Insel unternommen, bezeugt der Name derselben, dass sie dem Gedächtnisse der Nowgoroder nicht entschwunden, beweist die Ansiedelung der Stroganoffs, welche Barent vorfand (vgl. Abschnitt VII). — Als bereits Gross-Nowgorod seinem Schicksal erlegen und Nord-Russland dem Moskowischen Staate einverleibt war, wurde die Dwina-Mündung von West-Europäern auf dem Wege nach der NO.-Passage aufgefunden und der Verkehr West-Europa's mit Ost-Europa über das Nördliche Eismeer hergestellt. — Der erste West-Europäer, der an Kanin-Noss und Waigatsch vorüber Nowaja Semlä erreichte, ist Stephan Borrough [1]).

Wie kam es, dass Nowgorod die Metropole der Nord-Russischen Städte wurde?

Alle Bedingungen zu kühnen Unternehmungen in die Ferne fanden sich hier vereinigt. Die Lage der Wolchow-Stadt wies ihre Bewohner auf den Handel hin. In Folge historischer Verhältnisse, die allbekannt sind, hatte sich hier ein republikanisches Gemeinwesen gebildet, das der Entwickelung der individuellen Selbstständigkeit seiner Bürger über die Maassen förderlich war. Der Hoheit der Fürsten gegenüber, die kamen und gingen, hatte sich die Herrschaft der Volksgemeinde in der Volksversammlung (Wetsche), die Macht des erwählten Volksoberhauptes, des Possadnik, erhoben.

Das vage, ungeordnete Verhältniss zweier Regierungsgewalten, der Mangel bestimmter Regierungs- und Verwaltungsformen, die persönliche Willkür und die Parteiung in allen öffentlichen Angelegenheiten — alles das gab stete Veranlassung zu Kollisionen und Bürgerkämpfen. Ein Stadttheil bekriegte den anderen, die Bewohner der einen Strasse zogen aus zu Mord und Plünderung gegen die der anderen. Gegen die Beschlüsse der einen Volksversammlung erhob

[1]) Willoughby bekam auf seiner Nordostfahrt die Küste Nowaja Semlä's bloss in Sicht.

sich die nächstfolgende und stiess sie um. Wurde in den häufigen Strassenkämpfen die schrankenlose Eigenwilligkeit, die unbändige, unbezähmbare Willkür gross gezogen, so doch auch die unbezwingliche Energie des Charakters, die den Nowgoroder Bürger kennzeichnet. Beherzt, nervenstark mussten die Männer sein, die ihre Stimme gegen die Majorität erhoben, denn oft genug wurde die Minorität in den Wolchow hinunter votirt und auf dem Grunde des Flusses zum Schweigen gebracht.

Leben und Treiben der Nowgoroder Bürger, ihre heimischen Zustände spiegeln sich in ihren Handels- und Kolonisirungs-Unternehmungen ab. Der Nowgoroder Bürger zog in Waffen aus, mit dem Schwerte unterwarf er sich Land und Leute. Weder die Volksversammlung noch die schwache Exekutive war im Stande, die Unternehmungen zu leiten. Ohne Nowgorod's „Stimme" zog die rauflustige Jugend aus, um sich auszutoben. Welcher Art die abenteuerlichen Fahrten waren, darüber geben uns die „Uschkuiniker" am besten Auskunft. Uschkuï hiessen die Boote, auf denen die Nowgoroder raubend und plündernd die Flüsse durchzogen. Die Strom-Piraten schwammen meist die Wolga hinunter, um die reichen Bolgarenstädte zu plündern und die Bootkarawanen, die mit Handelsgütern aus dem Kaspi-See nach Ssarai oder nach Bolgarien (an der Kama), zu überfallen. Die Muhammedaner wurden rechtschaffen niedergehauen, mit den christlichen Brüdern nahm man es meist nicht allzu genau. Im Jahre 1375 unternahmen Prokopius und Smoljnänin mit 2000 Mann auf 70 Booten einen Raubzug längs der Wolga. Sie plünderten Kostroma, füllten ihre Uschkuï mit Sklaven und kostbarer Beute (das geringere Gut warfen sie ins Wasser oder verbrannten es) und zogen weiter nach Nishni-Nowgorod, das sie ausleerten und dann anzündeten. Von hier machten sie einen Abstecher die Kama hinauf nach Bolgar, wo sie die Gefangenen an die muselmännischen Sklavenhändlern verkauften, und schwammen dann wieder mordend und plündernd die Kama-Wolga hinunter nach Ssarai und weiter nach Astrachan. Hier wurden sie vom muhammedanischen Fürsten mit grosser Zuvorkommenheit empfangen. Er setzte ihnen ein reiches Mahl vor, machte sie trunken und liess die Schlafenden niedermetzeln bis auf den letzten Mann, die reiche Beute aber behielt er für sich. — Alles das geschah ohne Nowgorod's „Wort" (Beschluss).

Die eigenartige Entstehung der Nowgoroder Ansiedelungen lernen wir sehr anschaulich aus der Chlynow'schen Chronik kennen. Im Jahre 1170 ging eine Freibeuterschaar die Wolga hinunter und verschanzte sich an der Kama-Mündung. Hier überlegten die Abenteurer, welcher Weg weiter einzuschlagen sei. Als sie von dem Tschudensitz an der Wjätka hörten, theilten sie sich in zwei Haufen. Die eine Abtheilung ging die Kama hinauf bis in die Gegend der Tschussowaja, die andere schlug die Richtung zur Tschepza ein und gelangte stromabwärts in die Kama. Hier erblickten die Nowgoroder die Tschudenstadt auf einem hohen Berge, geschützt durch einen tiefen Graben und einen hohen Erdwall. Nachdem sie sich durch Fasten und Beten vorbereitet und den Heiligen Boris und Gleb eine Kirche gelobt hatten, erstürmten sie die Stadt, nannten sie Nikulyzin, bauten die Kirche und richteten sich häuslich ein. — Das Gerücht trug die Kunde dem anderen Haufen zu und er beschloss, sein Heil gleichfalls nach dieser Richtung hin zu versuchen. So ging er denn die Kama hinauf, bog in die Wjätka ein und zog stromaufwärts bis zu den Tscheremissen-Ansiedelungen. Das Städtchen Kokscharow wurde unter Beistand der beiden Heiligen Boris und Gleb genommen. Die Nowgoroder befestigten nun ihre Herrschaft über die Wotjäken und Tscheremissen. Abgeordnete aus Nikulyzin und Kokscharow kamen zusammen auf einem hohen Berge, wo die Chlynowiza in die Wjätka mündet, und beschlossen, eine Stadt aufzublocken. Aber ein Wunder wies ihnen eine andere, tiefer gelegene Stelle an der Wjätka selbst an. Hier ward Chlynow (Wjätka) gegründet, die erste Russisch-Slawische Niederlassung am mächtigen Wotjäkenstrome. Der Charakter der Bevölkerung bewahrte Jahrhunderte lang den wilden Unabhängigkeitssinn, der ihre Anfänge kennzeichnet. Von der Metropole sagte sie sich los, die Oberhoheit der Moskowischen Herrscher erkannte sie nur dem Namen nach an. Wjätka regierte sich selbst durch sein gewähltes Volkshaupt und gewährte eine sichere Zufluchtsstätte den Flüchtlingen aus ganz Russland, servorum fugitivorum velut asylum quoddam, wie Herberstein sagt. Wo in der Periode der inneren Fehden geschlagen und geplündert wurde, da fehlten die Wjätkaer Banden nie. — Wie Chlynow sind die meisten Nord-Russischen Ansiedelungen gegründet worden. Ohne Aufhören wanderte die Nowgoroder Jugend dem Ural zu, um die Tschuden-Bevölkerung unter Zins und Steuer zu bringen. Dem Lauf der Flüsse durch die Waldwildnisse folgend bahnten Händler, Freibeuter und Jägerhaufen den Weg der friedlichen Besiedelung, der höheren Gesittung, reineren Formen des Christenthums.

An die bahnbrechenden Rowdies- und Flibustier-Züge schlossen sich militärische Expeditionen der Wolchow-Republik. Im Jahre 1193 treibt die Nowgoroder souveraine Bürgerschaft mit Waffengewalt den Tribut von ihren Permischen und Ugrischen Unterthanen ein. Sechs Jahre später berichtet die Chronik von einem verunglückten Kriegszuge. Der Wojwode Jadrei wollte die Ansiedelungen der Permier und Ugrier besetzen. Sawko, der Verräther, gab den Ugrischen Häuptlingen den Rath, die Anführer zur Berathung einzuladen und ihnen einen Hinterhalt zu legen. Sie gingen

in die Falle und wurden alle erschlagen. Nur sechs Wochen verweilten die Nowgoroder in Jugrien, zwei Jahre dauerte der Feldzug; von dem ausgezogenen Heerhaufen sahen nur 80 Mann die Heimath wieder. „Gross war das Weheklagen in Nowgorod, es härmte sich der Fürst, es härmten sich die Wladyken und die ganze Stadt." — Auch nach Annahme des Christenthums wahrten die Permischen Häuptlinge noch lange ihre Unabhängigkeit und immer wieder stösst man in den Jahrbüchern auf Berichte von blutigen Niederlagen. Bis ins 15. Jahrhundert reichen die militärischen Expeditionen gegen die Tschudenstämme, welche ihrerseits beständig die Ansiedelungen bedrohten. Oft genug mussten die Städter die Angriffe der kühnen Jägerstämme abschlagen. Nur mit grossen Menschenopfern vermochte die Handelsrepublik ihre Oberhoheit über die Zinsländer zu behaupten. Das Blut floss im rein merkantilen Interesse, „um des kostbaren Pelzwerkes und des Transkama'schen Silbers willen". — Im J. 1505 ward der letzte Häuptling Permiens, Matwei Michailowitsch, nach Moskau abgeführt und „der erste der Russischen Fürsten", wie die Chronik sagt, der Grossfürstliche Statthalter Wassilii Andrejewitsch Kower, hingesandt. Doch nicht eher konnte Permien kolonisirt werden, als bis sich an den Flussläufen der oberen Dwina, am Jug, an der Wytschegda, an der Wjätka die Russische Bevölkerung zu kompakter Geschlossenheit verdichtet hatte.

Die Tatarische Invasion mit ihren Folgen wirkte entscheidend auf die Besiedelung Nord-Russlands ein. Die Russische Kolonisations-Strömung von Rostow aus die Wolga hinunter war für Jahrhunderte zum Stauen gebracht und in die Waldstriche des Arktischen Stromlandes abgelenkt, in dessen Waldöden die Reiterschwärme der Steppe nicht vordringen konnten. Vor den Tatarischen Steuereinnehmern (Baskaken) und ihren Steuerrollen sich flüchtend wanderte die agrikole Bevölkerung Mittel-Russlands auf den von Nowgorod vorgezeichneten und erschlossenen Wegen nordwärts, massenhaft überschritt sie den niedrigen, wasserscheidenden Landrücken und ergoss sich über die „Sawolotschje".

In den Waldöden des nordöstlichen Russlands suchten und fanden eine Zufluchtsstätte auch Männer anderen Schlages, fromme Gemüther, die von dem Siege der Heiden über das christgläubige Russenvolk tief erschüttert waren. Wohin sie auch kommen mochten, der Bau einer Kirche oder eines Klosters ist ihre erste Sorge, das erste Werk ihrer Hände. Mit der Ausbreitung der Russisch-Slawischen Bevölkerung hält überhaupt die Ausbreitung des Christenthums gleichen Schritt. „Kloster und Veste" bilden den Krystallisationskern, um welchen die friedliche, sesshafte Bevölkerung im Nordosten anschiesst. Auch nicht immer erscheint das Schwert wegbahnend, bisweilen zog der Verkündiger der Lehre des Friedens den Ansiedlern voraus. Die Klöster

erscheinen hier im Norden Russlands als Kulturherde, von
ihnen strömte nationale Civilisation und Gesittung nach allen
Richtungen aus. — Vergegenwärtigen wir uns die Entstehung
so manchen Klosters. Um den frommen Einsiedler, der sich
irgendwo in einer Grotte niedergelassen hat, sammelt sich
eine Brüderschaft. Bald macht sich das Bedürfniss des
gesicherten leiblichen Unterhalts so wie das Bedürfniss eines
Gotteshauses fühlbar. Die Ältesten fertigen einen Gesandten an den Grossfürsten ab mit der Bitte, ihnen zu gestatten, in der Öde ein Kloster zu bauen, Bäume zu fällen,
das Erdreich aufzupflügen, sich als Körperschaft zu organi-
siren. Das Kloster wird der Mittelpunkt von Ackerbau-
Gemeinden. Hinter seinen Mauern finden Gewerbsleute und
Händler sicheren Schutz; an den grossen Kirchenfesten werden Märkte abgehalten, die Bevölkerung mehrt und verdichtet sich, die Mönche erwerben immer grösseren Land-
besitz, Sendschreiben laden Freiwillige aus dem ganzen
weiten Russenlande zur Niederlassung ein u. s. f. — Die
Lebensbeschreibungen der Heiligen enthalten nach dieser
Seite hin werthvollen kulturgeschichtlichen Stoff und sind
für die Entstehungsgeschichte der Nord-Russischen Städte von
hohem Interesse. Die Drangsale der ersten Niederlassung
inmitten fremder roher Stämme, die Zustände der Wildheit
der Natur und der Menschen, der Kampf mit den Natur-
gewalten, die Leiden und Thaten der ersten Ansiedler-
Geschlechter, die langsamen Fortschritte des Wohlstandes
und der Gesittung treten uns hier gelegentlich in prägg-
nanten Einzelheiten entgegen. Wie fesselnd sind die Erzählungen von dem Schaffen und Treiben der Ssolowezkischen Mönche, von ihren abenteuerlichen Fahrten auf dem
Weissen Meere in den Reden, welche das Gedächtniss des
Zosimus und Salvatius feiern! — Und ähnlich in Permien.
Die Predigt des heil. Stephan, sein werkthätiges Christenthum hat der Russischen Kolonisation unter den Permiern
und Syrjänen nachdrücklicher und erfolgreicher den Weg
geebnet als die Plünderungszüge der Nowgoroder Raubschaaren
und die militärischen Expeditionen der handelsmächtigen
Bürgerschaft. Lange vor der Einverleibung in den Moskowischen Staat ward Permien der Russischen Kirche einverleibt und hatte sich unter ihrem Schutze mit Russisch-
Slawischen Ansiedlungen bedeckt. Die freie Kolonisirung,
die Ausbreitung der Formen des Russisch-Griechischen Kir-
chenthums ging hier der staatlichen Administration um Jahrhunderte voraus, aber der lebendige Zusammenhang mit
der noch schwachen Staatsgewalt im Reichscentrum hörte
nie auf. Der Boden, mochte er menschenleere Waldwildniss,
mochte er Jagdgrund umherstreifender Jägerstämme sein,
galt, so wie der Russische Ansiedler den Fuss auf ihn gesetzt hatte, für Staatseigenthum. Der Pflanzer musste sich
sein Besitzrecht von dem Grossfürsten bestätigen lassen.

woran sich bestimmte Abgaben, bestimmte Privilegien knüpften. Weiter erstreckte sich Wirksamkeit und Fürsorge des
Staates nicht. Die Besiedelung, die Einrichtung und Ord-
nung des Gemeindelebens, der Schutz gegen die Angriffe
der feindlichen Stämme war Sache der Kolonisten. In der
Gregor Stroganoff 1588 verliehenen Schenkungsurkunde ward
ihm vom Zaren ein weiter öder Landstrich zwischen der
Kama und der Tschussowaja ohne bestimmte Grenzen
überlassen, mit dem Rechte eigener Gerichtsbarkeit und der
Verpflichtung, das Land zu besiedeln und zu vertheidigen.
Die Stroganoffs haben die Gegend besiedelt, Städte erbaut,
Festungen mit Kanonen aufgeführt, die Quellen des Wohl-
standes erschlossen, die umwohnenden Völkerschaften ge-
bändigt und gezähmt, sie an Ordnung und Sitte, Recht und
Gesetz gewöhnt; sie haben Heerstrassen über den Ural nach
Sibirien hinein gebahnt, die Eroberung Sibiriens eingeleitet,
die nächsten Zielpunkte bezeichnet [1].

Längs der Dwina und ihrer Quell- und Nebenflüsse,
längs der Wjätka, Kama, Tschussowaja hatten es die Russischen Ansiedler meist mit heidnischen, unstet umherschwei-
fenden Jägerstämmen zu thun, die ihnen keinen nachhal-
tigen, einheitlichen Widerstand entgegensetzen konnten. Die
Besiedelung schritt unaufhaltsam fort, die einzelnen befestigten Tschudenstädte unterlagen. Die Permier unterwarfen
sich oder wichen hinter den Ural zurück, wie ihre Stammgenossen, die Jugrier und Wogulen, welche sich schrittweise
vor den vorrückenden Ansiedelungen zurückzogen. Die Be-
weglichkeit und Unstetigkeit der Finnischen Bevölkerung
erleichterte die Kolonisirung des Nordostens ungemein. Mit
der Annahme des christlichen Kultus, dem das Finnische
Heidenthum bei seiner Rohheit und Unentwickeltheit keinen
fanatischen Widerstand entgegensetzen konnte, ward die
Verschmelzung mit den Russen ermöglicht. Immer dichter
wird die sesshafte, landbauende Russische und russificirte
Bevölkerung.

Auf dem Ost-Europäischen Flachlande stiessen verschiedene Zweige des Menschengeschlechts zusammen und gingen
in einander auf. Die entgegengesetzte Erscheinung zeigt der
Kaukasus, in dessen Thälern und Schluchten sich Völker-

---

[1] Die Gegend um Ssolj-Wytschegodsk ist durch ihren Salzreich-
thum berühmt. Die Stroganoff's errichteten hier die erste Salzsiederei
und versorgten damit das ganze Wytschegda- und Ssuchona-Gebiet. —
Ssolj-Wytschegodsk, die Zwischenstation der Permisch-Uralischen Landschaften einer- und Archangel's andererseits, wurde der Stapelplatz für
die Kornausfuhr aus den Getreidekammern an der Wolga und Kama
nach dem Küstenstrich des Weissen Meeres. — Von der Kama aus di-
rigirten die Stroganoff's die vor der Verfolgung der Zarischen Wojwoden flüchtige Kosakenbande Jermak's (840 Mann) über den Ural am
Irtysch zur Eroberung Sibiriens. Der Gefährte Jermak's, Koljzo, erschien nach vollendeter Thatsache vor dem grausen Zaren, schlug mit
der Stirn an den Boden und legte ihm Proben der Landesprodukte vor
— Zobel und Ottern - und so schwarze Fuchsfelle. Der Zar nahm
ihn in Gnaden auf, schickte den Kosaken Sold und Geschenke und fer-
tigte einen Heerhaufen zur Besetzung des eroberten Landes ab.

schaften der verschiedensten Abstammung in ursprünglicher
Reinheit erhalten haben.

Das Gebirge isolirt, die Ebene führt zur Verschmelzung,
zur Einheit.

In der Schweiz wohnen auf einigen hundert Geviert-
meilen drei Nationalitäten neben einander, durch ein ge-
meinsames Staatswesen geeinigt, — auf der Ost-Europäischen
Tiefebene absorbirte Eine Nationalität die verschiedensten
Racen - und Stammelemente. Russland hat den Anprall der
Mongolischen Sturmfluth ausgehalten, hat sie dann abgedrängt,
ist der ebbenden Bewegung Schritt vor Schritt gefolgt, hat
mit dem Schwerte die Grenzlinien der Kultur immer weiter
gezogen, die schrittweise abgerungenen Landstriche mit dem
Pflugschar für immer dem Europäischen Kulturboden einverleibt. Die Völkerschaften Tschudischer, Türkischer, Mon-
golischer Abkunft nahmen den Griechischen Glauben, die
Russische Sprache, Russisches Hauswesen, Russische Lebens-
sitte an. Je weiter wir in die Vergangenheit zurückschauen,
desto weitherziger, humaner tritt uns die Volksgesinnung
entgegen. Der Fremdenhass ist ein historisches Produkt
und äussert sich dem höher civilisirten Abendlande, aber
durchaus nicht dem auf niederer Kulturstufe stehenden
Türkisch - Mongolischen Morgenlande gegenüber [1]. Wo die
nationale Unduldsamkeit hervorbricht, da hat sie eine religiöse Grundlage. Der Abendländer, der zur Griechischen
Kirche übertritt, gilt dem Volke für einen echten, vollwich-
tigen Russen. Der grössere Theil des gegenwärtigen höchsten Adels ist Deutscher, Tatarischer, Grusinischer Abkunft.
(Vgl. v. Haxthausen, Studien über die inneren Zustände, das
Volksleben und insbesondere die ländlichen Einrichtungen
Russlands, 1852, Bd. III, SS. 66—83.)

Aus der Assimilationsfähigkeit des Russischen Volks-
thums erklärt sich seine Ausbreitung von den Baltischen
Küsten bis an die Gestade des Grossen Oceans. Trotz seiner Mischung mit den verschiedenartigsten Racen-Elementen
hat sich das Europäische Kulturgepräge im Russischen Volke
unverwüstbar erhalten, der Russische Volkstypus, der zähe-
ste und ausdauerndste vielleicht unter allen Völkertypen, in
seiner Eigenart behauptet. Er saugt die verschiedensten
Racen - Elemente in sich auf und wandelt sie nach seinen
Charakter-Merkmalen um. „Der Archangel'sche Dialekt wimmelt von Finnicismen; beständig schaut unter dem Russischen Hute die Finnische Gesichtsform hervor." (Castrén.)

4. Nowgorod und Moskau.

Die feindselige Stellung der Gross-Russischen Herrscher zu
dem Nowgoroder Volksstaate reicht in die Zeiten der ersten
Susdaljschen Fürsten (Jurii Dolgoruki, Andrei Bogoljubski)

hinauf, die ihre Politik den Moskowischen Herrschern ver-
erbten. — Nowgorod's Geschichte ist die Geschichte seiner
Bojaren - Geschlechter. So lange diese die Interessen des
Volkes wahrten, vermochten sie den Gross-Russischen Herrschern, die sie in ihre Parteikämpfe hineinzogen, zu widerstehen. Als sie aus dem lebendigen Zusammenhange mit
dem Volke ausschieden, Gewalt und Willkür übten, das
Volksrecht übers Knie brachen, das niedere Volk bedräng-
ten und schädigten, da traten die Moskowischen Fürsten
für das Volk gegen die Bojaren ein. Diese mussten aus-
ländischen Rückhalt suchen, sich an Lithauen und Polen
anlehnen. Damit war ihr und Nowgorod's Geschick endgültig entschieden.

Die Nowgoroder besiedelten das Küstenland des Baltischen
Meeres nicht, als die Kolonisirung, als die Russificirung der
Finnischen Bevölkerung möglich und geboten war. Schweden, Deutsche, Dänen konnten sich in den Baltischen Landen festsetzen und dieselben dem West-Europäischen Kultur-
system unterwerfen. Wohl unternahmen die Nowgoroder
erfolgreiche Züge ins südliche Finnland so wie ins Land
der Esthen und Liven; wohl erwiderten sie die Rachezüge
der Eingeborenen durch militärische Expeditionen, die das
Land plündernd und verwüstend bis ans Meer durchzogen,
die Ansiedelungen und „Verhacke" zerstörten, mit „grosser
Beute und zahlreichen Gefangenen" heimkehrten. An eine
geordnete Besiedelung des Landes, an die friedliche Assimi-
lirung der Bevölkerung dachte die Nowgoroder Regierung
nicht, konnte eine Regierung überhaupt nicht denken, deren
Exekutive so eigenartig zusammengesetzt war wie die der
mächtigen Handelsrepublik. Die Vollziehungsgewalt befand
sich in den Händen des Fürsten und des Possadnik. Die
in der Regel der Nowgoroder Staats - und Lebensordnung
feindlichen Wahlfürsten wechselten beständig, wurden ein-
und ausgeladen („Fürst, gehe deiner Wege!" heisst es in
der Chronik), entwichen heimlich, wenn ein Volksaufstand
drohte, oder verabschiedeten sich, wenn ein selbstständiger
Fürstensitz in den zahlreichen Fürstenthümern des viel
getheilten Russenlandes frei wurde. — Die Vollstrecker des
Volkswillens, die Possadniki, wurden, je nachdem die Fürsten-
oder Volkspartei (die „Wetsche" siegte), erhoben und ge-
stürzt, wobei es selten ohne Mord, Brand und Plünderung
abging. Die Fürstenpartei, von der Land - und Geldaristo-
kratie, den Bojaren und Kaufherren, gebildet, hoffte Macht
und Gewinn von der Begründung der Fürstenherrlichkeit,
die Volkspartei. Bojarengeschlechter an der Spitze, duldete
kein Attentat auf die uralte Volksherrlichkeit, „die Freiheiten Gross-Nowgorod's", und war jeden Augenblick bereit,
für die heilige Sophie [1] Gut und Blut einzusetzen. Der

---

[1] Vergl. Ausland 1866, No. 49: Die Russen in Central-Asien.

[1] Die Sophienkirche mit dem wunderthätigen Muttergottesbilde.

2*

endlose Hader zwischen Fürst, Possadnik und Bojaren, die
Entscheidung der Streitfragen durch die Wetsche und die
prompte Ausführung des Volksbeschlusses durch bewaffnete
Volksmassen machten eine einheitliche, folgerichtige Staats-
leitung unmöglich. Die vornehme Jugend und das lose
Volk zogen ohne Nowgorod's „Wort" aus zur Entdeckung
neuer Länder und Märkte und kühlten das heisse Blut in
Raub - und Plünderungsfahrten ab. Mochte auch in Folge
solcher „Erziehung durch das Leben" der Wille gestählt,
der Blick geschärft, die augenblickliche Koncentration aller
Geisteskräfte zur Beherrschung der gefährlichsten Situation
inmitten tobender Volkshaufen &c. ausgebildet werden,
Staatssinn konnte sich in solchen Zuständen nicht entwickeln,
ein staatsmännischer Charakter, ein Albert v. Buxhövden,
Hermann v. Salza, Jürgen [v.] Wullenwever, auf solchem
Boden nicht erwachsen. Und so bewahrte die Nowgoroder
Kolonisation ihre urwüchsige Weise, sie war und blieb
kecke Improvisation, sociales Produkt, ohne staatliche Be-
deutung und Tragweite, ohne politischen Sinn und Verstand.

Die Küste zu besetzen, die Baltisch-Finnischen Küsten-
länder dem Freistaate einzuverleiben, ihre Herrschaft durch
ein militärisch - kommerzielles Netz von Niederlassungen
dauernd zu begründen, bevor die West - Europäer, die Deutschen, Schweden, Dänen, hier festen Fuss fassen konnten,
erlaubte übrigens den Nowgorodern die Nachbarschaft der
Russischen Fürsten nicht, die ihre Kräfte abzogen und auf-
zehrten. So kriegsscheu der Handelsstaat auch war, er wurde
von den Theilfürsten des Dneprlandes in ihre endlosen Fehden
hineingezogen, zur Heeresfolge genöthigt und zugleich unausgesetzt von den kräftigen, staatsklugen Susdaljschen
(Wladimir'schen) Fürsten, durch deren Gebiet die Strassen
nach der Sawolotschje und Bolgarien (an der Kama) führten, bedrängt. Die Fürsten hatten unwiderstehliche Bundes-
genossen, den Hunger und in dessen Gefolge Seuchen. An der
Grenze, auf den Landstrassen wurden die Getreide - und
Waarenzüge der Nowgoroder festgehalten, ihre reisenden
Kaufleute und Tributeinnehmer abgefasst und in Gewahr-
sam gebracht. Die Handelssperre, das Aufhören der Korn-
zufuhr gab in allen Kämpfen den Ausschlag. Die Wolchow-
Republik musste fast immer schliesslich den kurzen, zweifel-
haften Friedensstand (Mir) mit grossen Geldsummen erkaufen,
die Steuer von den Zinsländern pünktlich erlegen. Als es
endlich in Nowgorod zur socialen Auflösung kam, als der
Gemeinsinn, der der Parteien, wenn es sich um die Existenz
des souverainen Volksstaates, der unantastbaren Nowgoroder

das Thränen vergoss, wenn Nowgorod gekränkt wurde, ward dem Volke
zum Symbol des Nowgoroder Volksstaates und seiner „Ordnungen".
Vor der Kathedrale (und dem Hofe Jaroslaw's) wurden die ordnungs-
mässigen Volksversammlungen abgehalten. — Gegenwärtig erhebt sich
auf dem weiten Platze das Rurik - Denkmal zur Gedächtnissfeier des
1000jährigen Bestehens des Russischen Reiches.

Freiheiten handelte, vorübergehend zum Kampfe auf Leben und
Tod einigte, erloschen war, als die Parteihäupter eigenwillig um
das Volksgeschick würfelten, die Wetsche entschied, sich unter
den Schutz und Schirm des Römisch-katholischen Polenkönigs
zu stellen, — da war es um die Selbstständigkeit Nowgorod's geschehen. Der Moskowische Grossfürst Iwan III.
erzwang von der ohnmächtig trotzigen Handels - Republik
die Anerkennung seiner richterlichen Oberhoheit. Das geschah im J. 1471. Als es dann sechs Jahre später zu
neuen Zerwürfnissen kam, der Parteihader von Neuem auf-
loderte, das Volk aufs Neue von den Machthabern verge-
waltigt wurde, Hunger und Volkswuth die Stadt durch-
rasten, — da ward das alte Gemeinwesen mit all' seinen
ausgelebten Formen und Einrichtungen eingesargt und begraben. Des Grossfürsten Heer schloss Nowgorod ein. Der
Gesandtschaft, die um Frieden bittend vor Iwan III. erschien, bedeutete er: „Ich will in Nowgorod herrschen, wie
ich in Moskau herrsche; keine Wetsche, keine Possadniki
mehr, sondern mein souverainer Wille!" — Und die Nowgoroder huldigten ihm als ihrem souverainen Herrn und die
Glocke, die die Volksversammlungen feierlich einzuläuten
pflegte (Wetschewoi Kolokol), ward nach Moskau abgeführt.
Die alten Bojaren - Familien, die Anhänger der alten Ordnung, wurden auf Moskowischen Boden verpflanzt, die ver-
ödete Stadt mit Moskowisch-Russischen Familien bevölkert.
„Alt-Nowgorod verschwand. In seinen Mauern lebten fortan
andere Menschen mit anderen Sitten, anderen Ansichten
und Begriffen; seine Kinder starben in der Fremde, ihren
Nachkommen ward das Loos, das Gewesene zu vergessen"
(Kastamaroff). — „Alles das muss nach Gottes Fügung geworden sein; was soll ich weiter viel darüber nachgrübeln
oder der Schrift anvertrauen! Wie es Gott gefiel, so ist
auch hier Alles zu seinem Ende gekommen." Mit diesen
Worten schliesst der Chronograph von Pskow seine Erzählung von dem Fall Nowgorod's.

Nowgorod's Gebiet und Nebenländer wurden dem Moskowischen Staate annektirt. Als Chancellor am 24. August
1553 in die Dwina-Mündung einlief, wurde er von den
Beamten des Zaren empfangen und mit seinen Begleitern
nach Moskau befördert. Die Engländer fanden eine ausge-
zeichnetste Aufnahme und als sie nach einem Aufenthalt
von einigen Monaten (den 15. März 1554) die Russische
Hauptstadt wieder verliessen, sicherte ihnen der Zar in
einem Schreiben an Eduard VI. vollständige Handelsfrei-
heit zu.

Der die Gesetze der Natur und der Welt erforschende
Geist der Neuzeit, der die Neue Welt entdeckt hatte, dieser
kühne Unternehmungsgeist fand auf dem Gebiete der Welt
des Handels auch einen neuen Weg in das weite Russische
Reich und befreite den Zar (Iwan IV., den Grausigen)

von dem drückenden Zwangsrecht, das die ihm feindlichen, die Küsten der Ostsee beherrschenden Nachbarstaaten gegen ihn ausübten [1].

5. Das Zeitalter der grossen Entdeckungen: Ost-Europa den West-Europäern erschlossen.

„Da sich That an That entzündet, so darf es Jedermann frei stehen, die grosse geistige Bewegung des 16. Jahrhunderts entweder als die Folge der grossen Entdeckungen oder Colon's Unternehmung als den ersten Tagesschimmer des anbrechenden 16. Jahrhunderts zu betrachten" (O. Peschel).

Die Impulse, welche unsere Gegenwart allgewaltig bewegen, reichen in ihren Anfängen sämmtlich ins Zeitalter der Renaissance, der Entdeckungsfahrten und der Reformation zurück. Es wurden neue Welten entdeckt. Die Westhälfte der Erde mit ihrer eigenartigen Natur- und Menschenwelt entschleierte sich, die verschollene Welt der antiken Kultur lebte Geist erfrischend, Menschen bildend, das Denken läuternd, schulend, stählend, auf sein Urfundament zurückführend neu auf; die ferne, märchenhafte Ostwelt, die Urheimath der Europäischen Arier, rückte aufs Neue in den Gesichtskreis der abendländischen Völker und zog den entfesselten Unternehmungsgeist unwiderstehlich an. Mit Amerika's Entdeckung und dem Auffinden des Seeweges nach Ost-Indien, mit der ersten Erdumsegelung ward der Erdball dem Menschen erst wahrhaft gewonnen, der romantischen Traumwelt des Mittelalters der Boden unter den Füssen weggezogen. Das Kopernikanische Welt-System brachte den Erdball in Bewegung, leitete die moderne Himmelskunde ein. In der durch das Fernrohr erschlossenen Weltenferne zerrannen die tausendjährigen Traumbilder der Europäischen Menschheit, stiegen ewige Lichtgedanken aus der unendlichen Alltiefe empor. Luther brachte die Seelen in stürmische Bewegung (Lasst die Geister auf einander platzen!);

seine schicksalsmächtige That leitete die weltumgestaltenden Kämpfe ein, welche auf religiösem und staatlichem Gebiete zum Scheidungsprozess zwischen dem Norden und Süden West-Europa's führten, die Germanisch-protestantische Völkerfamilie von der Romanisch-katholischen schieden, sie dem eigenen Genius zurückgaben, um auf eigenen Bahnen die eigenen und damit zugleich die Weltgeschicke für die fernste Zukunft zu schaffen. Holland, England und Nord-Amerika erwuchsen zu seemächtigen, die Kulturentwickelung der Menschheit bestimmenden, reigenführenden Nationen. Die Germanische, speziell Anglosächsische Race ward zum Träger des erdumspannenden modernen Welthandels und in seinem Gefolge der alldurchdringenden modernen Weltkultur. — Mit dem lärmenden Treiben des werkthätigen Geschäftslebens hält die stille Geistesarbeit gleichen Schritt. Die Sinne und das Denken der Menschen schärfen und klären sich an der unbefangenen Auffassung und Beobachtung der mannigfaltigen Formen und Erscheinungen des natürlichen und geistigen Lebens; eine neue, für das moderne Weltalter charakteristische Methode der Beobachtung (Galilei, Bacon) ermöglicht die übersichtliche Gruppirung derselben und damit die Entdeckung ihrer Gesetzmässigkeit. Der ein Mal erwachte Forschersinn wächst und erstarkt unbezwingbar von Jahrhundert zu Jahrhundert, gewinnt immer mehr an Selbstvertrauen, bemächtigt sich stetig vordringend aller Gebiete menschlichen Wirkens und Schaffens, der Natur und des Geistes, des Staates und der Kirche, der Volksseele wie der Einzelseele (Shakspeare, Goethe). Wissenschaft und Leben reichen sich die Hand. Die Technik unterwirft Kraft und Stoff dem weltmächtigen Gedanken, macht die Natur dem Geiste dienstbar, stellt dem Willen märchenhafte Machtmittel zur Verfügung, realisirt mit mathematischen Zauberformeln die phantastischen Gelüste der 16. Jahrhunderts, wie sie die Volksphantasie in den Sagen von Faust und Fortunatus gestaltet hat [1]. Dampfschiff, Lokomotive, Telegraph, die moderne Maschinenarbeit, sie ermöglichen jene Allgegenwart, jenen Erwerb von Glücksgütern, jenen Lebensgenuss, jenen beliebigen Ortswechsel, ermöglichen die Verwirklichung der Wünsche, mit denen sich jene Geschlechter unter dem überwältigenden Eindruck allwärts zuströmender neuer Anschauungen trugen.

Es war dieses 16. Jahrhundert, das die nördliche Polarsee der Erdkunde eroberte, das Slawische Ost-Europa den Einwirkungen der West-Europäischen Kultur öffnete, es aus seiner Asiatischen Abgeschlossenheit herausriss, aus seiner

[1] Dr. E. Herrmann, Geschichte des Russischen Staates, Bd. III, S. 331—332. — Die Russisch-Englische Verbindung brachte den Skandinavischen Norden in grosse Aufregung. Trotz der freundschaftlichen Verhältnisse, in welchen Gustav Wasa fast während seiner ganzen Regierungszeit zu Russland gestanden, sah sich der hochbetagte König noch am Ende seines Lebens veranlasst, eine neue Politik gegen den östlichen Nachbar einzuschlagen. Ihm mochte besonders sein Helsingfors am Herzen liegen, das er so eben erst im J. 1550 an der Finnischen Küste gegründet hatte, um hier einen festen Mittelpunkt für den Russisch-nordischen Handel zu schaffen, an dessen Aufkommen er aber verzweifeln musste, wenn die Verbindung zwischen Russland und England weitere Ausdehnung gewann. Noch im J. 1555 unternahm er daher gegen den Grossfürsten einen Krieg, der sich zwei Jahre hinzog, ohne für die Schweden zu einem günstigen Erfolge zu führen. Dann wandte er sich an die Königin von England, um diese zu bewegen, „dass sie die neue Schifffahrt längs Norwegens nach Russland verbieten und lieber ihre Unterthanen Schwedens Land besuchen lassen möchte". Indess Maria von England konnte hierauf nicht eingehen, sie musste sich darauf beschränken, eine Verfügung zu treffen, wonach den Russen durch die Engländer kein Kriegsgeräth zugeführt werden sollte. Kurd v. Schlözer, Verfall und Untergang der Hansa und des Deutschen Ordens in den Ostseeländern, Berlin 1853, SS. 157—158.

[1] Sollte das tiefsinnige Märchen „Tischchen, deck' dich, Goldesel und Knüppel aus dem Sack" (Nr. 36 der Grimm'schen Sammlung), das von gesundem historischen Instinkt des Deutschen Volkes zeugt, dem Anfange dieser Epoche angehören? — Es verdiente, von Kaulbach illustrirt zu werden.

nationalen Erstarrung erlöste und den Bestrebungen seiner Herrscher entgegenkommend seine Europäisirung anbahnte. Seit der Reform Peter's d. Gr. verwuchsen die Geschicke West-Europa's immer fester und fester mit denen des Ost-Europäischen Slawenreiches (Katharina II., Alexander I.), aber auch die Geschicke der Menschheit. In dem erdumspannenden Telegraphen, der über Russland hin die Pacifische und Atlantische Seite der Alten Welt zu verknüpfen hat, tritt uns symbolisch die Weltstellung und Kulturmission des Russischen Staates im 19. Jahrhundert entgegen.

Italien ist das Heimathland der modernen Kultur, Italiener führten in fremdländischen Diensten die kühnen Entdeckungsfahrten aus, welche die Gründung Europäischer Kolonialreiche in der Alten und Neuen Welt einleiteten. Der Genuese Colon entdeckte Amerika für die Krone Aragon und Kastilien. Cadamosto's Landsmann, der Venezianer Cabot, führte die ersten Englischen, der Florentiner Verazzani die ersten Französischen Schiffe nach Nord-Amerika. Der geistige Urheber der Fahrten nach den Eismeer-Küsten, um eine nordöstliche Durchfahrt nach China zu finden, war ein Deutscher Edelmann, Sigismund Freiherr von Herberstein. Als Knabe hatte er sich den Slawischen Dialekt seiner Heimath Kärnthen angeeignet, so dass es ihm leicht ward, bei seinem zweimaligen Aufenthalt am Hofe der Russischen Zaren (1517 und 1526) das Russische zu erlernen. Als Frucht seiner Nachforschungen daselbst entwarf er die erste neuere Karte von Russland, welche die Erdkunde kennt. Auf ihr erscheint bereits das Weisse Meer als ein Arm des Eismeeres, so wie der Lauf der Flüsse Mesenj und Petschora. Der Irtysch ist als Nebenfluss des Obj angegeben. Indem Herberstein die Quelle des Obj in den See Kitaisk verlegte, ward er der Anstifter der NO.-Fahrten. Neben dem See erscheint Peking (Cumbalich — Chanbalik).

Vier Jahre nach dem Erscheinen von Herberstein's Buche begannen auf Anregung Cabot's die Rüstungen zur Aufsuchung der NO.-Passage. Britische Kaufleute, beunruhigt darüber, dass Englische Erzeugnisse nur noch zu gedrückten Preisen auf Europäischen Märkten Absatz fanden, stifteten im J. 1553 die (später so genannte) Russische Handels-Gesellschaft zur Ermittelung neuer überseeischer Handelswege für die einheimischen Ausfuhren. Der bejahrte Sebastian Cabot, den sie sich von der Krone als Vorstand erbeten hatten, rieth ihnen zur Aufsuchung eines nördlichen Seeweges nach China. Was Cabot vom Norden der Alten Welt gewusst hat, bevor Herberstein's Schriften erschienen, das ist noch heute ersichtlich aus seinem Weltgemälde, auf welchem er für Nord-Europa die Karte benutzt hatte, die 1539 Olaus Magnus, Erzbischof von Upsala, zu seiner Beschreibung Skandinaviens herausgegeben hatte und wo diese Halbinsel in rohen, aber doch richtigen Umrissen dargestellt, dem Weissen Meere jedoch noch immer die falsche Natur eines Binnen-See's gegeben worden war, denn weiter über das Nord-Kap als bis Wardöhus, wo eine Königliche Burg stand, erstreckten Norwegische Fischer ihre Fahrten nicht. Durch Herberstein's Karte aber waren die Gemälde des Nordens östlich bis zum Obj vorgerückt und die besten Belehrungsmittel, die Cabot den Entdeckern mitgeben konnte, waren daher die Karten des Magnus von Skandinavien und die Herberstein'sche von Russland [1]).

---

[1]) O. Peschel, Geschichte der Erdkunde, SS. 286—288.

II. Entdeckungs- und Erforschungsgeschichte Nowaja Semlä's[1]).

1. Nowasemlaer Fahrten der Engländer und Holländer im 16. und 17. Jahrhundert.

Am 11. Mai 1553 liefen drei kleine Schiffe von London aus, die „Bona Esperanza" von 100 Tonnen, der „Edward Bonaventura" von 160 Tonnen und die „Bona Confidentia" von 90 Tonnen. Zum Chef der Expedition und Befehlshaber des ersten Schiffes ward Sir Hugh Willoughby ernannt, das zweite Schiff befehligte Kapitän Richard Chancellor, das dritte Master Durforth. Für den Fall, dass die Schiffe aus einander gerathen sollten, war Wardöhus, eine Insel mit Hafen östlich vom Nord-Kap, zum Sammelplatz bestimmt worden. In der That wurden sie den 30. Juli von einem Sturme überfallen und getrennt. Willoughby drang tief gegen Norden und erblickte den 14. August Land, wahrscheinlich den Uferstrich Nowaja Semlä's zwischen dem Südlichen und Nördlichen Gänse-Kap (Gussini Noss). Die Küste starrte von Eis. Er kehrte nach Westen um und ging, da die Jahreszeit bereits vorgerückt war, um zu überwintern, an der Lappländischen Küste im kleinen Hafen an der Mündung des seichten Arsina-Flüsschens (Warsina), westlich von der Insel Nokujeff (68° 23′ N. Br., 38° 39′ Östl. L. v. Greenw.), vor Anker. In diesem öden, unwirthbaren Landstrich ereilte ihn nach mehreren fruchtlosen Versuchen, die Bewohner des inneren Landes aufzusuchen, mit den Mannschaften der beiden Fahrzeuge „Bona Espe-

---

[1]) Viermalige Reise durch das nördliche Eismeer auf der Brigg „Nowaja Semlä" in den Jahren 1821 bis 1824 ausgeführt vom Kapitän-Lieutenant Fr. v. Lütke. Aus dem Russischen übersetzt von A. Erman. Berlin 1835. SS. 1—94: „Kritische Übersicht der Reisen nach Nowaja Semlä".

ranza" und „Bona Confidentia" (im Ganzen 65 Mann) das Schicksal Franklin's, sie alle kamen vor Kälte, Erschöpfung und wahrscheinlich auch Hunger um.

Im Frühling des folgenden Jahres wurde die Expedition von Lappländischen Fischern, die zufällig dahin gekommen waren, aufgefunden. Das Tagebuch bezeugte, dass im Januar Sir Hugh noch am Leben war. Die beiden Schiffe wurden mit der Ladung nach Cholmogory befördert und auf Befehl des Zaren Ioann Wassiljewitsch nach England zurückgesandt, gingen indess auf der Überfahrt zu Grunde.

Inzwischen war Kapitän Chancellor mit dem dritten Schiffe (Edward Bonaventura) in den Hafen von Wardöhus eingelaufen, hatte hier eine Woche lang auf den Admiral gewartet, dann die Anker gelichtet und ostwärts segelnd das Weisse Meer und die Dwina-Bucht erreicht. Sich bei dem Wojwoden für den Gesandten Englands ausgebend brach er den 23. November von Cholmogory nach Moskau auf zum Zaren Ioann IV. Wassiljewitsch, der, so eben nach der Eroberung Kasan's in die Hauptstadt zurückgekehrt, in feierlicher Audienz das Schreiben des improvisirten Botschafters König Eduard's VI. huldvoll entgegennahm und der Britischen Flagge die günstigsten Handelsgerechtsame bewilligte [1]. Für Russland war der Verkehr mit West-Europa, für England der Handelsweg über Land in das Innere von Asien eröffnet. Die Privatgesellschaft, von welcher das Unternehmen ausgegangen war, wurde nun von der Königin Marie Tudor zur Handels-Kompagnie (the Muscovy Company) erhoben und stellte sich die Doppelaufgabe: Befestigung und Ausbreitung des gewonnenen Marktes und Fortsetzung der Entdeckungsfahrten in nordöstlicher Richtung, die in der Auffindung des Weissen Meeres und der Dwina-Mündung ein so erfolgreiches Resultat geliefert hatten.

So rüstete denn die Moskowische Kompagnie im J. 1556 die Pinasse „Searchtrift" (der Aufsucher) unter Befehl Stephen Burrough's aus, der als Master Kapitän Chancellor 1553 auf dem „Edward Bonaventura" begleitet hatte. Die ihm mitgegebene Instruktion lautete, wenigstens bis zum Flusse Obj vorzudringen. Burrough lief am 29. April von Gravesend aus, umsegelte den 23. Mai das Nord-Kap und erreichte den 9. Juni die Bucht von Kola, die er den Fluss Kola nennt. Hier stiess er auf Russische Walross-Jäger, die eben zur Fahrt nach der Petschora-Mündung rüsteten. Einer von ihnen, Namens Gawrilo, bot sich ihm zum Lootsen an und leistete ihm während der ganzen Reise die wesentlichsten Dienste. Nachdem Burrough bis zum 22. Juni sich in Kola aufgehalten hatte, um sein Fahrzeug auszubessern, ging er in Begleitung mehrerer Russischer Lodjen in See, umschiffte Kanin Noss, segelte an Swätoi Noss vorüber und

gelangte den 15. Juli zur Petschora. Auf der Weiterfahrt begegneten ihm (unter 70° 5′ N. Br.) mächtige Eisschollen, welche jeden Augenblick sein Fahrzeug zu zertrümmern drohten. Er erreichte den 25. Juli in der Karischen Strasse eine Insel (unter 70° 42′ N. Br.), welche er St. Jakob-Insel nannte und die sich Angesichts der Südspitze Nowaja Semlä's befand, wie ihm ein Russischer Schiffer Namens Loschak mittheilte. So ist denn Burrough der erste Europäer, der Nowaja Semlä erreichte. Den 31. Juli gelangte er zur Insel Waigatsch, wo er um diese Zeit viele Russen vorfand, von denen er erfuhr, dass die grosse Insel von Samojeden bewohnt werde, die in Zelten aus Rennthierfellen lebten. Die Engländer sahen hier eine Menge Samojedischer Götzenbilder, welche roh gearbeitet Männer, Weiber und Kinder vorstellten, denen Mund und Augen meist mit Blut bestrichen waren. Unverkennbar vergegenwärtigt Burrough's Schilderung die Kultusstätte auf dem Götzen-Kap (Balwanowskij Noss) der Insel Waigatsch, welche der Schiffer Iwanoff im J. 1824 in dem von Burrough dargestellten Zustande fand. Es ward ihm somit vergönnt, die Erdkunde mit der ältesten Schilderung der Samojeden zu bereichern. Er entdeckte hierauf die Ugrische Strasse zwischen der Insel und dem Festlande (Jugorskij Scharr), die jedoch mit Treibeis erfüllt ihm keinen Zugang zur Kara-See gestattete, obschon er dort bis zum 20. August ausharrte. NO.-Winde, welche nach seiner Beobachtung im Osten von Kanin Noss vor allen anderen vorherrschen, häufiges Treibeis und die beginnenden langen Nächte bestimmten ihn zur Rückfahrt. Er gelangte den 10. September nach Cholmogory und überwinterte daselbst.

Als sich Burrough im folgenden Jahre zur Fahrt nach dem Obj anschickte, erhielt er von seiner Regierung den Befehl, die verunglückten Schiffe der Willoughby'schen Expedition aufzusuchen. Auf dieser Fahrt bestimmte er die Breite der Insel Ssossnowetz (Fichten-Insel) zu 66° 24′ und der „Drei Inseln" (Tri Ostrowa) zu 66° 58′ 30″. Vom Kap Iwanowy Kresty (Iwan's Kreuze) ging er direkt zu den „Sieben Inseln" (Ssemj Ostrowow, George's Islands), ohne bei der Nokujeff-Insel anzulegen, hinter welcher er die gesuchten Schiffe gefunden hätte. Darauf richtete er den Kurs nach Wardöhus und kehrte unverrichteter Sache nach Cholmogory zurück.

Die während der beiden folgenden Decennien zahlreichen Unternehmungen der Engländer nach den Amerikanischen Polarmeeren, um auf einer NW.-Passage das ersehnte Ziel, China und Indien, zu erreichen, zogen für einige Zeit ihre Aufmerksamkeit vom Europäischen Norden ab, bis die im NW. angetroffenen Naturhindernisse dieselbe wieder nach NO. auf die von Chancellor und Burrough erschlossenen Pfade hinlenkten.

---

[1] Vgl. Herrmann, Geschichte des Russischen Staates, III, S. 132.

Im J. 1580 rüstete die Russische Handels-Kompagnie zwei kleine Fahrzeuge (barks), „George" und „William" unter Arthur Pet und Charles Jackmann aus, um den nordöstlichen Weg nach Chatai aufzusuchen. Den 30. Mai liefen sie aus Harwich aus [1]) und gelangten den 23. Juni nach Wardöhus. Von heftigen Winden aus NO. und SO. hier festgehalten konnten sie nicht eher als am 1. Juli ihre Fahrt fortsetzen und erblickten den 7. Juli unter 70½° N. Br. Land, das sie für Nowaja Semlä hielten. Nachdem sie bis zum 14. an der Küste hingesegelt waren, richteten sie ihren Lauf nach SO. und gelangten zur Insel Waigatsch. Sie drangen in die Kara-See ein, wo ihre Fahrzeuge von den Eismassen fast zerrieben wurden. Nachdem sie sich mühsam rückwärts zur Ugrischen Strasse durchgearbeitet hatten, beschlossen sie, jeden weiteren Versuch aufzugeben und den Rückweg anzutreten. Pet traf den 26. Dezember glücklich in Ratcliff ein, Jackmann überwinterte in Norwegen und ging dann spurlos zu Grunde.

Der unglückliche Ausgang der Pet-Jackmann'schen Expedition kühlte den Entdeckungseifer der Engländer ab. Politische Rücksichten bestimmten sie dann, ihre Unternehmungen nach dem NO. einzustellen. Anthony Marsh, ein Vorstand der Britischen Handels-Gesellschaft in Russland, hatte sich von Rhedern aus Cholmogory Nachrichten über drei Wege nach dem Obj verschafft, hierauf 1584 einige Russen gemiethet, die auf dem Flusse Ussa durch den Ural an den Obj gelangten und mit werthvollen Pelzwerken zurückkehrten, unterwegs aber von den Russen gefangen, und bestraft und ihrer Waaren beraubt wurden. Als sich Marsh beim Zaren beschwerte, erhielt er einen scharfen Verweis, dass er es überhaupt gewagt habe, auf eigene Rechnung nach Sibirien Handel zu treiben. Seit jener Zeit stellten die Engländer ihre NO.-Fahrten gänzlich ein, wahrscheinlich um die Russen nicht zu erbittern und ihre Handelsbegünstigungen nicht aufs Spiel zu setzen [2]).

Anders lag die Sache für die Holländer. — Kaum lebte die Schifffahrt auf dem Weissen Meere auf, so erschienen ausser Norwegern und Dänen auch Niederländer auf dem neu eröffneten Markte und machten trotzdem, dass den Engländern der Monopolhandel verbrieft war, gute Geschäfte [1]). Seit Philipp II. ihnen den Indischen Markt in Lissabon verlegt hatte, bemühten sie sich, ihren Handel nach Russland vom Weissen auch Niederländer auf dem neu eröffneten Markte und machten trotzdem, dass den weiter auszudehnen. Der Gedanke, auf dem Ocean sich den Weg zu den reichen Kolonial-Ländern ihrer Feinde zu bahnen, konnte ihnen in ihrer damaligen Situation noch nicht beikommen. Näher lag es, den von den Engländern aufgegebenen Weg durch die unbekannten Gewässer der Polarsee ins Auge zu fassen, um ungefährdet China und Indien zu erreichen. Niederländer, die in Portugiesischen Diensten Ost-Indien besucht hatten, wie Dietrich Gerrits von Enkhuizen, der bis China und Japan gekommen war, der Diamantenschleifer Koning aus Goa, der Pfefferhändler van Ashuizen zu Malacca und vor Allen der ausgezeichnete Reisende Huygens von Linschooten hielten das Interesse für die Indien-Fahrten wach.

Im J. 1583 hatte Huygens eine Fahrt nach Indien unternommen und die für seine Zeit vortreffliche Beschreibung derselben veröffentlicht. Er liess sich nach seiner Rückkehr in die Heimath in Enkhuizen nieder, wo sich damals ein kleiner Kreis ausgezeichneter Männer zusammengefunden hatte: der Geograph Lucas Wagenaar, dessen Seekarten lange von den Engländern geschätzt wurden, der Naturforscher und Naturaliensammler Paludanus und der grosse Förderer der heimischen Schifffahrt Franz Maalson. Ihr Sinnen und Streben diente dem national-politischen Interesse der Betheiligung des werdenden Freistaates am Indischen Handel und fand an dem edlen Oldenbarneveldt, dem Advokaten von Holland, einen beredten Fürsprecher. In Verbindung mit Javob Valke, dem Schatzmeister von Seeland, und dem wackern Middelburger Kaufmann Balthasar Moucheron, einem protestantischen Auswanderer aus der Normandie, beschlossen sie, die nordöstliche Durchfahrt zu versuchen, auf der sie, als auf der kürzesten Route, 2000 Meilen Wegs zu ersparen hofften. Der Amsterdamer reformirte Prediger Peter Plancius, ein tüchtiger Mathematiker, Astronom und Geograph, hoffte die Durchfahrt im Norden Nowaja Semlä's, die Übrigen durch die Ugrische Strasse zu gewinnen [2]).

So kam durch die Verbindung reicher Kaufleute aus Amsterdam, Middelburg und Enkhuizen das Unternehmen

---

[1]) „Pet eilte mit seinem Schiffe voraus, berührte Nowaja Semlä den 10. Juli an der Gänse-Küste, ging dann nach der Karischen Pforte, die er vom Eis geschlossen fand, erreichte am 18. Juli die Südspitze von Waigatsch und die Ugrische Strasse, die lange nach ihm die Pet-Strasse genannt worden ist, und drang am 25. Juli mit Jackmann vereinigt vier bis fünf Meilen in die Kara-See ein, die er aber schon am 28. Juli, weil die Eis keinen Durchgang zu verstatten schien, wieder verliess." O. Peschel, Geschichte der Erdkunde, S. 294.

[2]) O. Peschel, Geschichte der Erdkunde, S. 295. — Vgl. Dr. Ernst Herrmann, Geschichte des Russischen Staates, III. Bd. Durch Jenkinson's Bemühungen ward den Engländern der Überlandweg durch Russland nach Persien und Bochara gewonnen. Im J. 1558 hatte er sich von Moskau nach Astrachan begeben, war über das Kaspische Meer nach der Halbinsel Manghischlak gesetzt und mit einer Karawane über Urgendsch nach Bochara gewandert. Seite 135—140 findet sich eine interessante Länder- und Völker-Skizze im Auszuge aus dem Jenkinson'-schen Reisebericht. — Der Englisch-Russische Handel, die Handelsprivilegien der Engländer: SS. 133, 243—247; Handelsartikel und Waarenverkehr: SS. 338—342. — „Schiffe der Londoner Gesellschaft befuhren die Wolga und das Kaspische Meer bis nach Persien: Britischen Seeleuten verdankte man bald die ersten Tiefenmessungen im Kaspi-

---

schen Meere. Jenkinson veröffentlichte eine neue Karte von Russland, die von Archangel bis Turkistan reichte." (O. Peschel, S. 292.)

[1]) Herrmann, Geschichte des Russischen Staates, Bd. III, S. 134.
[2]) van Kampen, Geschichte der Niederlande, Bd. 1, SS. 572—574.

zu Stande. Es wurden 1593 und 1594 vier Schiffe ausgerüstet. Zum Kapitän des Amsterdamer Schiffes „der Gesandte" ward der tüchtige Seefahrer Willem Barentszoon ernannt, das Middelburger Schiff, den „Schwan", befehligte Cornelis Nai, der Russland bereits kannte; das Enkhuizener Schiff, der „Merkur", ward dem erfahrenen Seemann Brand Isbrand anvertraut. Eine kleine Schelling'sche Fischerjacht wurde Barent beigegeben. Als Supercargo befand sich auf dem „Merkur" Joh. Hugo von Linschooten, der Berichterstatter der Fahrt, die ein öffentliches Unternehmen war. Die Expedition zerfiel in zwei Abtheilungen, von denen jede für sich wirken sollte. Der „Schwan" und der „Merkur" unter Nai's Oberbefehl waren beauftragt, den Durchgang zwischen Waigatsch und dem Festlande zu suchen, der „Gesandte" und die Fischerjacht unter Barent sollten die See nördlich von Nowaja Semlä befahren, wie Plancius gerathen.

Den 5. Juni 1594 ging Nai mit seinen beiden Schiffen von Texel aus in See, einige Tage später Barent. Den 29. Juni erreichten sie die Kola - Mündung und trennten sich; Barent richtete seinen Kurs nach NO. und bekam am 4. Juli die Küste von Nowaja Semlä in Sicht. In der Nacht gelangte er zu einer flachen, weit ins Meer sich erstreckenden Landzunge, die er Langeness nannte. Langeness ist wahrscheinlich das Trockene Kap (Myss Ssuchoi) der Russischen Seeleute, unter 73° 46′ N. Br. In einer geräumigen Bucht an der Ostseite des Vorgebirges (Ssofronowa Guba) landete er und entdeckte Spuren menschlichen Aufenthaltes. Auf seiner Weiterfahrt nordwärts passirte er Kap Langenhoek und erreichte eine grosse Bucht, die er nach den zahlreichen Lummen (Uria, eine Alkenart) Lomsbai nannte und wo er ans Land ging. Es ist die 8½ Deutsche Meilen von Ssuchoi Noss entfernte Kreuz-Bucht (Krestowaja Guba) 74° 20′ N. Br. Das West-Ufer der Bucht bildet einen sicheren Hafen, im Hintergrunde erhebt sich stufenförmig ein hoher Berg, auf dem Seevögel nisten. Weiter segelnd entdeckte er die „Admiralitäts-Insel", die sich späteren Besuchern als Halbinsel ergab. Den 6. Juni gelangte er zum Tschorny Myss Swartenhoek, 75° 20′ N. Br., und entdeckte acht Meilen weiter die zur Gruppe der „Buckligen Inseln" (Gorbowyje Ostrowa) gehörige Wilhelm - Insel. Hier fand er viel angeschwemmtes Treibholz und zahlreiche Walrosse, die er als wunderbare, gewaltige Seeungethüme schildert. Barent bestimmte die Breite der Insel zu 75° 55′, zehn Minuten mehr als Kapitän Lütke. Den 9. Juli machten die Fahrzeuge Halt in Beerentfort-Bucht (Gorbowoje Stanowischtsche). Am nächsten Tage erblickten sie die nackte, Ruderfahrzeugen zugängliche Kreuz-Insel (Krestowy Ostrow) und erreichten acht Meilen weiter Kap Nassau, ein niedriges, flaches, wegen der umgebenden Riffe gefährliches Vorgebirge. Fünf Meilen weiter ostwärts erblickte Barent

Land, das er für eine Insel hielt; ein plötzlich losbrechender Sturm verhinderte ihn, dasselbe näher zu untersuchen. Nach Kapitän Lütke's Ansicht sah Barent hier entweder ein weit ins Meer vortretendes Vorgebirge oder eine zusammengeballte Nebelmasse. Den 13. Juli begegnete ihnen bereits viel Eis. Sich zwischen der Küste und den treibenden Eisschollen durcharbeitend gelangten sie zum Trost-Kap (Trosthoek) erreicht hatten, ostwärts die Nordspitze Nowaja Semlä's, die sie Eiskap (Yshoek) nannten. Hier erschimmerte das Ufer von einer Menge kleiner Steine, die wie Gold glänzten. Den 31. Juli erreichte Barent die Oranien-Inseln (wahrscheinlich die Maksimkoff-Inseln, die äusserste Grenze, bis zu welcher Russische Jäger gelangen). Für Barent war hier der Endpunkt seiner NO.-Fahrt. Da er die See mit Eismassen bedeckt fand und die Mannschaft murrte, trat er den 1. August den Rückweg an, um sich den Schiffen Nai's anzuschliessen und von ihm zu erfahren, ob er seinerseits eine Durchfahrt entdeckt habe.

Denselben Kurs einhaltend gelangte Barent den 8. Aug. zu einer Insel, die er wegen ihres schwärzlichen Gipfels Swart Eylant nannte. Es ist die Podresow - Insel an dem nördlichen Eingang in den Kostin Scharr. Drei Meilen (bei den Holländern immer Deutsche Meilen) von Swart Eylant kam er zu einer Landzunge, die er nach dem auf ihr errichteten Kreuze Kruyshoek (Kreuzkap, Krestowy Myss) nannte, und fünf Meilen weiter zum St. Laurent's Hoek (Kap des Heil. Laurentius), hinter dem sich eine geräumige Bucht ausbreitete. St. Laurent's Hoek ist wahrscheinlich Kostin Noss, die Südspitze der Meshduscharski-Insel. Drei Meilen weiter gelangte Barent zum Vorgebirge Schanshoek (Mutschnoi Noss, Mehlkap der Russischen Seeleute), an dem er landete. Er entdeckte hier sechs Kul Roggenmehl, die vergraben waren, und folgerte, dass es dort Menschen geben müsse, dass dieselben aber vor den Fremdlingen die Flucht ergriffen hätten. Nicht weit von dem Fundorte standen drei hölzerne Häuser, die von den Holländern besichtigt wurden. Sie fanden in ihnen auseinandergenommene Fässer, Zeugen von dem hier betriebenen Lachsfange. Die Bucht, in welcher Barent landete war, nannte er „Mehlhafen". Er entdeckte zwischen Schanshoek und dem Mehlhafen noch die gegen NO.- und NW.-Winde gesicherte Lorenz-Bucht (Stroganow-Bucht). Zehn Meilen weiter stiessen die Holländer auf zwei Inselchen, welche sie Sancta Clara nannten. Hier trafen sie auf Treibeis aus der Karischen Pforte, das ihnen den Weg zur Südspitze Nowaja Semlä's versperrte.

Den Lauf nach SW. richtend erreichte Barent unter 69° 15′ N. Br. die Inseln Matwejeff und Dolgoi, wo er sich mit Nai vereinigte, der so eben erst dort von Waigatsch aus eingetroffen und der Meinung war, Barent habe Nowaja Semlä umschifft.

Auf seiner Rückfahrt musste Barent in der Breite zwischen 73° und 74° an der Meerenge vorbei kommen, welche in der Richtung nach Osten die Doppel-Insel Nowaja Semlä durchschneidet (Matotschkin Scharr) und die für seine ferneren Nachforschungen hätte entscheidend werden können. Indem er in dieser Breite weiter ab von der Küste segelte, bemerkte er sie nicht.

Nai hatte, nachdem Barent aufgebrochen war, noch vier Tage hinter der Insel Kildin (in der Nähe der Kola-Bucht, unter 69° 40' N. Br.) gelegen. Erst den 2. Juli lichtete er die Anker und steuerte ostwärts. Bereits nach drei Tagen stiess er unter 71° 20' N. Br. auf Treibeis und so dichten Nebel, dass er ihn für Land hielt. Den 7. erreichte er die Küste von Kanin. Die nächsten zwei Tage zeigten sich wieder mächtige Eisschollen, welche aus der Bucht zwischen Kanin- und Sswätoi Noss (die Tscheskaja Guba) kamen. Den 9. näherte sich Nai dem Sswätoi Noss und ging den 10. hinter der Insel Toksar (wahrscheinlich Prostoi Ostrow) vor Anker. Hier begegneten ihm vier Russische Lodjen, die nach der Petschora segelten. Die Seeleute widerriethen ihm, nach der Waigatsch-Strasse (Jugorskij Scharr) vorzudringen, denn sie starre von Eis und blinden Klippen, wimmele von Walrossen und Walen, welche die Fahrzeuge gefährdeten. Die Holländer indess liessen sich nicht irre machen und setzten den 16. Juli ihre Fahrt in östlicher Richtung fort, begünstigt von warmer, fast heisser Witterung. Am niedrigen sandigen Meeresufer hinsegelnd kamen sie an dem Flusse Kolokolkowa vorbei und stiessen auf eine Lodja mit Russischen Fischern, die sich ihnen als Lootsen anboten. Nai lief mit ihnen den 17. in die Mündung der Peschtschanka ein, die er seicht und zum Ankern ungeeignet fand. Hier erfuhren die Holländer, dass sie bis zu der 11 Meilen entfernten Petschora-Mündung auf viele Untiefen stossen, dagegen weiterhin bedeutende Tiefe und bei der Insel Warandei einen guten Hafen finden würden. Den 8. liefen sie in die Petschora ein, gingen bei 6 Faden Tiefe vor Anker und warteten das Ende eines heftigen Sturmes aus NO. ab. Als der Morgen grante, schlug der Wind nach Norden um und sie konnten ihre Fahrt fortsetzen. Den 21. erblickten sie, 30 Meilen von der Petschora, die Insel Waigatsch; das Meer war weithin mit Treibholz bedeckt, Stämmen mit Wurzeln und Ästen, die nach ihrer Vermuthung von einem grossen Flusse hinausgeschwemmt worden mussten. Als sie sich der Insel näherten, boten sich Grasflächen und Blumen mancherlei Art ihren Blicken dar. Sie ankerten (wahrscheinlich am Vorgebirge Lämtscheck) bei 10 Faden Tiefe und fanden 69° 45' Breite. Den 22. gelangten sie zu einem anderen Kap, 5 Meilen südöstlich vom vorigen,

und fanden dann 3 Meilen weiter eine Meerenge, 1 Meile breit, mit einer Insel in der Mitte. Linschooten meinte, es sei diess die Strasse, welche Waigatsch vom Festlande scheide, Admiral-Nai befahl jedoch, zu grösserer Sicherheit die Küste weiter südwärts zu untersuchen. Nachdem er noch 10 Meilen weiter in südlicher Richtung gesegelt war, bis 69° 13' N. Br., und gefunden hatte, dass die Küste hier nach Westen biege und die Tiefe abnehme, kehrte er zu dem Eingange der von ihm aufgefundenen Meeresstrasse zurück. Beim Einlaufen fand er 5 bis 10 Faden Tiefe. So wie er vor Anker gegangen war, schickte er Ruderboote zur Messung aus. Bald erhielt er die erfreuliche Meldung, dass weiter ostwärts das Wasser tiefer, blauer und salziger werde; die Nähe der offenen See war zweifellos; eine starke Strömung, welche eine Menge Eis herbeiführte, bestärkte ihn vollends in seiner Ansicht, dass er sich in einer Meerenge befinde. Er nannte dieselbe zu Ehren des Prinzen Moritz von Oranien, der sich mit Eifer an der Expedition betheiligt hatte, die Nassauer Strasse (De straet van Nassau, der Jugorskij Scharr der Russen). Am Ufer der Insel Waigatsch, welcher die Holländer den Namen Enkhuizener-Insel gaben, fanden sie 400 hölzerne Götzenbilder von rohester Arbeit und nannten in Folge dessen die Stelle Afgodenhoek (Götzenkap, Bolwanowskij Noss). Die Breite fanden sie hier zu 69° 43'. Den 1. August segelten sie ins offene Meer (die Kara-See) hinaus, dem sie den Namen Neue Nordsee (nieuwe Noort Zee) gaben. Sie stiessen auf so dichtes Eis, dass sie schon umzukehren gedachten, als sich zu ihrer grossen Freude ein Inselchen zeigte, hinter welchem sie bei 5 Faden Tiefe ankern konnten. Sie nannten es Staaten-Eiland (het Staaten Eylant, — Mässnoi Ostrow [Fleisch-Insel] der Russen); es enthielt viel Bergkrystall, der geschliffenen Diamanten ähnelte. In weiterer Entfernung von der Insel, circa 8 Meilen von der Küste, wurde eine Tiefe von 132 Faden bei Schlammgrund gefunden. Abermals zeigte sich Treibeis. Nachdem die Holländer an demselben vorbei gekommen waren und im Ganzen 37 oder 38 Meilen zurückgelegt hatten, bekamen sie eine flache, niedrige Küste in Sicht, welche von SW. nach NO. strich. Das Loth zeigte bloss 7 Faden Tiefe. Südwärts dehnte sich ein Meerbusen aus, in den ein grosser Fluss zu münden schien; 5 Meilen weiter zeigte sich ein zweiter Fluss. Sie gaben den beiden Flüssen die Namen ihrer Schiffe: Merkur und Schwan. Fünfzig Meilen von der Nassauer Strasse zeigte sich Land in nordöstlicher Richtung, woraus sie folgerten, dass der grosse Fluss (wahrscheinlich Mutnaja Guba, die Trübe Bucht) der Obj sein müsse, dass die Küste von ihm aus direkt zum Kap Tabin [1]) und weiter nach China

---

[1]) Über das mythische Kap Tabin, „den vorauseilenden Schatten unseres Kap Taimyr", vgl. O. Peschel, Geschichte der Erdkunde, S. 294.

streiche, dass die Aufgabe gelöst sei, zu entdecken Nichts weiter übrig bleibe. Die Küste zwischen der Nassauer Strasse und dem vermeintlichen Flusse Obj nannten sie Neu-Holland. Es erfolgte eine allgemeine Berathung, in welcher beschlossen ward, weitere Nachforschungen einzustellen und den Heimweg anzutreten. Den 12. August erreichten sie die Stelle, wo sie vom Eise aufgehalten worden waren, und fanden sie vollkommen eisfrei; den 15. passirten sie die Nassauer Strasse, entdeckten dann circa 10 Meilen westwärts drei Inseln, wo sie auf Barent stiessen. Beide Abtheilungen der Expedition schlugen nun den 16. den Heimweg ein, gelangten den 21. nach Wardöhus und erreichten den 16. September Texel.

Wenn auch diese Expedition die ihr gestellte Aufgabe nicht vollständig gelöst hatte, so war sie doch jedenfalls die wichtigste aller bis dahin unternommenen nordöstlichen Eismeerfahrten, indem sie die ersten sicheren Kenntnisse von der Westküste Nowaja Semlä's und vom Jugorskij Scharr (der fortan Waigatsch-Strasse genannt wurde) heimbrachte.

Die Hoffnungen und Erwartungen, welche sich an Barent's und Nai's Entdeckungen knüpften, und die Überschätzung der gewonnenen Ergebnisse bewirkten, dass schon im folgenden Jahre (1595) unter Betheiligung der General-Staaten und des Prinzen von Oranien eine neue, aus nicht weniger als sieben Fahrzeugen bestehende Expedition zu Stande kam, welche die so erfolgreich begonnenen Nachforschungen nach der angeblichen Nordost-Passage fortsetzen sollte. Mit dem Oberbefehl ward wiederum Admiral Nai betraut, das Kommando über die Schiffe führten die Kapitäne Willem Barent, Brant Tetgales, Lambert Oom, Thomas Willemson, Hermann Janson und Heinr. Hartmann. Ausserdem begleiteten die Expedition in der Eigenschaft von Ober-Kommissarien Linschooten, de la Dal, Heemskerck, Rijp und Buys, denen der Slawe Splindler als Dolmetscher zugesellt ward.

Das Geschwader verliess den 2. Juli Holland, umsegelte den 7. August das Nordkap und trennte sich darauf. Die eine Abtheilung ging ins Weisse Meer, die andere richtete ihren Lauf ostwärts, stiess den 17. unter 70½° N. Br., circa 12 Meilen vor Nowaja Semlä, auf geschlossene Eismassen, erreichte nach gefahrvoller Fahrt den 19. die Ugrische Strasse und fand sie gleichfalls von Eis gesperrt. Die Holländer bargen sich hinter der Insel Waigatsch und lagen dort sechs Tage vor Anker. Darauf entdeckten sie zwei Russische Boote, von denen das eine aus Pinega kam. Von der Mannschaft erfuhren sie, dass alljährlich Fahrzeuge mit Tüchern und anderen Waaren aus Cholmogory nach dem Obj und weiterhin zum Jenissei expedirt würden und dass die Küstenbewohner gleich ihnen Griechisch-Russische Chri-

sten seien. Diese Mittheilungen wurden ihnen in der Folge von den Samojeden bestätigt. Den 25. August machten die Holländer einen Versuch, nach Osten vorzudringen, wurden aber vom Eise genöthigt, auf den alten Ankerplatz zurückzukehren. Ein den 2. September wiederholter Versuch gelang und führte sie endlich in die Neue Nordsee (Kara-See). Anfangs liess sich Alles ungemein glücklich an, man hatte bei 110 Faden Tiefe offenes Wasser vor sich, in dem sich riesige Wale tummelten. Aber plötzlich brach ein heftiger Sturm aus NW. los und gewaltige Eismassen wurden sichtbar, die sich den Schiffen entgegen bewegten. Trotzdem wagten sie den Versuch, in nordöstlicher Richtung vorzudringen, wurden aber vom Unwetter gezwungen, hinter Staaten-Eiland (Mässnoi Ostrow) eine Zufluchtsstätte zu suchen. Den 8. September fand eine Versammlung statt und ward durch Stimmenmehrheit beschlossen, den nicht zu bewältigenden Hindernissen den Rücken zu kehren. Einer allein widersprach: Barent. Er behauptete, dass man entweder an der Westküste Nowaja Semlä's hinauf segeln oder an Ort und Stelle überwintern und den nächsten Sommer weiter fahren müsse. Sein Vorschlag ward verworfen. Nach einem nochmals am 11. angestellten erfolglosen Versuche, durch das Eis vorzudringen, fand den 15. eine letzte Berathung Statt, wo definitiv beschlossen ward, die Rückfahrt anzutreten. Alle vom Admiral herunter unterzeichneten das Aktenstück. Einer allein verweigerte seine Unterschrift: Barent.

Die Expedition erreichte im Spätherbst die Heimath nach einer an Drangsalen reichen Fahrt, erschöpft von mühseliger Arbeit und leidend an den Nachwirkungen des Skorbuts.

In Folge dieses kostspieligen, durchaus erfolglosen Unternehmens beschlossen die Generalstaaten, sich in Zukunft auf keine Expedition mehr einzulassen. Damit aber der Eifer für die NO.-Fahrten nicht erkalte, setzten sie einen Preis von 25.000 Gulden für die Auffindung der NO.-Passage aus. Plancius, der in den Erfahrungen des gescheiterten zweiten Versuches nur die weitere Bestätigung für seine Ansicht von einer im hohen Norden offenen Polarsee gefunden hatte, empfahl von Neuem den Weg an der Nordspitze Nowaja Semlä's vorbei als denjenigen, der die meiste Aussicht auf Erfolg für sich habe [1]).

Die Amsterdamer Kaufleute, nicht entmuthigt durch den missglückten Versuch des früheren Sommers, rüsteten aus eigenen Mitteln 1596 zwei Schiffe unter Jan Corneliszoon Rijp und Jakob van Heemskerck aus, welchem letzteren Barent als Steuermann sich unterordnete, obgleich er thatsächlich den Oberbefehl führte. Am 10. Mai verliessen

---

[1]) van Kampen, Geschichte der Niederlande, Bd. I, SS. 575—576.

beide Fahrzeuge die Amsterdamer Rhede, am 18. Vlieland. Zwischen Rijp und Barent kam es zu Misshelligkeiten. Letzterer erklärte, man halte zu weit westlich, Rijp entgegnete, dass es gar nicht seine Absicht sei, nach Waigatsch zu gehen, und befahl, bevor noch das Nordkap erreicht war, NO. bei N. zu halten. Barent musste nachgeben. Den 5. Juni stiess man auf Eis, setzte aber dessen ungeachtet den Kurs fort. Den 9. entdeckten sie unter 74° 10′ N. Br. eine Insel, auf der ein kolossaler Eisbär erlegt wurde und die den Namen Bären-Insel erhielt. Wiederum kam es wegen der einzuhaltenden Richtung zu scharfen Erörterungen und wiederum siegte die Ansicht Rijp's. Die Schiffe hielten einen nordwestlichen Kurs ein und bekamen den 19. Juni unter 80° 11′ eine grosse Insel in Sicht, welche die Holländer für Theile von Grönland hielten. Rijp und Barent sahen den nördlichen Theil von West-Spitzbergen, die heutige Hakluyt-Insel, und ein Stück der Nordküste. Sie stiessen hier im hohen Norden auf eine frische Grasvegetation und sammelten Sauerampfer und Löffelkraut ein. Von Thieren fanden sie Eisbären vor, Renthiere, die ungemein fett waren und ein vorzügliches Fleisch lieferten, weisse, graue und schwarze Füchse so wie zahlreiche Rothgänse.

Bald zwang sie das Eis, südlichere Breiten aufzusuchen. Den 1. Juli wurde die Bären-Insel erreicht. Hier kam es zur Trennung. Rijp behauptete, man würde den Weg nordwärts einschlagend östlich von dem neu entdeckten Lande (Spitzbergen) eine Durchfahrt finden, Barent dagegen war der Ansicht, dass auf so hoher Breite eine Durchfahrt unmöglich sei, dass man sie nordostwärts aufsuchen müsse. Man trennte sich. Rijp schlug den Weg nach Spitzbergen ein, Barent wandte sich Nowaja Semlä zu, das er am 17. Juli unter 74° 40′ N. Br. in Sicht bekam. Mit unsäglicher Anstrengung, unausgesetzt gegen Eismassen ankämpfend, arbeitete er sich an der Westküste hinauf. Den 18. fuhr er an der Admiralitäts-Insel (Halbinsel) vorbei und musste dann den 19. bei der Kreuz-Insel vor Anker gehen, weil ihm geschlossenes Eis den Weg weiterhin verlegte. Am 5. August wurde das Meer eisfrei und er konnte seine Fahrt fortsetzen. Den 7. fuhr er am Trostkap (Hoek van Troost) vorbei, stiess wieder auf Eis und befestigte sein Schiff an einer mächtigen, 36 Faden tiefen und 16 Faden hohen Eisscholle. Nach beständigem Kampfe mit den Eismassen erreichte er am 15. die Oranien-Inseln, am 19. das Begehrte Vorgebirge (Hoek van Begeerte); hier änderte er den Kurs. Südostwärts weiter segelnd ward er den 21. vom andrängenden Eise gezwungen, in den Eishafen (Yshaven) einzulaufen. Den 24. zertrümmerte ihm das Treibeis das Steuerruder und zerdrückte ein Boot. Den 25. trug die Strömung einen grossen Theil des Eises aus der Bucht hinaus und Barent ging wieder unter Segel, aber bald zogen sich

die Schollen immer enger zusammen und schon den folgenden Tag war das Schiff vollständig vom Eise eingeschlossen und die Mannschaft gezwungen, hier zu überwintern.

Die Holländer befanden sich genau unter 76° N. Br. Ihr Schiff ward bald vom Eise zerdrückt. Glücklicher Weise fand sich an der Küste Treibholz in hinreichender Menge sowohl zur Feuerung als zur Herstellung eines einfachen Blockhäuschens. Sie überkleideten die Winterhütte mit den Planken des geborstenen Schiffes, richteten in derselben einen Herd her und liessen im Dache eine Öffnung für den Rauch. Die zur Herstellung der improvisirten Wohnung erforderlichen Arbeiten, welche den durch den langen, unausgesetzten Kampf mit den Elementen erschöpften Männern schwer genug wurden, waren den 2. October beendigt. Es war ihnen gelungen, aus dem geborstenen Schiffe einen Theil der Mundvorräthe, Instrumente und Waffen ans Land zu schaffen, und so war ihre Existenz wenigstens für den Winter einigermassen gesichert. Inzwischen stieg die Kälte von Tag zu Tag. Fehlten ihnen gleich die Instrumente zur Bestimmung der Kältegrade, so konnten sie doch aus den Wirkungen des eingetretenen Frostes auf die ungemein erniedrigte Temperatur schliessen. Nahm ein Matrose zufällig einen Nagel in den Mund, wie es eben bei der Arbeit üblich ist, so riss er sich beim Herausnehmen desselben die Haut von den Lippen; das Bier und die geistigen Getränke gefroren zu festen Massen und sprengten die Fässer; trocknete man die Kleidungsstücke, so wurde die vom Feuer abgekehrte Seite steif vor Kälte. Die Schlafstätten bedeckten sich mit zwei Finger dickem Eise. Das Feuer auf dem Herde wurde unausgesetzt unterhalten, wozu sie Holz von weither zusammensuchen mussten. Um sich der mühseligen Arbeit zu entziehen, schafften sie vom Schiffe Steinkohlen herüber, wären aber in der Nacht, da sie den Rauchfang sorgfältig verstopft hatten, fast am Kohlendunst erstickt, wenn nicht Einer noch Kraft und Besinnung genug gehabt hätte, zur Thüre zu kriechen und sie zu öffnen. Es schien, als habe das Feuer seine Kraft zu wärmen schier eingebüsst. Die Strümpfe verbrannten, bevor die Füsse warm wurden, und sie bemerkten es mehr durch den Geruch als durch das Gefühl. Den 4. November verschwand die Sonne vollends am Horizont und es verstrichen 81 Tage völliger Nacht. Dagegen leuchtete ihnen während einiger Zeit der Mond, ohne unterzugehen. Mit dem Verschwinden der Sonne verfielen die Polarbären in den Winterschlaf, dagegen zeigten sich Eisfüchse in grosser Menge, welche von den Holländern mit Schlagbrettern erlegt wurden und ihnen Fleisch zur Nahrung und Felle zur Kleidung lieferten. Die früher von ihnen erlegten Eisbären hatten sie mit Talg zur Beleuchtung ihrer Winterhütte und mit warmen Bettdecken versorgt. Zur Stärkung nahmen sie auf den Rath des Arztes

warme Bäder in einem eigens dazu eingerichteten Wein-
fasse.

Trotz aller Drangsale und Entbehrungen inmitten der von
der Welt abgeschiedenen Eiswüste bewährten die wackeren
Seeleute einen unerschütterlichen Gleichmuth. Bei günstigem
Wetter unternahmen sie Ausflüge, stellten Wettläufe an,
schossen nach dem Ziel, gingen auf die Jagd und übten
allerlei Kurzweil. Der frische Geist des Befehlshabers be-
seelte sie. Mit einem aus Mehl und Thran gebackenen
Kuchen wurde am 6. Januar der heimische Dreikönigsabend
gefeiert und dem Brauche gemäss ein König gewählt. Die
Wahl fiel auf den Stückmeister und er ward feierlich zum
Herrscher von Nowaja Semlä ausgerufen.

Den 24. Januar 1597 zeigte sich wieder die Sonne,
doch dauerte die Kälte mit ungebrochener Strenge fort.
Während der Wintermonate sahen sie bisweilen offene Mee-
resstellen, auch kam es vor, dass die See eisfrei war. Bei
hellem Wetter zeigte sich in SO. Land in einzelnen niedrigen Hügeln. Ende April und Anfang Mai wurde die
See vollkommen eisfrei und die Holländer begannen, sich
über die Mittel zur Heimfahrt zu berathen. Ihr Fahrzeug
sass fest, die einzige Möglichkeit der Rettung beruhte auf
den Booten. Mit grösster Anstrengung grub sie die entkräftete
Mannschaft aus dem Schnee heraus. Von Zeit zu Zeit
trieb der Nordost Eismassen heran. Dann sank den Leuten
der Muth und es bedurfte der ungeschwächten sittlichen
Energie der Führer, um sie zu erneuerter Anspannung aller
Kräfte zu ermuntern. Endlich war die Ausrüstung der Boote
beendigt. Am Morgen des 14. Juni nahmen die wackeren
Männer Abschied von der unwirthbaren, menschenleeren
Küste, auf der sie acht schwere Monate verlebt hatten.
Glücklicher Weise waren ihnen noch einige kärgliche Vorräthe übrig geblieben, die sie auf der Heimfahrt vor dem
Hungertode bewahrten. Ehe Barent den Eishafen verliess,
schrieb er einen kurzen Bericht über die dortigen Erlebnisse nieder und barg denselben im Rauchfange der Winterhütte, zugleich setzte er ein Aktenstück auf über die Ursachen, die ihn zum Aufgeben seines Schiffes bestimmt
hatten, und liess es von seinen Leuten unterzeichnen. Dann
brach er auf.

Sie fuhren nordwärts an Nowaja Semlä hin, auf einem
stürmischen Meere, in der Nähe einer felsigen, eisumlager-
ten Küste. Den 20. Juni wurde das Eiskap erreicht. Hier
erlitten sie den schwersten Verlust. Barent, den man schon
bei der Abfahrt in die Schaluppe hatte tragen müssen,
fühlte sein Ende herannahen. Am Morgen noch hatte er
aufmerksam die Karte der von ihm besuchten Gegenden
betrachtet, dann hatte er sich aufrichten lassen. Sein Blick
haftete fest an dem sich vor ihm erhebenden Eiskap, hinter
welchem die Fahrt weniger gefährlich, die Aussicht auf

Rettung für die Gefährten fast wahrscheinlich war. Er
verlangte zu trinken, legte sich zurück und verschied. Den
23. erreichten die Holländer, unter Heemskerck's Leitung
den von Barent vorgezeichneten Weg verfolgend, das Trost-
kap unter 76° 30' N. Br., den 24. doublirten sie Kap Nassau.
Um den 15 Meilen langen Weg von hier bis zum Kreuzkap zurückzulegen, brauchten sie 25 Tage. Den 20. Juli
verliessen sie die Kreuz-Insel, kamen den 21. am Kap Langeness (Ssuchoi Noss) vorbei und bargen sich den 22. vor
dem Eise in einer weiten Bucht unter 73° 10', wo sie
vier Tage zubrachten. Die angebliche Bucht war, nach der
geographischen Breite und ihrer Ausdehnung zu urtheilen,
nichts Anderes als der Matotschkin Scharr. — Stets vom
Eise umdrängt, erreichten sie den 28. den St. Lorenz-Busen
(Stroganowskaja Guba). Hier stiessen sie auf zwei Russische Jagdboote und erhielten von der Mannschaft Brod,
geräuchertes Wild und ausserdem jegliche Hülfeleistung.
Bereits litten Alle am Scharbock, Löffelkraut, das dort
vorkommt, brachte ihnen Erleichterung. Den 3. August
richteten sie ihren Kurs nach dem Festlande, welches sie
am folgenden Tage in der Nähe der Petschora in Sicht bekamen. Auf ihrer Weiterfahrt begegneten ihnen immer
häufiger Russische Seeleute, welche sich ihrer annahmen,
ihnen den Weg angaben und jegliche Hülfe leisteten. Den
18. umschifften sie Kanin - Noss und erreichten den 27. die
„Sieben Inseln" (Semj Ostrowow), wo ihnen die freudige
Kunde ward, dass in Kola ein Holländisches Fahrzeug läge.
Es war das Schiff Jan Corneliszoon Rijp's, von dem sie sich
das Jahr vorher bei der Bären - Insel getrennt hatten. Nachdem ihm der Versuch, in nördlicher Richtung vorzudringen,
misslungen und er nach Holland zurückgekehrt war, hatte
er später eine Handelsreise nach Russland unternommen
und war jetzt auf der Heimfahrt begriffen. Von der trau-
rigen Lage seiner Landsleute durch Lappen unterrichtet,
eilte er ihnen mit Lebensmitteln entgegen und führte sie
nach Kola. Sie trafen hier den 2. September ein und stellten die beiden Schaluppen, in denen sie den Schrecknissen
der Polarsee ein Vierteljahr lang getrotzt hatten, im dortigen Kaufhofe als Trophäe auf, dann schifften sie sich
auf dem Fahrzeuge Kapitän Rijp's ein. Den 1. Nov. erreichten die bereits Todtgeglaubten Amsterdam und stiegen
in ihren Bärenfellen, begrüsst vom Jubelrufe des Volkes,
ans Land. Aber von den siebzehn, an die Küste Nowaja
Semlä's geworfenen Männern sahen nur zwölf den heimath-
lichen Strand wieder, die anderen fünf, unter ihnen der
hochherzige Führer, waren der Erschöpfung und dem mör-
derischen Scharbock erlegen.

Das Gedächtniss der denkwürdigen Überwinterung der
Holländer lebt noch jetzt in den Überlieferungen der Russischen Nowasemlaer Fahrer fort. Jener Ort heisst bei ihnen

Sporai Nawolock. Die Barent'sche, inmitten von Schnee und Eis improvisirte Winterhütte ist wahrscheinlich dem Unwetter und dem Zahn der Zeit erlegen. Von einer Trümmerstätte in jener unbesuchten Gegend hat sich keine Kunde erhalten.

Das Ergebniss des Barent'schen Versuchs, im Norden Nowaja Semlä's die nordöstliche Durchfahrt zu erzwingen, war die Einsicht, dass der Zugang zur Nordost-Passage durch nicht zu bewältigende Naturhindernisse gesperrt, mithin die Hoffnung auf diesem Wege China und Indien zu erreichen, eine eitle sei. Schon war der Weg um das Kap der Guten Hoffnung von Cornelius Houtman (1595—1597) mit Erfolg zurückgelegt worden. Sein Beispiel spornte die Unternehmungslust zur Nachahmung an. Es begannen die Indienfahrten, welche zur Begründung der Holländischen Kolonialherrschaft in den Ost-Indischen Gewässern führten [1]. Fahrten zur Aufsuchung der nordöstlichen Durchfahrt kommen fortan nur noch vereinzelt vor.

Zu Anfang des 17. Jahrh. finden wir in der Russisch-Europäischen Polarsee den berühmten Seefahrer Heinrich Hudson, welcher eine Zeit lang in Diensten der Englisch-Moskowischen Kompagnie stand. Die Auffindung Spitzbergens und die dort im Norden wahrgenommenen Erscheinungen des Pflanzen- und Thierlebens hatten die Hoffnung wieder belebt, am Nordpol ein offenes und warmes Becken zur Durchfahrt nach der Südsee zu finden. Barent wollte auf seinen Fahrten bemerkt haben, dass stets, wenn man sich von den Küsten des Festlandes höher nach Norden bewegte, das Wetter milder wurde. Hudson versuchte 1607, unter Englischer Flagge zwischen Grönland und dem Neuen Land, wie Spitzbergen damals hiess, jene warme Polarsee zu gewinnen, stiess aber auf undurchdringliches Eis und musste umkehren [2]. Im folgenden Jahre wiederholte er den Versuch, diess Mal in nordöstlicher Richtung. Am 22. April verliess er die Themse auf einem kleinen Fahrzeuge, welches die Englisch-Moskowische Handelsgesellschaft ausgerüstet hatte, umsegelte den 3. Juni das Nordkap, stiess den 9. unter 75½° auf dichtes Eis, von dem er nur durch einige Stösse (with only a few rubs) loskam. Langsam vom 9. bis zum 15. Juni emporkreuzend ward er durch heftige Nord- und Nordostwinde gezwungen umzukehren und gelangte den 26. unter 72° 12' N. Br. nach Nowaja Semlä, wo er vor Anker ging. Er sah an Ufer eine Menge Walfischknochen und Renthiergeweihe und fand das Meer von Walen, Walrossen und Robben belebt. Das Land machte auf ihn einen angenehmen Eindruck. Der angegebenen Breite nach landete Hudson an der Küste des

Gänselandes, wo die Vegetation allerdings relativ reicher ist als in den übrigen Theilen Nowaja Semlä's. Die Kämme der ziemlich hohen Berge waren mit Schnee bedeckt, während die Abhänge, auf denen Renthiere weideten, im Schmucke frischen Grases prangten. Er entdeckte einen grossen Fluss (wahrscheinlich die Gussinicha), welcher von NO. herabkam, und schickte eine Abtheilung der Mannschaft zu Boote aus, um zu untersuchen, ob sich nicht hier eine Durchfahrt darböte. Die Leute kehrten enttäuscht zurück. Nun versuchte er wenigstens die Kosten der Expedition durch den Fang von Seethieren herauszubringen, aber ohne Erfolg. Ein letzter Versuch, an Waigatsch und der Obj-Mündung vorbei in die Polarsee vorzudringen, scheiterte an den sich entgegenthürmenden unbezwingbaren Hindernissen. So schlug er denn (being void of hope of a north-east passage) den 6. Juli den Heimweg ein und landete den 26. August in Gravesend.

Diese Reise Hudson's ist für die physikalische Geographie in so fern merkwürdig, als während derselben die ersten Beobachtungen über die Inklination der Magnetnadel angestellt wurden.

Zwei Jahre später, als Hudson in den Dienst der Holländisch-Ostindischen Kompagnie übergetreten war, wiederholte er den Versuch einer nordöstlichen Durchfahrt zu finden. Er segelte den 25. März aus Texel ab, umschiffte einen Monat später das Nordkap und steuerte gerade auf Nowaja Semlä los. Da er den 4. Mai die Insel von massigem festen Eise eingeschlossen fand (he found the whole country blocked-up with firm and solid ice), kehrte er den 19. Mai nach Wardöhus um und schlug von dort aus den Weg nach Nord-Amerika ein, um in entgegengesetzter Richtung den Durchgang aufzusuchen.

Im Jahre 1612 versuchte der Holländische Schiffer Jan Corneliszoon van Hoorn nördlich von Nowaja Semlä gegen Osten vorzudringen. Von der Insel Kildin aus nahm er einen Kurs direkt zur Nowasemlaer Küste und erreichte dieselbe den 30. Juni. Er segelte längs derselben gegen Norden bis zum 8. Juli, wo er zu dichterem und an das Land gelehntem Eise gelangte. Der Grenze dieser Eismassen folgte er gen Norden bis zu 76¼° N. Br. und kehrte erst dort zur Küste von Nowaja Semlä zurück. Dann hielt er wieder gegen NW. längs eines Eiswalles bis zum Parallel von 77°, kehrte dann von Neuem zur Küste zurück und schlug von dort aus den Rückweg ein.

Die 1614 in Holland gegründete Grönländische Kompagnie rüstete 1625 ein Schiff aus zur Aufsuchung eines nordöstlichen Weges nach China. Unter dem Befehle von Cornelis Bosman lief dieses Schiff am 24. Juni aus dem Texel. Den 24. Juli kam Bosman an der Insel Kolgujew vorüber und bekam am 28. das Ufer von Nowaja Semlä unter 71° 55' N. Br. in Sicht. Bis zum 3. August musste

---

[1] v. Kampen, Geschichte der Niederlande, Bd. I, S. 577.
[2] O. Peschel, Geschichte der Erdkunde, S. 299.

unausgesetzt mit dem Eise gekämpft werden. Erst an diesem Tage gelang es, in eine mit Inseln übersäete Bucht einzulaufen. Nicht früher als den 7. August konnte Bosman wieder unter Segel gehen; den 10. drang er in die Nassauer Strasse (Jugorskij Scharr) ein, den 13. in die Kara-See. Hier trieben ihn mächtige Eismassen bald in die Meerenge zurück. Ein furchtbarer Sturm aus NO. riss den 24. August das Schiff von beiden Ankern los und jagte es ins Meer hinaus. Der Unmöglichkeit weichend trat Bosman den Rückweg an und erreichte den 15. September Holland.

Seitdem stellten die Holländer die Versuche, eine nordöstliche Passage zu entdecken, ein und besuchten Nowaja Semlä bloss des Walfischfanges wegen und auch nur so lange, bis sie in Erfahrung gebracht hatten, dass der (Grönländische) Wal sich besonders gern an den Küsten Spitzbergens und Grönlands aufhalte.

Nach den Holländern erscheinen die Dänen in den Arktischen Gewässern. Die von König Friedrich III. 1647 gegründete Handelsgesellschaft sandte im J. 1653 drei Fahrzeuge ins Nördliche Polarmeer aus. Die Expedition besuchte Nowaja Semlä, wo sie sich 16 Tage aufhielt, versuchte durch die Strasse von Waigatsch (Jugorskij Scharr) ostwärts vorzudringen, aber ohne Erfolg, berührte hierauf Island, Grönland und kehrte dann nach Kopenhagen zurück. Leider fand diese Reise keinen würdigen Berichterstatter. Die Erzählung, welche der Arzt der Expedition, de Lamartinière, anfertigte, gehört in das Gebiet der Reisen und Abenteuer des edlen Freiherrn von Münchhausen.

Wichtiger als die Dänische Expedition ist die vom Holländischen Walfischfänger Vlaming im Jahre 1664 unternommene Reise. Die Hoffnung auf ergiebigere Jagdbeute lockte ihn aus den westlicheren Gewässern des Eismeeres in die Östliche, Russische Polarsee. Er wandte sich Nowaja Semlä zu und fuhr, da er das Meer rein fand, längs der Nordküste am Begehrten Vorgebirge (Hoek van Begeerte, Cap Désiré) vorbei bis zu der Stelle, wo Barent überwintert hatte. Von dort hielt er den Kurs nach OSO. bis 74° N. Br. und fand überall vor sich offene See. Daraus schloss er, dass das Tatarische Festland (Sibirien) nicht mehr allzu fern sein könne. Seine Vermuthung veranlasste Dirk van Nirop, auf seiner Karte in diese Gegend ein mythisches Land hineinzuzeichnen, das er nach dem Bootsmann der Expedition Jelmer - Land nannte.

Aus der Vlaming'schen Reise geht hervor, dass das Meer um Nowaja Semlä in manchen Jahren eisfrei ist.

Im J. 1688 wiederholte Vlaming die Reise nach Nowaja Semlä. Er traf wiederum offenes Meer, dagegen stürmisches und nebliges Wetter. Diess Mal besuchte er nicht nur Kostin Scharr, sondern gelangte auch in den Matotschkin Scharr, wie aus seiner Erzählung, er habe zwischen Langeness und

Groote Bay einen hohen Berg bestiegen, von wo aus eine ziemlich breite unabsehbare Meerenge sichtbar geworden sei, deutlich hervorgeht. — Übrigens muss bemerkt werden, dass beide Reisen nicht von Vlaming selbst, sondern nach seinen Erzählungen vom Bürgermeister Witson, und zwar viel später, beschrieben worden sind [1]).

Einige Jahre vor der zweiten Reise Vlaming's hatte ein anderer Holländischer Schiffer, der Walfischfänger Cornelis Snobbeger, (1675) Nowaja Semlä unter $73\frac{1}{2}$° N. Br. glänzende, nach seiner Ansicht silberhaltige Steine gefunden. Er befrachtete mit ihnen sein Schiff und kehrte fröhlichen Herzens heim, aber der Silbergehalt erwies sich so unbedeutend (2 Loth auf 100 Pfund), dass die Ausscheidung keinen Gewinn abwarf.

Um diese Zeit begann man in England, nach vielen erfolglosen Versuchen, die Nordwest - Passage aufzufinden, wiederum an eine nordöstliche Durchfahrt zu denken. — Die Kunde von der Eislosigkeit der Polarsee, von den erfolgreichen Fahrten der Holländer über Nowaja Semlä hinaus, Hunderte von Meilen ostwärts, und eigene, durch selbstständiges Nachdenken gewonnene Überzeugung, dass man den Durchgang zwischen Spitzbergen und Nowaja Semlä aufsuchen müsse, bestimmten den tüchtigen und erfahrenen Seemann John Wood, Captain der Königl. Flotte, sich mit ganzer Seele der Sache anzunehmen. Im Jahre 1676 überreichte er einen Aufsatz, in welchem er seine Ansicht beweiskräftig dargelegt hatte, dem Könige Karl II. und dessen um das Englische Seewesen hochverdientem Bruder, dem Herzog von York (Jakob II.), und hatte die Freude, sein Projekt für richtig anerkannt und die Ausführung angeordnet zu sehen. Se. Majestät befahl, Capt. Wood die Fregatte „Speedwell" zu übergeben, der Herzog von York kaufte im Verein mit anderen Englischen Grossen die Pinke „Prosperous", welche unter Befehl Capt. William Flawes' den Speedwell begleiten sollte. Beide Schiffe wurden auf 16 Monate verproviantirt.

Den 28. Mai 1676 segelten sie aus der Themse ab, umschifften den 19. Juni das Nordkap und schlugen die Richtung nach NO. ein. Den 22. Juni zeigte sich unter 75° 53' N. Br. und 39° 48' Ö. L. von Greenw. zusammenhängendes Eis, welches sich von WNW. nach OSO. erstreckte.

---

[1]) Im 17. Jahrhundert wollte ein Niederländisches Schiff, auf dem sich als Bootsmann ein gewisser Jelmer befand, Nowaja Semlä im Norden umsegelt und einen festen Zusammenhang der Insel mit Sibirien entdeckt haben, daher eine Zeit lang in den Karten das Gespenst eines Jelmer-Landes in jenen See'n umherspuk. Ferner wollte ein Walfischjäger, Willem de Vlaming aus Oost-Vlieland, 1664 das „Behoudenhuis", d. h. Barent's Winterhaus, auf Nowaja Semlä besucht und sich dann auf einem südöstlichen Kurs der Küste von Sibirien, ohne sie jedoch wahrzunehmen, bis 74° N. Br. genähert haben. Auch für die letzte Angabe vermissen wir noch ausreichende Beglaubigung. O. Peschel, Geschichte der Erdkunde, S. 299.

Vier Tage segelten sie ostwärts am Rande des Eises hin, untersuchten jede Öffnung, die man zu sehen glaubte, und überzeugten sich von dem Vorhandensein eines geschlossenen, lückenlosen, undurchdringlichen Eiswalles auf der ganzen von ihnen besichtigten Strecke. Am Abend des 26. Juni zeigte sich in einer Entfernung von 15 Meilen die hohe, schneebedeckte Küste Nowaja Semlä's. Es stellte sich auf der Weiterfahrt am folgenden Tage heraus, dass die Eiswand mit der Küste zusammenhing. In Erwartung einer günstigen Veränderung in der Lage des Eises kreuzten sie zwischen der Küste und der Eismauer inmitten treibender Schollen, die sich von der festen Eismasse abgelöst hatten. Den 29. um 11 Uhr Abends stiess der Speedwell bei Westwind und bedecktem Himmel auf eine Steinklippe und scheiterte. Capt. Wood rettete sich mit der Mannschaft auf den Booten ans Ufer. Die Lage der Schiffbrüchigen war fast hoffnungslos. Der Prosperous war nicht zu sehen und sie befürchteten, dass auch er zu Grunde gegangen sei oder dass es ihm, falls er dem Schiffbruch entgangen, unmöglich sein würde, sie bei dem Nebelwetter aufzufinden. Siebzig Personen hatten sich gerettet, die Schaluppe, auf welcher die Fahrt nach Russland hätte unternommen werden müssen, fasste nur 30. Zehn Tage verstrichen in quälender Ungewissheit, da tauchte am 8. Juni die gute Pinke „Prosperous" am Horizont auf. Capt. Flawes hatte das Nothfeuer, das sie angelegt hatten, bemerkt, nahm sie an Bord und traf mit ihnen den 22. glücklich in England ein.

Der traurige Ausgang des Unternehmens hatte Captain Wood aus einem begeisterten Verfechter der nordöstlichen Durchfahrt zum entschiedenen Gegner derselben gemacht. Er versicherte, dass Nowaja Semlä und Spitzbergen ein zusammenhängendes Festland bilden, dass das Meer, welches sich ihnen anschliesst, mit ewigem Eise bedeckt sei, dass alle Erzählungen der Holländer und Engländer von eisfreien Gewässern im hohen Norden reine Erdichtungen seien. — Wood's Übertreibungen und bodenlose Behauptungen mögen veranlasst worden sein durch hämische und ehrenrührige Auslassungen fanatischer Anhänger des Dogma von einer unfehlbaren nordöstlichen Passage, die ihn persönlich für das Misslingen des Unternehmens verantwortlich machten, während er that, was zu thun war. Capt. Wood segelte vom Nordkap aus gegen NO., traf das undurchdringliche Eis genau in der Mitte zwischen Spitzbergen und Nowaja Semlä, musste nothwendig seinen bisherigen Kurs gegen eine andere, namentlich gegen eine östliche Richtung vertauschen, denn an dem Ostufer von Spitzbergen häuft sich das Eis durch beständige Strömung von Ost nach West stets ungleich mehr als an der Westküste Nowaja Semlä's. Eine Fahrt zwischen Treibeis und Küste ist weit gefahrvoller als im Treibeise selbst und Wood hat sie wenigstens

nicht aus Mangel an Courage unternommen. Um die Handlungen eines Seefahrers gerecht zu beurtheilen, besonders aber um ihn der Feigheit zu bezichtigen, sollte man erst selbst etwas Ähnliches versuchen [1].

Ein Jahrhundert lang hatte ein Phantom die seefahrenden Nationen in den hohen Norden, in die gefahrvollen Gewässer der Polarsee gelockt. Die Aufgabe, die man sich gestellt hatte, wurde nicht gelöst, weil sie auf falschen Voraussetzungen beruhte, aber die Erdkunde wurde durch wichtige Entdeckungen und Erfahrungen bereichert und auch das materielle Interesse ging dabei nicht leer aus. Die kapitalbewegende Fisch- und Thranfrage kam auf, der Spekulationsgeist entdeckte, dass sich aus dem Wasser Gold schöpfen lasse. An den neu aufgefundenen nordischen Küsten entwickelte sich die grosse Seefischerei, der Wallisfang in den arktischen Regionen wurde ein lohnender Industriezweig und eine Schule der Seeleute. Barent's Berichte über die Menge der Wale in den nordischen Gewässern Spitzbergens stachelten den kaufmännischen Unternehmungsgeist an. Die Holländer gründeten auf Spitzbergen eine Station für ihre Seejäger: Smeerenberg. Hier koncentrirte sich das Seegewerbe, bildete sich ein Sammelplatz für die Walfischfänger, die Walross- und Robbenschläger, die kamen und gingen; hier fand man nicht nur die nöthigen Apparate zum Sieden des Thranes, zum Herrichten des Fischbeines und der Häute, sondern auch mit Vorräthen aller Art wohlversehene Magazine. Die Sommerstation Smeerenberg bot den Anblick eines grossen Industriedorfes inmitten einer seeumspülten Alpenlandschaft dar. Die Häuser kamen fertig gezimmert aus Amsterdam und wurden hier nur zusammengefügt. Während der Jagdsaison herrschte unter diesem arktischen Himmelsstrich das rege Leben und Treiben einer Handelsmesse.

Der ergiebigste Theil des nordischen Handels war der mit Russland. Dreissig bis vierzig Holländische Schiffe liefen jährlich in Archangel, dem damaligen Handelshafen des Rus-

---

[1] Engel, Mémoires géographiques, Lausanne 1765, pp. 221—222: „Wood, n'ayant pas suivi ses idées et ne dirigeant pas sa route par le milieu entre Spitzberg et la nouvelle Zemble, mais ayant, par une crainte qui ne lui fait pas honneur, agi comme les autres, en côtoyant, il trouva comme eux une mer glacée au 76ième degré. Il perdit la tramontane, &c. Tous ces faits, dis-je, sont des preuves au-dessus de toute exception qui anéantissent ces allégués de Wood, que la crainte et le désir de se disculper de sa poltronnerie, lui ont inspiré." — „Der Rath Engel in Bern wusste die Seefahrer, die im Nordosten nicht durchdrangen, tüor in zwei Klassen zu bringen, in Einfältige und Feige. Er schrieb in seinem Buche „Geographische und kritische Nachrichten über die Lage der nördlichen Gegenden von Asien und Amerika" ein langes Kapitel darüber, dass die Durchfahrt nach Nordosten „gewiss möglich, leicht und keineswegs gefährlich sei", und hatte von seinem Standpunkt aus und für sich ganz Recht, denn er blieb ruhig in Bern. Wood aber, der 10 Tage lang dem Tode durch Hunger oder Kälte ins Auge gesehen hatte, musste natürlich eine andere Ansicht gewinnen." v. Baer, Bulletin scientifique publié par l'Académie Impériale des sciences de St.-Pétersbourg, tome 11, p. 238.

sischen Reiches, ein, meist in Ballast oder halber Ladung; denn obgleich die Holländischen Manufaktur - und Kolonialwaaren auch in Russland ihre Kundschaft hatten, so überwog doch die Ausfuhr aus diesem Lande bei weitem die Einfuhr, ein Verhältniss, welches sich bei England wiederholt, dessen Einfuhr zur Ausfuhr wie 1 : 6 stand. Bauholz, Pech, Theer, Thran, Segeltuch, Hanf und Talg bildeten die hauptsächlichsten Ausfuhrartikel [1]).

2. Nowasemlaer Fahrten der Russen im 18. u. 19. Jahrhundert.

Welchen Antheil hatte Russland, das durch seine geographische Lage, durch die seine Nordgrenze bildende Polarsee von der Natur selbst zur Erforschung des Polarmeeres bestimmt erscheint, an dem entdeckungseifrigen Wettkampfe der West-Europäischen Seevölker?

Als die West - Europäer den Weg um das Nordkap zum Weissen Meere fanden, befuhren Russische Promyschlenniki (Jagdreisende) bereits die Nowasemlaer Gewässer, betrieben Russische Seeleute mit Vortheil den Fang der Seethiere auf dem Grenzgebiete des Europäisch - Asiatischen Eismeeres. Eine der nordischen Seenatur angepasste, eigenartige, lebhafte Schifffahrt trat hier den Englischen, mit den Fortschritten der abendländischen Nautik bereicherten Seefahrern entgegen. Burrough sah 1556 im Kolaer Busen 30 Lodjen, die alle für den Walross- und Lachsfang bestimmt waren. Jede derselben hatte wenigstens 24 Mann an Bord. Ein Russe erzählte den Engländern, dass im Norden eine grosse Insel sei, die Nowaja Semlä heisse und den höchsten Berg der Welt enthalte. (Hakluyt, Princ. Navigations, Ed. 1589, p. 314, 315.) Es mussten also die Russischen Promyschlenniki wenigstens schon bis Matotschkin-Scharr vorgedrungen sein, da hier erst die hohen Berge anfangen. Dass sie nicht an der Küste hin, sondern auf der hohen See fuhren, ersieht man aus einer Stelle, wo Burrough gelegentlich erzählt, dass Lodjen, die mit ihm aus Kola gefahren waren, sich nach Norden verloren. Auch ist Nowaja Semlä kaum durch Küstenfahrt zu erreichen, da die Südküste sehr lange mit Eis belegt ist. Man besuchte ihr früher wie jetzt am häufigsten die Kostin-Scheere (Kostin-Scharr), die am frühesten eisfrei wird. — Chancellor betrachtete die Russen wie Wilde und versichert, sie hätten sich vor ihm niedergeworfen, weil ihnen nie ein so grosses Schiff vorgekommen wäre (Hakluyt, p. 283), allein sein Nachfolger Burrough machte drei Jahre später eine andere Erfahrung. Er fuhr mit einer Flottille von Lodjen zugleich aus der Kolaer Bucht, aber alle diese Lodjen segelten, wie er selbst be-

richtet, schneller als er und ein Russe, der sich freundlich an ihn geschlossen hatte, musste öfter die Segel reffen, um bei ihm zu bleiben. — Seit der Zeit der Normannen ist die Schifffahrt hier nie gänzlich unterbrochen worden, seit dem Auftreten der Nowgoroder gab es hier Rhederei, wurde hier das Seegewerbe, freilich in durchaus naturwüchsiger Weise, betrieben. An arktischen Entdeckungsfahrten, an der Aufsuchung einer nordöstlichen Durchfahrt, konnte sich Russland nicht betheiligen, seine Südgrenze wies es auf den Landhandel mit Inner-Asien an. — Erst als die Russische Staat durch Peter den Grossen eine Seemacht geworden war, brach für Russland die Ära wissenschaftlicher Land- und Seereisen an. Es ist Peter's kulturgeschichtliche Grossthat, die Baltische Küste Russland erkämpft, die wissenschaftliche Gestalt, welche die Nautik allmählich in West-Europa erlangt hatte, nach Russland verpflanzt, ihm nicht bloss den verlorenen Zugang in die Ostsee wieder gewonnen, sondern auch eine achtunggebietende Kriegsflotte zur Wahrung desselben geschaffen zu haben. Nun erst war die Möglichkeit weit ausblickender Seefahrten im Dienste des Handels und der Wissenschaft gegeben.

Verfolgen wir die nördliche Eismeerküste auf einer Circumpolar-Karte. Der ganze arktische Küstenstrich von der Obischen Halbinsel bis zur Bering-Strasse ist von den Russen, der ganze Eismeerstrich der Neuen Welt vom Lancaster-Sund an von Engländern und Anglo-Amerikanern entdeckt worden. Auf dem Grenzgebiete, in der Bering-Strasse und nördlich von ihr, haben ihre Flaggen sich begegnet (Deschnew, Bering, Cook, Clarke, Kotzebue, Wassiljew, Beechey u. s. w.), die übrigen seefahrenden Nationen haben ihre Nordfahrten auf das Becken zwischen Spitzbergen, der Baffin-Bai und der Kara-See beschränkt. Den Weg nach den Schätzen Indiens hat das Polareis versperrt, aber es hat den Weg in die Nachwelt eröffnet, denn die fernste Zukunft wird wissen, dass die Russische Flagge die Nordgrenze der Alten Welt, die Britische die Nordgrenze der Neuen Eise abgezwungen hat. Und nicht bloss um den Nordpol, auch um den Südpol haben Russen und Engländer (Bellingshausen, Ross) mit einander gerungen [1]).

Nicht volle zehn Jahre nach dem Tode Peter's des Grossen wurde auf Befehl der Kaiserin Anna Iwanowna eine Reihe von Expeditionen (von 1734 bis 1739) ausgeführt, die vermöge ihres ausgedehnten Wirkungskreises in der Geschichte der geographischen Entdeckungen kaum ihres Gleichen haben. Beabsichtigt wurde die Aufnahme aller von Archangelsk ostwärts bis zum Festlande von Amerika und zu den Inselgruppen im nördlichen Grossen Ocean ge-

---

[1]) Scherer, Allgemeine Geschichte des Welthandels, Leipzig 1853, Bd. II, S. 135, 325.

Spörer, Nowaja Semlä.

[1]) v. Baer, Bulletin scientifique &c., T. II, pp. 171—172.

legenen Küsten. Auf die Westhälfte des Asiatischen Eismeeres bezog sich von diesen zuerst die in Archangelsk begonnene Expedition von Murawjeff und Pawloff (1734 und 1735), welche die Mündung des Obj erreichen sollte. Auf den Rath der Kormtschiki oder Führer der privaten Jagdschiffe wurden zu diesem Unternehmen zwei offene Fahrzeuge, sogenannte Kótschi, ausgerüstet, wie sie zu den gewöhnlichen Jagdreisen in Gebrauch waren. Die Reisenden verliessen auf denselben Archangelsk am 16. Juli, liefen am 2. August aus dem Weissen Meere und erreichten Jugorskij Scharr schon am 6. August. Während sie in dieser Strasse 3 Tage lang vor Anker lagen, wurde ein Untersteuermann auf einem Ruderboote nach Waigatsch zu Aufnahmen auf dieser Insel abgeschickt. Mit einem 56½° rechts von Nord (NO. zu N.) gelegenen Kurse fuhren sie darauf in Einem Tage quer über das Karische Meer nach der Mutnaja Guba oder Trüben Bucht. Hier mussten sie wegen widrigen Windes bis zum 28. August verweilen, fuhren aber dann weiter nordwärts, erreichten nach 3 Tagen 72° 45′ N. Br. oder sehr nahe das Nordende der zwischen dem Karischen Meere und dem Obischen Meerbusen gelegenen Halbinsel, die auf den neueren Karten das Land Jalmal genannt wird, — wandten sich aber dann, weil ihnen die Jahreszeit zu weit vorgerückt schien, wieder südwärts, um eine passende Winterstation zu suchen. Die Mündung der Kara, bei etwa 69°,3 N. Br., 65°,2 Ö. L. v. Gr., die sie Anfangs dazu bestimmt hatten, zeigte sich nicht geeignet und sie fuhren deshalb von derselben direkt nach Pustosersk, indem sie mit Einschluss eines Aufenthaltes in Jugorskij Scharr ihren kaum 200 Seemeilen betragenden Weg von der Kara bis zur Mündung der Petschora in 14 Tagen (vom 2. bis 16. September) zurücklegten.

Nach dieser glücklichen Fahrt hatte dieselbe Mannschaft auf denselben Fahrzeugen schon im nächsten Sommer (1735) weit geringeren Erfolg. Sie kamen ohne wesentliche Hindernisse am 27. Juli nach Jugorskij Scharr, von wo abermals ein Steuermann zur Aufnahme von Waigatsch detachirt wurde. Am 2. August, als sie ostwärts auszulaufen versuchten, trafen sie am Eingang in das Karische Meer dichtes Eis, zwischen dem sie sich 2 Wochen lang unter grössten Gefahren fast ohne Fortschritt erhielten und darauf zwischen den abwechselnd aufgelockerten und wieder zusammengeschobenen Torossen weiter vorzudringen versuchten. So erreichte das eine der Fahrzeuge am 4. September die Mutnaja Guba, blieb dort 3 Tage vor Anker, wandte sich dann ohne jede weitere Verrichtung zurück nach Jugorskij Scharr, wo es am 18. September mit dem anderen zusammentraf und darauf mit ihm gemeinsam am 23. desselben Monats wieder in die Pétschora einlief.

Im folgenden Jahre (1736) wurden die Führer gewechselt, die alten Kótschi durch gründliche Ausbesserung wieder seetüchtig gemacht, zwei 60 und 50 Fuss lange bedeckte Boote hinzugefügt. Die neuen Anführer der Expedition waren die Lieutenants Malygin, Skuratow und Suchotin.

Malygin versuchte am 5. September aus der Ugrischen Strasse auszulaufen, wurde aber dicht hinter derselben, bei Mässnoi Ostrow, vom Eise eingefangen und 13 Tage festgehalten. Einige Ausflüge und mit ihnen verbundene Aufnahmen auf Mässnoi Ostrow und der nächst gelegenen Küste des Festlandes waren das Einzige, was die Schiffsmannschaften während der Expedition von 1736 leisten konnten. Trotz wiederholter Versuche, weiter vorzudringen, sahen sie sich gezwungen, am 8. Oktober in einem nahe gelegenen Flusse (Trochosornaja Rjeka, d. i. Dreisee'n - Fluss) eine Winterzuflucht für ihre Fahrzeuge zu suchen. Der Geodät Seliphontow befuhr im Juli und August 1736 auf Samojedischen Narten oder Renthierschlitten das gesammte Westufer des Obischen Meerbusens und brachte eine Aufnahme dieser zwischen etwa 66°,5 und 73° N. Br. gelegenen Küste zu Stande.

Im folgenden Jahre (1737) machten Malygin und Skuratow von Mitte Mai bis Anfang Juli vergebliche Versuche, wieder in See zu gehen, und als sie am 13. Juli von ihrer Winterstation bis in die nahe gelegene Mündung der Kara gelangt waren, wurden sie von Neuem in Eis geklemmt und in ihren Arbeiten auf die Aufnahmen beschränkt, welche zu Lande gegen Osten und gegen Westen detachirte Theile der Reisegesellschaft ausführten. Erst am 2. August gingen sie an der Mutnaja Guba und an den Scharapower Bänken vorüber, fuhren darauf endlich am 4. August um die Nordspitze der Halbinsel Jalmal zwischen deren Nordküste und Bjeloi Ostrow und, nachdem sie bis zum 30. August in der Nähe dieser Strasse festgehalten worden waren, bis 23. September südwärts durch den Obischen Meerbusen nach der Mündung des Obj in denselben und auf diesem Flusse bis 14. Oktober, nach der Mündung des Ssosswa bei Beresowsk, wo sie überwinterten.

Lieutenant Malygin reiste auf dem Landwege von Beresow nach Petersburg, die Schiffsgesellschaften brauchten zu ihrer Rückfahrt zur See nach Archangelsk unter der Anführung von Skuratow und Golowin zwei volle Jahre. Unter äussersten Hindernissen durch schwimmendes Eis im Obischen Meerbusen sowohl als im Karischen Meere dauerte die Umschiffung der Halbinsel Jalmal mehr als 60 Tage (anstatt 50 wie bei der Hinfahrt) und ihre Boote wurden darauf schon um die Mitte des September (1738) vor der Mündung der Kara in stehendem Eise so fest eingeklemmt, dass man froh war, als sie wieder auf das Land gezogen und zur Überwinterung geborgen waren. In derselben Gegend war so eben auch ein Jägerschiff vom Eise zerdrückt worden, dessen Mannschaft nun nur durch Skuratow's Hülfe dem Hungertode entging. Die Reisenden fuhren wieder in Samojedischer Begleitung auf Renthierschlitten nach Obdorsk und gelangten endlich im folgenden Jahre (1739), nachdem sie die Kara am 16. Juli verlassen hatten, das eine Boot am 23. August, das andere 2 Wochen später, in die Dwina.

Nach Beendigung dieser merkwürdigen Expedition sind während eines hundertjährigen Zeitraumes der Verkehr der abenteuernden Jagdreisenden von der Dwina und der Petschora mit den Samojedischen Anwohnern der Obischen Küsten und der Wetteifer beider Theile in der Ausbeutung von Waigatsch und Nowaja Semlä fast unverändert und ungeschwächt geblieben. Durch Wissbegierde veranlasste Expeditionen, die theils von Russischen Privaten, theils von der Regierung unterstützt wurden, erhielten nun ausschliesslich diese letztere Insel zum Ziele. So glaubte sich einer der Kormtschiks oder Lootsen für die Eismeerfahrten, Namens Juschkow, von dem viel besprochenen Silberreichthum (das Silber sollte in Form „eines Anfluges" an die Oberfläche hervortreten) der dortigen Berge überzeugt zu haben. Er wurde durch einen reicheren Bewohner von Archangelsk im Jahre 1757 zu einer Untersuchungsreise ausgerüstet, die aber mit seinem Tode auf dem Wege nach Nowaja Semlä erfolglos verlief.

Im Jahre 1760 fasste ein anderer Nowaja Semlä-Fahrer, Sawwa Loschkin aus Olonez, den kühnen Entschluss, die Ostküste der Insel zu erforschen, weil sie, noch nie von Russischen Jägern besucht, andere längst ausgeschossene Gegenden durch ihren Thierreichthum übertreffen müsse. Von seinen in nautischer Hinsicht auch bis jetzt noch nicht wieder erreichten Erfolgen weiss man nur, dass er von der Karischen Pforte längs der gesammten Ostküste gefahren ist, bis er endlich um das in 76°,9 N. Br. gelegene nordöstlichste oder Ankunfts-Vorgebirge (Myss Dochody, Barent's Hoek van Begeerte) die Westküste von Nowaja Semlä und dann auch durch eine gewohntere Überfahrt das Weisse Meer wieder erreicht hat; bei dieser unerhörten Umschiffung hatte er wegen des Eises mit so fürchterlichen Schwierigkeiten zu kämpfen, dass er 2 Winter an der Ostküste zubringen musste und 3 Sommer auf die Fahrt von der Karischen Pforte bis Myss Dochody verwendete. Die Ostküste der Insel wurde flach und hafenärmer als die felsige Westküste gefunden. An Brennmaterial, der wichtigsten Lebensbedingung, war Überfluss durch das Lärchenholz, welches dort von dem Karischen Meere ausgespült wird.

Im Jahre 1768 und 1769 übernahm ein ehemaliger

Lieutenant vom Steuermanns-Corps der Kaiserlichen Flotte, Namens Rosmysslow, die doppelte Mission, für den Archangeler Kaufmann Barmin nach Silbererzen auf Nowaja Semlä zu suchen und für die Regierung, zu Folge einer jetzt verlorenen Instruktion des Gouverneurs von Archangelsk, die Küsten der mehrgenannten Insel und die des Karischen Meeres aufzunehmen. Er erhielt zu diesem Zwecke eine Kotschmara, ein dreimastiges Fahrzeug von 10 Tonnen (500 Pud) Tragfähigkeit. Von der Regierung wurden ihm der Untersteuermann Gubin und 2 Matrosen, von dem Kaufmann Barmin der Steuermann Tschirakin und 9 Arbeiter, im Ganzen 13 Mann, beigegeben [1].

Den 10. Juli 1768 verliess Rosmysslow Archangelsk. Heftige Nordwinde verursachten, dass er erst den 28. aus dem Weissen Meere auslaufen konnte. Kaum hatte er Sswätoi Noss passirt, als ihn aufs Neue ein Sturm zwang, hinter den Sieben Inseln (Semj Ostrowow an der Lappländischen Küste — 68°,8 N. Br., 57°,5 Ö. L. v. Gr.) vor Anker zu gehen. Den 3. August setzte er seine Fahrt, den Kurs nach ¦NO. haltend, fort und bekam den 6. am Morgen die Küste von Nowaja Semlä und zwar das Gänsekap (Gussinij Noss, 73°,3 N. Br., 52°,1 Ö. L. v. Gr.) in Sicht. Er segelte nun nordwärts und erreichte den 9. die Britwin-Küste, wo die Kotschmara hinter der Britwin-Insel bei 5 Faden Tiefe vor Anker ging. — Die Britwin-Bucht bietet nach Rosmysslow's Zeugniss einen durchaus sicheren Ankerplatz. Rings von den Wind abwehrenden Bergen geschützt, hat sie circa 10 Ital. Meilen im Umfang; wird der Wind vom Meere aus heftiger, so finden die Fahrzeuge in der Tiefe der Bucht hinter dem Entenkap (Utiny Noss) ausreichenden Schutz. Nachdem er hier bis zum 12. August verweilt hatte, setzte er die Fahrt nordwärts fort bis zur Namenlosen Bucht (Besimenny Saliw). Dieselbe erstreckt sich 6 Meilen nach SO., ist von hohen schneebedeckten Bergen umgeben, hinter denen in einiger Entfernung andere, noch höhere Berge emporragen. Hier schloss sich der Kotschmara ein dreimastiges Jägerboot an, in dessen Gesellschaft die Reisenden nordwärts segelnd am 14. August die Pankow-Insel am Eingang in den Matotschkin-Scharr erreichten. Den 15. drangen sie 7 Meilen weit in die Meerenge vor, mussten aber am Baranji Myss (Widderkap) vor Anker gehen, da der Lootse Tschirakin, der auf seinen früheren Fahrten über diesen Punkt nicht hinausgekommen war, es nicht übernahm, sie weiter zu führen. Den 18. fuhr Rosmysslow auf einer Ruderbarke in die Meerenge hinein, um das Fahrwasser auszumessen. Er fand überall 9 bis 15 Faden Tiefe und felsigen

---

[1] A. Erman, Archiv für wissenschaftliche Kunde von Russland, Bd. XXIII, 1865, SS. 150—161.

4 *

Grund. Als er den Morshewoi Myss (Walrosskap) erreicht hatte, musste er in Folge des heftigen Windes und der Strömung umkehren. Den 22. August sandte er den Untersteuermann Gubin zum Flüsschen Medwänka (Bärenflüsschen), um das südliche Ufer von Matotschkin-Scharr aufzunehmen. Nachdem Gubin den Auftrag ausgeführt und den 30. zurückgekehrt war, unternahm Rosmysslow eine zweite Bootfahrt, um die Aufnahme der Meeresstrasse zu vollenden und in die Kara-See vorzudringen. Die Tiefe wechselte hinter dem Widderkap zwischen 9 und 15 Faden, weiter zum östlichen Eingange nahm sie bis circa 90 Faden zu. Als Rosmysslow die Ost-Mündung erreicht hatte, bestieg er einen hohen Berg, von dem aus sich ihm eine weite Aussicht über die Kara-See darbot. So weit der Blick reichte, war sie eisfrei. Die Unzuverlässigkeit seines Fahrzeugs erlaubte ihm nicht, den günstigen Umstand zu benutzen, um die Entfernung der Ostküste Nowaja Semlä's von der Obischen Halbinsel zu ermitteln. Er kehrte (den 3. September) zur Kotschmara zurück und beschloss, da der Spätherbst eingetreten war und die Kälte zunahm, in der kleinen Robben-Bucht (Tulenja Buchta, 73° 18′ N. Br., 11 Ital. Meilen von der Kara-See) der Matotschkin-Strasse zu überwintern. Er hatte für diesen Fall aus Archangelsk ein zerlegbares Blockhäuschen mitgenommen. Da dasselbe nicht geräumig genug war, um die ganze Mannschaft aufzunehmen, so zerlegte er eine beim Widderkap aufgefundene Jägerhütte und schiffte sie an den zur Winterrast bestimmten Ort hinüber, wo er den 7. September eintraf. Die eine Hütte wurde an der Robben-Bucht, die andere 5 Meilen weiter an dem Holzkap (Drowänoi Myss, am südlichen Ufer von Matotschkin-Scharr) aufgestellt. Rosmysslow hoffte hier im Winter eine ergiebigere Jagd zu finden. Die Kotschmara befestigte er am Ufer, nachdem er vorher Segel und Tauwerk im Schiffsraum untergebracht hatte; die Mannschaft theilte er, auf jede der beiden Hütten kamen 7 Mann.

Den 20. September bedeckte sich die Meerenge, den 25. die Kara-See mit Eis. Den 27. Oktober verschwand die Sonne hinter dem Horizont und trat die lange Polarnacht ein. Die Fenster wurden nun geschlossen und verkalfatert, ein beständiges Feuer im Innern unterhalten. Furchtbare Kälte, anhaltende Schneestürme, gewaltig aufgethürmte Schneemassen erlaubten den Leuten nicht, die Hütten zu verlassen. In Folge des engen Raumes und der abgesperrten Luft litten Alle an Beklemmung und Entkräftung. Den 17. November starb nach langem Leiden der Steuermann Tschirakin, 2 bis 3 Mann waren in der Regel Patienten.

Endlich den 24. Januar 1769 kam die Sonne wieder zum Vorschein. Den 31. erblickte einer von den Arbei-

tern, welche am Holzkap wohnten, am Nordufer von Matotschkin-Scharr eine weidende Renthierheerde, nahm seine Flinte und ging auf sie los, um so viele von ihnen zu schiessen, als der liebe Gott ihm bestimmt hätte. Ein plötzlich losbrechender Schneesturm liess den Unglücklichen den Rückweg verfehlen und begrub ihn lebendig.

Ende Mai war die Eisdecke der Meerenge noch so fest, dass Rosmysslow beschloss, die Aufnahme des Südufers vom Eise aus zu vollenden.

Die Breite der Überwinterungsstätte betrug nach fünfmaliger Beobachtung 73° 39′. Rosmysslow's Angabe ist, verglichen mit den neuesten Bestimmungen, um 20′ zu gross. Die Abweichung der Magnetnadel fand er zu $3\frac{1}{2}$° östlich. — Die Länge der Meerenge beträgt nach seiner Messung 42 Italienische Meilen.

Obschon vorzugsweise mit hydrographischen und geodätischen Arbeiten beschäftigt, hatte Rosmysslow doch auch ein offenes Auge für die ihn umgebende Natur. Von den die Meerenge einrahmenden Bergen berichtet er, dass sie aus grösseren und kleineren Tafelsteinen und lockerem Schiefer beständen, dass er aber in ihnen weder Edelmetalle noch sonst bemerkenswerthe Erze oder Gesteine gefunden, ausser Salzsee'n noch Quellen, dagegen gebe es in den Bergen eine Menge Süsswassersee'n mit zahlreichen kleinen Fischen. Bäume seien wegen des kurzen Sommers nicht vorhanden, auch Gräser kämen kaum vor, Hypnum perforatum und Salat ausgenommen. Von Thieren gebe es grosse Heerden von wilden Renthieren, Eisfüchse, Wölfe und weisse Bären, von Vögeln kämen im Frühjahr Wildgänse, Möven und Dohlen angeflogen, von Seethieren zeigten sich Walrosse, Seehunde und Delphine.

Mit dem Eintritt der milderen Jahreszeit begannen die Arbeiten zur Herstellung des Schiffes für die Weiterfahrt. Den 1. August war die Kotschmara vollständig ausgerüstet, den 2. August wurde die Meeresstrasse frei von Eis. Demnach sind die dortigen Gewässer 315 Tage unbefahrbar und nur 50 Tage für die Schifffahrt offen. Denselben 2. August brach Rosmysslow auf. Er selbst war krank, von 13 Mann hatte er 7 verloren, dennoch war er fest entschlossen, die ihm gestellte Aufgabe, die Kara-See zu durchschiffen, um die Distanz zwischen Nowaja Semlä und dem Festlande zu bestimmen, nach Möglichkeit zu lösen. Von einem frischen Nordwest begünstigt steuerte er in die Kara-See hinaus. Den folgenden Tag gegen Abend befand er sich mitten im Treibeise und stiess 8,3 Meilen von der Insel auf einen Wall von stehenden Schollen. Die Kotschmara erlitt einen gefährlichen Leck, so dass man umkehren musste. Den 4. erblickte Rosmysslow die Küste von Nowaja Semlä und eine Öffnung in ihr, die er für die Mündung von Matotschkin-Scharr hielt, die sich aber als eine nördlicher gelegene Bucht erwies. Er gab ihr den Namen Saliw Nesnaemy (Unbekannter Meerbusen). Der gefährliche Zustand seines Fahrzeugs und die Entkräftung seiner Leute erlaubten ihm nicht, an weitere Untersuchungen in nördlicher Richtung zu denken. So steuerte er denn südwärts, lief den 8. August in die Mündung der Matotschkin-Strasse ein und ging gegen Nacht der Mündung des Matotschka-Flusses gegenüber vor Anker, um sein leckes Schiff einigermaassen mit bretterbenagelten Thonpflastern auszuflicken. Zu seinem Glück legte hier ein Jägerboot (Lodja) an, dessen Führer ihm zuredete, sich zu ihm hinüber zu retten. Rosmysslow entfrachtete die Kotschmara, die durchaus unfähig war, die See zu halten, und bestieg mit seinen Gefährten das offene Boot. Den 25. August machten sie sich auf den Weg nach Hause, stiessen den 27., etwa 6 D. Mln. südwestlich vom Ausgange des Matotschkin-Scharr, auf dicht gedrängte treibende Eismassen, durch welche sie sich unter beständig wechselnden Kursen bis zum Abend des folgenden Tages glücklich durcharbeiteten, worauf sie vom Eise weiter nicht belästigt wurden. Den 31. August zeigte sich die Lappländische Küste, den 8. September trafen sie wohlbehalten in Archangelsk ein.

Rosmysslow's Expedition ist die wichtigste seit der Barent'schen. Silber fand er freilich nicht, aber die hydrographische Kunde der Insel ward durch ihn ansehnlich erweitert. Er ist der Erste, welcher die Länge der die Doppelinsel durchschneidenden Meerenge gemessen, ihre geographische Breite bestimmt, eine sehr genaue Küstenaufnahme derselben zu Stande gebracht, endlich nach dem bescheidenen Maasse seiner Kenntnisse die von ihm besuchten Gegenden auch naturgeschichtlich beschrieben hat.

Nach Rosmysslow ward Nowaja Semlä wiederum fast 40 Jahre lang nur von Jagdreisenden besucht. Erst im Jahre 1807 rüstete Graf Rumänzoff aus eigenen Mitteln eine Expedition zur Untersuchung der Mineral-Produkte jener Gegenden aus. Die bergmännische Erforschung der Insel übertrug er dem Uralischen Bergwerks-Beamten Ludlow. Die Handels-Kompagnie des Weissen Meeres überliess demselben zu diesem Zwecke den Tender „die Biene" (von 35 Tonnen Tragfähigkeit) und engagirte als Führer des Fahrzeugs den verabschiedeten Steuermann der Kaiserl. Marine Pospeloff, der am 28. März 1807 aus Archangelsk in Kola anlangte; am 29. desselben Monats traf Ludlow ein. Die Ausrüstung des gänzlich verkommenen Tenders nahm 3 volle Monate in Anspruch, so dass sie erst den 29. Juni 1807 auslaufen konnten. Die Mannschaft bestand aus dem Lootsen Mässnikow aus Mesenj, 8 Matrosen und 2 Bergwerks-Arbeitern. Den 17. Juli (a. St.) bekamen sie

die Gegend des Südeinganges in die Kostin-Scheere (Kostin-Scharr) in Sicht. Nachdem sie hier 2 Tage vor Anker gelegen hatten, gingen sie in der Strasse nach Norden und erreichten den 23. Juli die Weissen Inseln (Belye Ostrowa). Ludlow untersuchte sie, fand, dass sie aus Gyps bestanden, — daher wahrscheinlich der Name — und entdeckte auf der einen einen Salzsee. Den 25. erreichten sie den Nordeingang der Kostin-Scheere und ankerten nördlich von der Einfahrt, welche Shelesnye Worota, Eisernes Thor, genannt wird und die Jarzow-Insel von der Meshduscharskischen Insel trennt. Die Tiefe beträgt hier (71° 5' N. Br.) 23 Faden, der Grund ist blauer Thon. In der Kostin-Scheere wurde nirgends weniger als 5 Faden, an einigen Stellen mehr als 30 Faden Tiefe gefunden. Den 28. Juli ging der Tender von Kostin-Scharr aus wieder in die Strasse, steuerte nordwärts, lief den 1. August in Matotschkin-Scharr ein und ging am Südufer der Starowerskaja Guba (Altgläubigen Bucht) vor Anker. Ludlow begab sich von hier nach der 9 Italien. Meilen entfernten Silber-Bucht (Guba Sserebränka), welche instruktionsmässig den Hauptgegenstand der von ihm anzustellenden Untersuchungen bildete. Er durchwanderte die hohen Bergufer bis zur Schneegrenze, fand aber weder die geringste Spur ehemaligen Bergbaues noch das entfernteste Anzeichen von Silbererzen. Zufällig erblickte er ein Stück Bleiglanz von 10 Centner Gewicht, dessen Silbergehalt 3 Solotnik betragen mochte. Nach Ludlow's Ansicht erhielt die Bucht ihren reizenden Namen nicht von dem Silberreichthum, sondern von der eigenthümlichen Zusammensetzung des Ufergesteins, das aus Talkschiefer und (weissem) Glimmer oder Katzensilber besteht. Seine Untersuchungen von der Starowerskaja Guba aus fortsetzend fand er an der Nordküste der Meerenge Schwefel- und Kupferkies und sprach die Vermuthung aus, dass an den Ufern des Matotschkin-Scharr sich Malachit vorfinden könne. Überhaupt ist er der Ansicht, dass Nowaja Semli eine genauere Untersuchung in mineralogischer Beziehung verdiene.

Diese Expedition, welche die Kenntniss einzelner Gegenden Nowaja Semlä's bezüglich ihrer mineralogischen Beschaffenheit, wenn auch nur ziemlich oberflächlich, vermehrte, war für die Kartographie der Insel nicht ohne Ausbeute. Pospeloff konnte freilich allein, ohne Mitarbeiter, keine genaue Aufnahme der von ihm besuchten Küsten zu Stande bringen, dennoch war er der Erste, welcher die Kostin-Scheere vollständig beschiffte, ihre geographische Breite bestimmte und eine leidliche Uferkarte Nowaja Semlä's von Kostin-Scharr bis Matotschkin-Scharr mit Ansichten der littoralen Bergkämme entwarf.

Die Russische Regierung fand es für nöthig, die Lücken, welche die Aufnahmen Nowaja Semlä's (von Barent, Rosmysslow und Pospeloff) an der gesammten Ost- so wie an den östlichen Theilen der Südküste darboten, ausfüllen zu lassen, und rüstete zu dem Zwecke im Jahre 1819 die Brigg „Nowaja Semlä" unter Leitung des Marine-Lieutenants Lasarew aus. Mit den erforderlichen astronomischen und mathematischen Instrumenten, den unentbehrlichen Jagd- und Fischerei-Geräthen so wie mit dem Gebälk einer fertig gezimmerten Holzhütte für den Fall der Überwinterung versehen, ging Lasarew den 10. Juni von Archangelsk aus in See. Er beabsichtigte Anfangs, direkt nach Matotschkin-Scharr zu fahren, stiess aber auf dicht treibendes Eis, welches ihn bestimmte, den Kurs nach der Südspitze Nowaja Semlä's zu richten. Da auch hier Eismassen ihm den Weg verlegten und er das gesammte Südufer bis zum Myss Britwin (Scheermesser-Kap) von einem massiven Eiswall gesperrt fand, segelte er den 1. Juli nach der Insel Kolgujew, die er noch an demselben Tage erreichte. Er bestimmte die Position der Nordwestspitze (69° 28′ 30″ N. Br., 48° 31′ Ö. L.) und steuerte ostwärts, stiess aber bald wieder auf Eis. Den 19. Juli bekam er das Ufer von Maigol-Scharr in Sicht. Da er die Maigol-Strasse offen fand, beeilte er sich, einen günstigen Westwind zur Untersuchung der Südspitze von Nowaja Semlä zu benutzen. Eismassen zwangen ihn (den 27. Juli), umzukehren und einen Durchgang zur Kostin-Scheere zu suchen. Auf der Höhe der Maigol-Strasse ward er einige Zeit durch Windstille festgehalten und zum Ankern gezwungen, da die Strömung die Brigg der Küste zutrieb, und fasste den Entschluss, nach Matotschkin-Scharr zu gehen. Unter 73¼° N. Br. begegnete ihm aufs Neue undurchbrechbares Eis. Er bestimmte die Position des Karmakul'schen Vorgebirges (71° 41′ N. Br., 50° 49′ Ö. L.) und arbeitete sich fast eine Woche lang vergebens ab, durch das Eis einen Weg nach der Matotschkin-Strasse sich zu bahnen. Da in Folge des unter der Mannschaft ausgebrochenen Scharbocks fast Niemand mehr dienstfähig war, wurde nach gehaltener Berathung entschieden, sich der Nothwendigkeit zu beugen und umzukehren. Den 9. August verliess Lasarew Nowaja Semlä, erreichte den 12. August Kanin Noss und lief den 3. September in den Hafen von Archangelsk ein.

Das einzige Ergebniss dieser Expedition war die astronomische Bestimmung einiger Punkte, die auf den früheren Karten circa 90 Meilen zu weit östlich angegeben waren. Sie misslang, weil Lasarew instruktionsmässig zu früh in See gegangen war. Man hatte die gute Absicht gehabt, es ihm nicht an Zeit fehlen zu lassen, damit er die gestellten Aufgaben bequem lösen könne, und hatte nicht in Erwägung gezogen, dass Nowaja Semlä's Küsten nur höchst selten vor Ende Juli eisfrei sind. Die verfrühte Ausfahrt

hatte die Leute vorzeitig von Kräften gebracht und für den Scharbock disponirt.

Der geringe Erfolg der Lasarew'schen Expedition beeinflusste die Regierung nicht im Geringsten. Unverzüglich ward Behufs einer neuen Nordfahrt vom Marine-Minister der Bau und die Ausrüstung einer Brigg von 80 Fuss Länge, 25 Fuss Breite und von 200 Tonnen Tragfähigkeit angeordnet und bereits im Juni ward das kräftig über der Wasserlinie mit Kupferplatten bekleidete Schiff von Stapel gelassen und erhielt, gleich seinem Vorgänger, den Namen „Nowaja Semlä", die Ausrüstung indess schleppte sich bis zum Jahre 1821 hin. Mit dem Oberbefehl ward Lieutenant Lütke, der so eben von der Erdumsegelung unter Kapitän Golownin heimgekehrt war. Die Instruktion lautete dahin, eine vorläufige Übersicht der Küsten Nowaja Semlä's zu gewinnen, die Position der wichtigsten Vorgebirge zu bestimmen, vor Allem aber die Länge von Matotschkin-Scharr zu ermitteln. So wie die Ausrüstung beendigt war, ging Lieutenant Lütke (den 15. Juli) in See. Die Bemannung der Brigg bestand aus 2 Offizieren, einem Steuermann, dem Schiffsarzte und 39 Mann niederen Ranges. Den 19. Juli fuhr die Brigg nördlich von der Insel Morshenez eine Sandbank an, die in der Folge den Namen Lütke-Bank erhielt. Nach 24stündiger Arbeit war das Fahrzeug wieder flott, segelte den 22. ins nördliche Eismeer hinein, musste aber hier bis zum 29. unausgesetzt gegen widrige Winde ankreuzen. Den 31. traf man auf weit gestreckte geschlossene Eismassen, welche an der Westküste Nowaja Semlä's lagerten. Nachdem Lütke 2 Wochen lang sich durch das Eis hindurchgearbeitet hatte, bekam er die Küste unter 71¼° N. Br. in Sicht, es war ein Theil des Gänselandes (Gussinaja Semlä) zwischen der Kostin-Scheere und der Moller-Bai (Saliw Mollera). Auch hier erwies es sich unmöglich, dem Lande vorzudringen, in Folge des undurchbrechlichen, 6 und mehr Italien. Meilen breiten Eisgürtels, welcher die Küste umspannte. In der Voraussetzung, dass die Südküste Nowaja Semlä's früher als die nördlichen Theile vom Eise frei werde, richtete Lieutenant Lütke den Kurs nach dem Südende der Insel, stiess aber auch hier auf dieselben Hindernisse. Da er den Zugang zu den südlichen und südwestlichen Küstenstrichen abgesperrt fand, beschloss er, seine Untersuchungen im Norden des 72° N. Br. zu beginnen. Nachdem die Brigg sich mit Mühe aus dem Eise herausgearbeitet hatte, segelte sie bis zum 19. August nordwärts. Ein heftiger Nordsturm trieb sie 90 Italien. Meilen vom Ufer ab. Als der Sturm ausgetobt hatte, steuerte die Brigg wieder auf die Küste los, ward aber von einem Eiswall aufgehalten, der umsegelt werden musste. Endlich den 22. August bekam man einen hohen schneebedeckten Berg, Perwoussmotrennaja Gora (der Ersterblickte Berg), in Sicht. Südlich von ihm zog sich die Küste in niedrigen, schroff abstürzenden Hügeln hin, die theilweise in Schnee gehüllt waren. Eis war zur grossen Verwunderung nach keiner Seite hin zu sehen, wahrscheinlich hatte es der letzte Sturm zertrümmert und die Strömung es ins Meer hinaus getragen. Am Ufer nach Norden haltend kam man am nächsten Tage am Ersterblickten Berge vorüber. Hinter demselben änderte sich die Physiognomie der Küste. Statt der platten niedrigen Hügel erhoben sich hohe, steile, spitzgipfelige Berge, umsäumt von schmalen niedrigen Uferstreifen. Hinter den Uferbergen starrten im Inneren des Landes schneebedeckte Gipfel empor. Die öde, leblose Küste zeigte überall dasselbe düstere, unheimliche Bild arktischer Uferlandschaften.

Eine der speziellen Aufgaben der Expedition bestand in der Untersuchung des Matotschkin-Scharr. Lieutenant Lütke's Aufmerksamkeit war daher bei der Besichtigung des Ufers vorzugsweise auf die Entdeckung des Einganges zu der Meerenge gerichtet, aber keine Örtlichkeit bot sich dar, die die charakteristischen Merkmale der Mündung einer grossen Meeresstrasse gezeigt hätte [1]): überall mächtige, theilweise mit Schnee bedeckte Felsmassen, fest geschlossen an die Küste herantretend, alle Uferlücken, auf die man stiess, — landumgürtete Buchten. Unglücklicher Weise gestatteten die um jene Jahreszeit anhaltend wehenden Ostwinde nicht immer, den Kurs so nahe der Küste zu halten, wie es eine gründliche Untersuchung verlangt. Unter 74¾° N. Br., anderthalb Grad nördlicher als die von Rosmysslow angegebene Breite für Matotschkin-Scharr, kehrte Lieuten. Lütke um und steuerte südwärts, den Eingang zur Meerenge suchend, doch abermals ohne Erfolg. Als er am 26. August den 73. Breitengrad erreicht hatte, musste er sich überzeugen, dass er zum zweiten Male an der Mündung, ohne sie wahrzunehmen, vorbeigekommen war. Die vorgerückte Jahreszeit erlaubte ihm nicht, an eine Wiederholung der Untersuchungsfahrten im Norden zu denken, und so entschied er sich, den Rest der ihm übrig gebliebenen Zeit zur Aufnahme einer möglichst langen Küstenstrecke südwärts zu benutzen, die denn auch den 28. August bis zum Gänsekap ausgeführt ward. Hier schwebte die Brigg in grosser Gefahr, da sie an ein vom Ufer weit ins Meer sich erstreckendes Riff aufgefahren war. Indess lief die Sache mit einigen tüchtigen Stössen, die das Fahrzeug nicht sonderlich angriffen, ziemlich glatt ab. Die aufs Neue erscheinenden, wahrscheinlich der Kara-See entführten Eismassen und der Eintritt

des Herbstes zwangen Lieuten. Lütke, die Arbeiten einzustellen und die Heimfahrt ins Weisse Meer anzutreten.

Nachdem die auf der Karte um 1½° zu weit östlich angegebene Länge von Kanin Noss berichtigt worden war, traf die Brigg „Nowaja Semlä" den 11. September glücklich in Archangelsk ein.

Im nächsten Jahre (1822) ward Lieut. Lütke wiederum auf demselben Schiffe ausgesandt, die Untersuchung der Nowasemlaer Küsten fortzusetzen. Er ward beauftragt, wo möglich die Erstreckung der Insel nach Norden zu ermitteln, die Ostküste nord- und südwärts vom Ausgange des Matotschkin-Scharr zu rekognosciren, sich zu vergewissern, ob die auf einigen alten Karten westlich von Nowaja Semlä angegebene zweifelhafte Insel Witson wirklich existire. Die erste Hälfte des Sommers sollte zur genaueren Aufnahme der Lappländischen Küste benutzt werden, von der damals nur sehr primitive Kartenbilder vorhanden waren. — Nachdem die Schäden, welche die Brigg auf der ersten Reise erlitten hatte, ausgebessert waren, verliess Lieut. Lütke den 21. Juni Archangelsk. Die an Bord befindlichen Offiziere waren: Lieuten. Lawroff, Midshipman Lütke II., die Steuerleute Ssafronoff und Prokofjeff und der Stabsarzt Smirnoff. — Die Aufnahme der Lappländischen Küste von Sswätoi Noss bis zur Kola-Bucht nahm den ganzen Monat Juli in Anspruch. Unterwegs überzeugte sich Lieut. Lütke vom Nichtvorhandensein der mythischen Insel Witson. Von der Lappländischen Küste richtete er den Kurs nach Norden und erblickte den 8. August Nowaja Semlä unter 73° N. Br. Der Berg Perwoussmotrennaja war, wie auf der ersten Reise, der erste Gegenstand, der am Horizont auftauchte. Die Küste zeigte sich vollkommen eisfrei. Dem Ufer in der Entfernung von 3 Italienischen Meilen folgend, war es leicht, mit Hülfe der Karte und der Ufer-Ansichten Pospeloff's alle angegebenen Punkte aufzufinden — die Namenlose Bucht (Besimennaja Guba), die Pilz-Bucht (Gribowaja Guba), die Insel Pankow in der Mündung des Matotschkin-Scharr, endlich die Meerenge selbst. Es stellte sich nun klar heraus, warum der Eingang im vorigen Jahre nicht aufzufinden gewesen war. Die hohen Uferberge der schmalen und gewundenen Wasserstrasse rücken bei grösserer Entfernung so eng zusammen, dass der Eingang sich den Blicken vollständig entzieht. Lieut. Lütke fuhr an der Mündung vorüber, um den nordwärts gelegenen Küstenstrich zu besichtigen, die Aufnahme der Meerenge sparte er sich für die Rückfahrt auf. Den 9. kam man an der ganzen im vorigen Jahre besichtigten Uferstrecke vorüber und erreichte den äussersten damals gesehenen Punkt, Barent's Admiralitäts-Insel (Halbinsel). Den 10. August Mittags beobachtete man 75° 49' N. Br. Die um diese Zeit auf

---

[1]) Pospeloff's Karte und seine Ufer-Ansichten waren ihm damals noch nicht bekannt.

der Traverse des Cursus wahrgenommene Insel entsprach nach Position und Beschreibung der Wilhelm-Insel Barent's. Ein Inselchen mit mehreren Kreuzen, dem gegenüber sich die Brigg um 6 Uhr Abends befand, stimmte mit der von Barent benannten Kreuz-Insel. Von hier an strich die Küste mehr nach Ost. Den 11. August Morgens zeigte sich ein steiles schneebedecktes Vorgebirge, hinter dem sich von der Spitze der Masten aus kein Land weiter zeigte. Es war natürlich anzunehmen, dass von hier aus die Küste südwärts streiche, demnach das Vorgebirge dem Barent'schen Hoek van Begeerte, der Nordostspitze Nowaja Semlä's, entspreche. Spätere Erwägungen bestimmten Lieut. Lütke, dasselbe für das 15° weiter westlich gelegene Kap Nassau zu halten. Die Umsegelung des Kaps hätte allein die Frage entscheiden können. Dazu schien einige Zeit Aussicht vorhanden. Das Eis, welches theils in Flächen-, theils in Bergform sich zu zeigen begann, bildete keine geschlossene Masse. Doch bald stiess man auf einen Eiswall, der sich fest an das Ufer lehnte und die Hoffnung, an der Nordspitze Nowaja Semlä's vorbei in die Kara-See zu gelangen, als eitel erwies. Lieut. Lütke blieb Nichts übrig, als den Rückweg zum Matotschkin-Scharr einzuschlagen, wo er den 17. August eintraf. Es war ihm vorgeschrieben worden, die Meerenge aufzunehmen und, wenn irgend möglich, Ruderboote zur Rekognoscirung der nördlich und südlich von der Ostmündung an die Kara-See gelegenen Uferstriche auszuschicken. Letzteres konnte wegen der vorgerückten Jahreszeit nicht ausgeführt werden. Lieutenant Lütke musste sich auf die Bestimmung der geographischen Lage des Matotschkin-Scharr beschränken. Die von Rosmysslow beobachtete Breite stellte sich als 20' zu gross heraus.

Der Rest des Monats August wurde zur Besichtigung der Küste bis zum Südlichen Gänsekap benutzt. Den 6. September lief die Brigg „Nowaja Semlä" in den Hafen von Archangelsk ein.

Die Expedition des Jahres 1822 hatte mehr ausgeführt als die vorhergehende, aber es blieb noch viel mehr zu thun übrig. Die Aufnahme der Lappländischen Küste musste bis zur Schwedischen Grenze fortgeführt werden, es musste ermittelt werden, ob die gesehene Nordspitze Nowaja Semlä's in der That Barent's Hoek van Begeerte gewesen, die Südküste Nowaja Semlä's musste aufgenommen, die Rosmysslow'sche Aufnahme des Matotschkin-Scharr geprüft, die Position der Inseln Kolgujew und Waigatsch bestimmt, endlich die Länge von Kanin Noss verificirt werden. Alle diese Arbeiten wurden aufs Neue demselben, inzwischen zum Kapitän-Lieutenant avancirten, Seemann anvertraut.

Kapitän Lütke segelte in den ersten Tagen des Juni 1823 aus Archangelsk ab und begann mit der Aufnahme

der Lappländischen Küste. Nachdem er mit derselben um die Mitte des Juli bis Wardöhus vorgerückt war und sie abgeschlossen hatte, segelte er nach Nowaja Semlä hinüber, das er den 27. Juli in der Gegend des Südlichen Gänsekaps in Sicht bekam. An der Küste nordwärts hinfahrend prüfte er die Bestimmungen des vorigen Jahres und erreichte den 1. Aug. 76½° N. Br., ohne Eis angetroffen zu haben. Hier aber hielten ihn mächtige zusammenhängende Eismassen auf, die fast an derselben Stelle und in derselben Richtung wie das Jahr vorher sich ausdehnten. Diese Erscheinung erklärt Kapitän Lütke aus den Strömungen, welche an der Westküste der Insel von Süden nach Norden, an der Ostküste von Osten nach Westen ziehen und in ihrem Zusammentreffen eine nordwestwärts gerichtete Strömung hervorbringen, welcher das Eis folgt. — Das Vorgebirge, das man 1822 für Hoek van Begeerte gehalten hatte, war in der Ferne sichtbar, aber alle Bemühungen, sich zu ihm durchzuarbeiten, blieben erfolglos und Kapitän Lütke sah sich gezwungen umzukehren, ohne die Frage: „Hoek van Begeerte oder Kap Nassau?" durch Besichtigung der Küste thatsächlich entschieden zu haben. Durch späteres Vergleichen den Barent'schen Karte (in Blaeus' Grooten Atlas, 1664 in Amsterdam erschienen) mit der seinigen überzeugte er sich, dass das von ihm gesehene Vorgebirge Barent's Hoek van Nassau sein müsse. Drei westlich von demselben gelegene Inselchen, die früher fälschlich für die Oranien-Inseln gehalten wurden, nannte Kapitän Lütke „Barent-Inseln".

Den 6. August lief die Brigg in den Matotschkin-Scharr ein und ging hinter dem Widderkap vor Anker. Während des 6tägigen Aufenthaltes wurden die beiden Ufer auf Ruderbooten vollständig aufgenommen und astronomische, magnetische und andere Beobachtungen angestellt. Die Rosmysslow'sche Karte erwies sich als hinlänglich genau, für die Längenausdehnung der Meerenge, die 47 Meilen beträgt, ergab sich eine Differenz von bloss 3 Meilen. Die Seeleute stellten hier Versuche im Jagen und Fischen an, aber ohne sonderlichen Erfolg. Am Nordufer zeigten sich drei Renthiere, verschwanden aber bald, ein Eisbär wurde geschossen, Walrosse schwammen in Heerden umher, man liess sie gewähren.

Nach Beendigung sämmtlicher Arbeiten ging die Brigg den 10. August wieder in See, hielt den folgenden Tag einen heftigen Sturm (von Westen her) aus, der sie an die Küste zu treiben drohte. Sturm und Unwetter erlaubten nicht vor dem 18. August, sich an die Küstenaufnahme zu machen. Vom Südlichen Gänsekap ward dieselbe dann längs des südwestlichen und des südlichen Ufers bis zur Südspitze der Insel, Kussow Noss, fortgeführt und hier abgebrochen. Die Brigg lief nämlich auf eine Felsbank auf, ward einige Minuten von den Wogen derb hin und her geschüttelt, dann gehoben und mit zerbrochenem Steuerruder und tüchtigem Leck abgesetzt. An eine weitere Ausführung der Arbeiten war nun nicht mehr zu denken. Man musste zufrieden sein, wenn es gelang, mit nothdürftig eingerenktem Steuerruder und unablässiger Arbeit an den Pumpen den Hafen zu erreichen. Dabei zeigte sich von der Karischen Pforte aus das Meer vollkommen eisfrei und es war die Wahrscheinlichkeit vorhanden, die Ostküste einigermaassen zugänglich zu finden. Kapitän Lütke fuhr nach Kolgujew hinüber und nahm den 23. August die nördliche Küste der Insel auf. Am folgenden Tage ward noch ein Mal die Länge von Kanin Noss bestimmt. Den 25. August rissen bei der Einfahrt ins Weisse Meer die hoch gehenden Wellen aufs Neue das Steuerruder heraus. Es zeigte sich, dass alle Haken an demselben gebrochen waren. Man half sich, so gut es eben ging, und erreichte den 31. August ohne weitere Gefährde Archangelsk.

Es mochte den Anschein haben, als sei während der drei Nordfahrten Alles ausgeführt worden, was auf einem für Überwinterung nicht eingerichteten Segelschiffe überhaupt ausgeführt werden kann. Da indess die Hindernisse, auf welche die Expedition gestossen war, keinen Beweis für die absolute Unmöglichkeit zeitweiliger Befreiung der Nord- und Ostküste Nowaja Semlä's vom Eise enthielten, beschloss die Admiralität 1824, noch einen Versuch zu machen, und betraute wie früher Kapitän Lütke mit dem Auftrage. Es ward ihm vorgeschrieben, die Umschiffung des Nordendes von Nowaja Semlä und die Fahrt längs der Ostküste so weit, als es irgend möglich sein würde, zu versuchen, im Falle der Unmöglichkeit des Vordringens von Norden her die Aufnahme der Ostküste von der Südspitze aus zu bewerkstelligen, endlich in der Mitte zwischen Spitzbergen und Nowaja Semlä vorzugehen, so weit es das Eis erlauben würde.

Die Brigg „Nowaja Semlä" ging den 18. Juni in See. Bis zum 11. Juli beschäftigte sich Kapitän Lütke mit der Prüfung und genaueren Feststellung verschiedener Küstenpunkte des Weissen Meeres und brach dann nordwärts auf. Es zeigte sich, dass der Sommer dieses Jahres ein für eine Nordfahrt höchst ungünstiger war. In Übereinstimmung mit den heftigen Winden, dem Frost und Nebel erschien die See eiserfüllter als während der beiden vorhergehenden Jahre. Schon unter 75° N. Br. begegnete man in weiter Entfernung von Nowaja Semlä dicht gedrängten Eismassen. Alle Anstrengungen, sich durch dieselben durchzuarbeiten, waren vergeblich. Es stellte sich die Unmöglichkeit heraus, überhaupt das Nordende der Insel zu erreichen, geschweige denn es zu umschiffen. Zusammen-

hängende Eismassen umlagerten die Küste, nur bei Kap Speadwell, unter 75° N. Br., glückte es, sich ihr zu nähern. Die höchste auf dieser Fahrt erreichte Breite betrug 76°. An dem Rande des Eiswalles bis 43° Ö. L. von Greenw., d. h. bis zur Mitte der Entfernung zwischen Nowaja Semlä und Spitzbergen, hinfahrend fand Kapitän Lütke nirgends eine Öffnung, welche auch nur einen Schein von Möglichkeit, nordwärts vorzudringen, geboten hätte. Überall derselbe Anblick zusammenhängender, die Wasserlinie 7 bis 8 Fuss überragender Eisfelder, auf denen sich stellenweise 70 Fuss hohe Hügel klaren Eises erhoben. Bemerkenswerth ist, dass die Lage des Eises sich auf der ganzen angegebenen Strecke fast gleich herausstellte mit derjenigen, welche Kapitän Wood im Jahre 1676 gefunden hatte. „Dieses Zusammentreffen", bemerkt Kapitän Lütke, „beweist noch nicht, dass das Meer zwischen Spitzbergen und Nowaja Semlä durch unbewegliches Eis abgesperrt ist, aber die nicht zu bewältigenden Hindernisse, auf welche Kapitän Wood, der Schiffer van Horn und wir selbst gestossen sind, bezeugen, dass dieser Meeresraum nicht so selten von Eis gesperrt wird, wie es Lomonossow [1], Engel, Barrington und einige Andere zu beweisen gesucht haben."

Nach dem erfolglosen Versuche, zwischen Nowaja Semlä und Spitzbergen nordwärts vorzudringen, wandte sich Kapitän Lütke der Südküste Nowaja Semlä's zu, stiess aber auch hier auf dieselben Hindernisse. Von Kostin-Scharr an fand er die Küste überall, wo er auch vorzudringen versuchte, 20 bis 30 Meilen weit von geschlossenen Eismassen abgesperrt. Erst als heftige Süd- und Weststürme das Eis einigermaassen mobil gemacht hatten, gelang es ihm, die Nordspitze der Insel Waigatsch zu erreichen (den 13. August) und deren geographische Lage zu bestimmen. Von hier aus war nach der Kara-See zu kein Eis zu sehen, die Brigg richtete den Lauf dahin, ward aber bald von einem Eiswall, der den ganzen Gesichtskreis von Osten nach Westen erfüllte, aufgehalten. Kapitän Lütke verweilte hier ungefähr eine Woche, immer hoffend, der Wind werde die Eismassen ein wenig abdrängen und ihm die Aufnahme wenigstens einiger Küstenpunkte im SO. ermöglichen. Allein es glückte ihm nur, die Lage der Sachanin'schen Inseln zu bestimmen, und er musste den in diesem Jahre unnahbaren Küsten Nowaja Semlä's den Rücken kehren. Den 23. erreichte er die Insel Kolgujew. Ein 7tägiges Kreuzen an ihrer Westseite bei ununterbrochenem Sturme und Unwetter erwies sich als durchaus unfruchtbar für hydrographische Arbeiten. Den 30. August trat die Brigg „Nowaja Semlä" die Rückfahrt ins Weisse Meer an und traf

---

[1] Über Lomonossow zu vergl. Abschnitt VIII, Abth. 1.

den 11. September in Archangelsk ein, ohne während der vier Fahrten (1821 bis 1824) einen einzigen Mann durch Krankheit verloren zu haben.

Die vier Expeditionen Kapit. Lütke's übertrafen alle ihnen vorhergegangenen Unternehmungen in der Europäischen und Asiatischen Hälfte des Nördlichen Eismeeres an Zuverlässigkeit der von ihnen gelieferten astronomischen und geodätischen Ortsbestimmungen und durch beträchtliche Ausbeute an hydrographischen und anderen physikalischen Beobachtungen. Die genauere Feststellung der geographischen Lage Nowaja Semlä's und eine ausreichend detaillirte Übersicht der westlichen und südlichen Küste ergaben sich als unmittelbares Resultat. Die Nord- und die Ostküste der Insel blieben wie früher unbekannt. Zu ihrer Aufnahme bedarf es anderer Mittel, eines anderen Verfahrens. Seine Reisebeschreibung abschliessend sagt Kapitän Lütke: „Von der Ostküste Nowaja Semlä's redend muss man die Küste der Süd-Insel von der Nord-Insel wohl unterscheiden. Erstere ist unvergleichlich leichter aufzunehmen. Man kann es ohne Zweifel, selbst mit den Mitteln, die uns zu Gebote standen, ausführen, wenn man darauf einen ganzen Sommer verwendet. Zu dem Ende muss man, wenn sich Eismassen sogleich beim ersten Einlaufen in die Kara-See zeigen sollten, entweder in Matotschkin-Scharr oder in Nikolskij Scharr ankern und mit dem ersten Westwinde, der das Eis meerwärts treibt, ans Ost-Ufer vorgehen. Man könnte, um diess auszuführen, auf irgend einem hoch gelegenen Punkte einen Wachtposten ausstellen, der die Bewegung des Eises zu signalisiren hätte. Die Entfernung von der Ostmündung des Matotschkin-Scharr bis zur Karischen Pforte beträgt etwas mehr als 190 Meilen und daher kann die Fahrt in 2 Tagen, bei hinlänglich starkem Winde selbst in 24 Stunden ausgeführt sein. Für den Fall, dass bei eintretenden Ostwinde die Eismassen gegen das Ufer drängen und das Schiff verunglückt, ist die Rettung der Mannschaft leicht möglich. Sie braucht nur nach dem Ufer von Nikolskij Scharr zu gehen, um von dort aus mit einer Samojeden-Karbasse, deren man in jener Gegend immer welche bis zum Ausgange des Monats September antreffen kann, aus Festland hinüber zu schiffen.

„Dieser Theil lässt sich auch zu Lande auf Renthierschlitten leicht aufnehmen. Man muss die erforderliche Zahl von Renthieren von Waigatsch aus nach Nowaja Semlä hinüber schiffen und am Nikolskij Scharr oder an einem anderen geeigneten Punkte überwintern. Der südliche Theil Nowaja Semlä's hat Überfluss an wilden Renthieren und Futtermangel ist daher für den Winter nicht zu befürchten; um durchaus sicher zu gehen, könnte man auserlesene Renthiere rechtzeitig an Brodkost gewöhnen, was, wie ich gehört habe, einige Bewohner von Mesenj be-

reits mit Erfolg versucht haben. Im Frühjahr, wenn die günstige Witterung sich feststellt, haben die Küstenmesser mit ihren Renthieren nur am Ufer hinzufahren und können in kurzer Zeit dasselbe bis zum Matotschkin-Scharr aufnehmen.

„Die Aufnahme des östlichen Theiles der Nord-Insel ist mit grösseren Schwierigkeiten verbunden. Die Möglichkeit, sie mit Gewissheit behaupten, noch auch verneinen. Doch müssen die Schwierigkeiten dieses Unternehmens wegen der drei Mal grösseren Ausdehnung des Ufers und wegen der grösseren Strenge des Klima's unberechenbar zunehmen. Ein Versuch überhaupt kann nur Vortheil bringen. Ein Erfolg der ersteren Unternehmung wird den Grad der Wahrscheinlichkeit für das Gelingen der letzteren ergeben.

„Um die Küste von der See aus aufzunehmen, muss man zwei Fahrzeuge haben, welche in Bau und Ausrüstung den Schiffen, welche die Englische Regierung in letzter Zeit zur Aufsuchung der Nordwest-Durchfahrt ausgeschickt hat, nachgebildet sind, — Schiffe, die sich dreist ins Eis hinein arbeiten können, ohne dass zu befürchten wäre, dass sie brechen oder zerquetscht werden, die überall zu überwintern im Stande sind, wohin sie ihr Stern führt. Zwei solcher Schiffe können die Küsten-Aufnahme von Matotschkin-Scharr aus beginnen und, wenn nicht in Einem, so doch in 2 oder 3 Jahren zu Ende bringen. Dass das Unternehmen physisch nicht unmöglich ist, beweist die Fahrt Loschkin's (1760), welcher in 2 Jahren von der Karischen Pforte aus bis zum Vorgebirge Dochody gelangte, doch müssen die Schwierigkeiten und Gefahren desselben ungemein gross sein wegen der mächtigen Eismassen, welche einerseits aus den grossen Limanen des Obj und Jenisei heranireiben und sich an der Küste aufstauen, andererseits aus dem grösseren Theile der übrigen Sibirischen Flüsse und des Polar-Meeres überhaupt durch beständige, von Osten nach Westen gerichtete Strömungen und durch vorherrschende Ostwinde hierher geführt werden. Wie man solchen Hindernissen zu begegnen und sie zu bewältigen hat, lehren uns Ross und Parry.

„Hat man Myss Dochody oder Barent's Hoek van Begeerte erreicht, so ist das Schwierigste gethan, denn die Seefahrer finden hier eine sie begleitende Strömung und in der Regel günstigen Wind, welche beide die Fahrt längs der Nordküste auch für den Fall, dass man auf viel Eis stossen sollte, erleichtern. Das ist der Grund, warum die Unternehmung nicht von Westen her unternommen werden darf."

Es ist von hohem Interesse, mit dem Plane des viel erfahrenen, gründlich durchgebildeten Seefahrers den mehre

Jahre später (in der Sitzung der Petersburger Akademie der Wissenschaften vom 10. März 1837) von dem genialen Naturforscher Akademiker von Baer in Vorschlag gebrachten zu vergleichen [1]).

„Im Allgemeinen pflegt man grössere Märsche auf dem Eise, auf denen man die nothwendigen Bedürfnisse auf Handschlitten mit sich zieht, noch immer als allzu gewagt und kaum ausführbar zu betrachten und Personen, welche mittlere Breiten nie verlassen haben, sehen wohl die Kälte als den gefährlichsten Feind an. Allein die Kälte ist für abgehärtete Personen nur eine Schwierigkeit, kein Hinderniss. Dieses Resultat geht im Allgemeinen aus allen nordischen Reisen der Engländer in der letzten Zeit hervor. — Eine viel grössere Schwierigkeit ist das Ziehen der Bedürfnisse auf ungebahnten, unebenen, oft tief beschneiten Wegen. Es verbraucht die besten Kräfte der Mannschaft und wird, wenn in weiten Strecken der Proviant nicht erneuert werden kann, zu einem unüberwindlichen Hinderniss. So würde es auch, wenn Nowaja Semlä die Länge hat, welche die Karte von Lütke vermuthen lässt, wohl nicht möglich sein, genug Proviant mitzunehmen, um die ganze Küste von Matotschkin-Scharr aus zu umgehen. Allein da die Nordhälfte von Nowaja Semlä, so weit wir sie kennen, kaum 100 Werst breit ist und tiefe Einfahrten hat, so kann man Pläne zu kürzeren Märschen entwerfen und leicht erreichbare Vorräthe anlegen. Ein Projekt, dessen Gelingen man erwarten kann, wäre folgendes: Statt in Matotschkin-Scharr überwintert eine Expedition in der Kreuz-Bai [2]) (Krestowaja Guba) und geht bei der Annäherung des nächsten Frühlings auf derselben ostwärts vor zur flachen Ostküste, den Proviant auf Handschlitten nachziehend. Dieselbe Expedition müsste aber im Sommer vor der Überwinterung Vorräthe von Lebensmitteln vergraben. Gwosdarew's Einfahrt, sie mag nun ein Fluss oder eine tiefe Bai sein, ist dazu ausserordentlich einladend und wahrscheinlich in jedem Sommer, wenn man einigermaassen die Zeit abwarten will, erreichbar. In der Regel kann man aber an der Westküste noch weiter gelangen. Gräbt man nun einen beträchtlichen Vorrath von Lebensmitteln etwa in der Nähe von Lütke's Kap Nassau in den Schnee oder zur grösseren Sicherheit gegen Thiere in den ohne allen Zweifel nie aufthauenden Boden, so lässt sich erwarten, dass eine Land-Expedition, die von Osten herum kommt, diesen Punkt zur rechten Zeit erreicht. — Am meisten scheint mir folgender Plan für sich zu haben, der auf den Erfahrungen der letzten Zeit beruht [1]). Diese haben nämlich gelehrt, dass man durch ein geduldiges Warten zuweilen das Meer auch da ganz eisfrei findet, wo es gewöhnlich mit Eis bedeckt ist. Heftige Winde scheinen das Eis auch bei Kälte mitten im Winter zu brechen. Unsere Überwinterer in Matotschkin-Scharr sahen selbst im Winter zuweilen Nebel im Osten und schlossen daraus, mit Recht, wie es scheint, dass das Karische Meer zum Theil wenigstens offen sein müsse. Wrangell kam bei seiner Eisfahrt nur an breite Eisspalten, sondern zuletzt an ein offenes Wasser, dessen Grenzen sich nicht übersehen liessen, und auch Parry sah auf seiner zweiten Fahrt das Meer ganz unregelmässig aufgehen und seine letzte Fahrt erreichte bekanntlich deswegen ihr Ziel nicht, weil die Eisfläche, auf der er reiste, nach Süden zu schwimmen begann. Um wie viel mehr lässt sich auf eine Bewegung des Eises im Herbste rechnen! Und Pachtussow sah die Karische Pforte im Herbste mehrmals offen werden. Findet man also beim Hinauffahren an der Westküste bei Lütke's Kap Nassau festes Eis, wie es diesem Seefahrer bei zwei Fahrten begegnete, so mag man nur, statt in der Nähe des Eises zu bleiben, was nicht nur das Schiff gefährdet, sondern allen Erfahrungen nach die Mannschaft ausserordentlich angreift, wieder nach Süden gehen, in Gwosdarew's Einfahrt oder der Kreuz-Bai abwarten, bis der Wind einige Zeit aus SW. gewehet hat, und dann von Neuem die Fahrt nach der Ostspitze unternehmen, die ja den Holländern zwei Mal und auch mehreren Walrossfängern gelungen ist. Schon auf der Hinfahrt an der Westküste müssen Lebensmittel an der Kreuz-Bai und in Gwosdarew's Einfahrt nach früheren Vorschlägen gemäss, weit nach Osten eingegraben werden, damit, wenn das Schiff an der Ostspitze einfrieren sollte, man dennoch den unbekannten Theil der Ostküste auf dem Eise aufnehmen könnte. Sollte man auch in Folge des längeren Wartens gezwungen werden, in Gwosdarew's Einfahrt oder an Hoek van Begeerte zu überwintern, so darf man sich hierüber nicht zu sehr beunruhigen. Nach Allem, was man über die Gesetze der Wärmevertheilung weiss, ist es hier wahrscheinlich nicht kälter als in der Karischen Pforte, wo Pachtussow die ersten Winter zubrachte. Die nördlichere Lage wird vollkommen durch die Entfernung von grossen Ländermassen aufgehoben, wie denn Spitzbergen weniger kalt ist als die Mitte von Nowaja Semlä und diese weniger als das Südende, ganz Nowaja Semlä aber wärmer ist als Turuchansk und andere von Russen bewohnte Gegenden Sibiriens."

Zur richtigen Darstellung der kontinentalen oder süd-

[1]) Bulletin scientifique &c., tome II, pp. 159—162. — Bericht über die neuesten Entdeckungen an der Küste von Nowaja Semlä von K. E. v. Baer, SS. 137—172.

[2]) Von Ziwolka und Moissejew 1838 39 ausgeführt.

[1]) Baron Wrangell's Reise in das nördliche Eismeer 1825. — Parry's vierte Nordpolfahrt und seine 18tägige Eisreise 1827. — Pachtussow's Expeditionen 1832 33, 1834 35.

lichen Küste des Europäisch-Asiatischen Eismeeres trugen die Detail-Aufnahmen, die der Steuermann Iwanow zwischen den Mündungen der Petschora und der Kara in den Jahren 1822 bis 1828 ausführte, wesentlich bei. Diese gelangen ihm allein und ausschliesslich mit Hülfe der Samojeden, die ihn während der Herbstmonate auf ihren Renthierschlitten längs der Küste fuhren und mit denen er auch auf Karbassen nach Waigatsch übersetzte. Im Dezember 1828 wurde durch Erman's Ortsbestimmungen bei seinen auf Renthierschlitten ausgeführten Landreisen der Lauf des unteren Obj bis zum Polarkreise um mehr als 3 Längengrade weiter westlich verlegt, als ihn die letzten Russischen Karten angaben, und die Existenz und Lage mehrerer Gipfel des Obdorsker Gebirgssystems bekannt gemacht.

Die neuesten und nahe zum Ziele führenden Beiträge zur Darstellung der Küste von Nowaja Semlä ergaben sich hierauf von 1832 bis 1838 zunächst durch Expeditionen, die von zwei hochverdienten Archangeler Privatleuten, dem Kaufmann W. Brandt und dem Forstbeamten Klokow beschlossen und ausgerüstet wurden. Brandt, der gern wissenschaftliche Interessen mit seinen Handelsspekulationen verband, hatte sich mit Klokow associirt, um theils den alten Handelsweg durch das Karische Meer nach dem Obj-Busen wieder zu versuchen, theils die Ostküste von Nowaja Semlä aufnehmen zu lassen, um daselbst mit der Zeit den Walrossfang in Aufnahme zu bringen. Der Oberbefehl über die Expedition ward dem Lieutenant des Steuermanns-Corps, Pachtussow, anvertraut. Pachtussow hatte an den Expeditionen Iwanow's Theil genommen und Gelegenheit gehabt, Land und Leute an der Eismeerküste kennen zu lernen. Durch vieljährigen Verkehr mit den berühmtesten Russischen und Samojedischen Jagdreisenden war er zur Einsicht gelangt, dass eine flach gehende unbedeckte Karbasse, wie sie die Russischen Jäger bei ihren Walrossjagden zwischen den schwimmenden Eisfeldern anwenden, sich am besten für eine Küstenfahrt eigne. Die projektirte Eismeerfahrt war ein von ihm längst gehegter Wunsch und mit voller Hingebung nahm er sich der Sache an, die für ihn zur Lebensaufgabe wurde. Nach seiner Angabe, unter seiner Aufsicht wurde auf der Brandt'schen Werft das Schiff „Nowaja Semlä" gebaut. Es hatte die Gestalt einer grossen Karbasse, war 42 Fuss lang, 14 Fuss breit, 6 Fuss tief. Vorn und hinten war es mit je einer gedeckten Kajüte versehen, der Raum war durch bewegliche Borte aus Segeltuch gegen Sturzseen geschützt. Ausgerüstet war es für 14 Monate. Die Bemannung bestand ausser Pachtussow aus seinem Gehülfen N. Krapiwin, dem abgedankten Bootsmann Fedotow und 7 Bauern des Archangelskischen Gouvernements — im Ganzen 10 Mann. Die Instruktion

lautete auf Aufsuchung des alten Seeweges durch die Kara-See nach der Jenissei-Mündung. Um die Südküste Nowaja Semlä's herum sollte das Ostufer der Insel gewonnen, die Aufnahme desselben, so weit möglich, ausgeführt werden.

Gleichzeitig wurden zur Unterstützung der Expedition zwei andere Fahrzeuge ausgerüstet. Das eine, der Schooner „Jenissei", unter dem Befehl des Lieutenant Krotow und des Unterlieutenant Kasakow, mit 8 Mann Bemannung, die unter den litoralen und Mesenj'schen Walrossjägern angeworben waren, sollte durch Matotschkin-Scharr in die Kara-See und von dort aus zur Mündung des Obj oder Jenissei gehen; das andere, eine Lodja mittlerer Grösse von 100 Tonnen Tragfähigkeit, geführt vom Steuermann Gwosdarew, sollte zur Deckung der Auslagen an der Westküste Nowaja Semlä's auf Walrosse, Delphine und Goljzy (Salmo alpinus *Fabr.*) fahnden und sodann für die beiden übrigen Abtheilungen der Expedition die Winterquartiere am Matotschkin-Scharr herrichten.

Am 1. August 1832 lichtete die Karbasse „Nowaja Semlä" die Anker, hatte im Weissen Meere mit den gewöhnlichen Gefahren desselben, Nebeln und Untiefen, zu kämpfen, bekam den 9. die Insel Kolgujew und einen Tag später Nowaja Semlä in Sicht. Am Abend desselben Tages lief sie in die Schyrotschicha-Bai ein und ging bei einer kleinen Insel vor Anker. Als sie sich den 12. der Britwin-Insel näherte, fand sie die ganze Strecke von hier bis zur Renthier-Insel (Olenji-Ostrow) von Eis gesperrt; südlich von der Britwin-Insel hatte sich ein geschlossener Eiswall gebildet. Pachtussow war gezwungen, um die grosse Renthier-Insel herum in den Petuchowskij Scharr einzulaufen. Hier machte er Halt und begab sich mit Krapiwin an das nördliche Ufer der Meerenge, um astronomische Beobachtungen anzustellen; den 16. fuhr er an die südöstliche Seite der Insel Kussowa Semlä hin und in eine kleine Bucht hinein, die 5 Werst weit nach Süden aufnahm. — Überhaupt musste sich Pachtussow, da die Karische Pforte nicht zu forciren war, auf Küstenaufnahmen an den dem östlichen Theile der Südküste von Nowaja Semlä vorgelagerten Inseln beschränken. Dieselben wurden auf Ruderbooten ausgeführt, die aus einer offenen Wasserstelle in die andere geschleppt werden mussten. Am Nikolskij Scharr und der Loginow-Bai vorüber gelangten die Seefahrer den 23. August in die Kamenka-Bucht und fanden am Ufer eine halb zerfallene Jägerhütte und neben ihr ein im Jahr 1759 vom Steuermann Iwanow errichtetes Kreuz, dessen Inschrift noch leserlich war. Erfreut über den Fund beschlossen sie, hier, unter 70° 36' N.Br. und 59° 32' Ö.L. von Greenw., zu überwintern. Glücklicher Weise fand sich in der Nähe eine Menge Treib- und Lagerholz vor, das zur Feuerung und zur Ausbesserung der altersmorschen

Winterhütte sich tauglich erwies. Zum Einsammeln des Treibholzes wurden mehr als 8 Tage hindurch unausgesetzt 2 Schaluppen 6 bis 7 Werst weit nach den benachbarten Inseln ausgeschickt. Bei der feuchtkalten Witterung litt die Mannschaft an Brustweh und den Folgen wiederholter Erkältungen. Das hinderte sie indess nicht, dem Vorbilde des Führers, der mit ihr Arbeit, Kost und Kurzweil theilte, nacheifernd ihre Lage humoristisch aufzufassen und die unabweisbaren Mühseligkeiten heiteren Muthes zu ertragen. Zum Theil aus dem vorgefundenen noch brauchbaren Gebälk, zum Theil aus dem angeschwemmten Treibholz (Lärchen, Tannen, Fichten, Espen) ward eine Hütte von 13 Fuss Länge und 13 Fuss Breite aufgebaut, die in der Mitte 7 Fuss, an den Seiten aber nur 5½ Fuss Höhe hatte. Das Dach wurde mit Sand und Schutt überdeckt, die Spalten in den Wänden verstopfte man mit Moos, in einem Winkel wurde der Ofen aus mitgebrachten Ziegelsteinen aufgemauert. Neben der Hütte wurde eine Badstube errichtet und diese mit der Hütte durch einen Gang von Tonnenreihen mit aufgesetztem Zeltdach verbunden. Nachdem das Bauwerk in 11 Tagen hergestellt war, bezog es Pachtussow mit seinen Leuten. Den 12. September schossen sie 3 Renthiere aus einer Heerde von ca. 500 Köpfen. Das frische schmackhafte Fleisch brachte sie wieder zu Kräften. Den 15. und 16. luden sie ihr Fahrzeug aus, den 19. zogen sie es durch die umgebenden Eisberge ans Land und machten es fest. Mit diesem Tage begann man ein meteorologisches Tagebuch zu führen. Alle 2 Stunden wurden der Luftdruck, die Höhe des Thermometers und der Zustand der Atmosphäre notirt. Die Küstenaufnahme ward für die Winterzeit eingestellt.

Pachtussow beschäftigte die Mannschaft in angemessener Weise und sorgte dafür, dass sie in Bewegung blieb. In der Hütte war es so warm, dass man in Hemdärmeln sitzen konnte. An Bewegung in dem engen Raume war natürlich nicht zu denken. Jede Woche gingen die Leute ein Mal in die Badstube und wechselten zwei Mal die Wäsche. Die Diele wurde mit eisernen Schaufeln abgeeist und mit dem Schwabber gekehrt. Mehr als 8 Stunden durfte nicht geschlafen werden, dagegen war es erlaubt, spazieren zu gehen, so oft es die Witterung irgend gestattete. Jeder hatte seine bestimmte Beschäftigung, wenn er zu Hause sass: die Einen flickten ihre Wäsche und die Kleidungsstücke, die Anderen fertigten die zum Fange der Thiere erforderlichen Geräthe an, die Übrigen sangen oder erzählten von den Erlebnissen und Abenteuern früherer Fahrten. An Sonn- und Festtagen fand ein gemeinschaftliches Gebet Statt. Die Kost war dieselbe für Alle: zwei Mal Thee, Frühstück, Mittag-, Abendessen, wobei Schmalhans Küchenmeister war. Branntwein gab es nur nach

schwerer Arbeit oder einem Spaziergange bei feuchtem Wetter.

Die Mannschaft blieb den Winter über gesund. Im März zeigte sich der Scharbock, im Mai fielen ihm zwei Opfer.

Abwechselung und Zerstreuung brachte in diess einförmige Leben der Fang der Eisfüchse mit besonders dazu hergerichteten Schlagbrettern. Dabei gab es Rencontres mit Polarbären, die aber immer glücklich abliefen. Es gelang, zwei zu erlegen.

Den 9. November erreichte die Kälte mit 32° R. ihr Maximum. Die Fenster waren innen mit zolldickem Eise bedeckt und liessen das spärliche Licht nicht mehr durch. Pachtussow liess sie von aussen mit Brettern beschlagen, die Hütte mit einem Schneewall umgeben, im Inneren das Feuer unausgesetzt unterhalten.

Den 9. Januar (1833) zeigte sich die Sonne wieder nach 65tägiger Abwesenheit. Während der ganzen Zeit sah man die Morgenröthe 2½ Stunden lang, wenn die Sonne sich in der Nähe der Mittagslinie befand. Vom 8. April an konnte die Küstenaufnahme vom Eise aus wieder begonnen werden. Man fing mit den nächst gelegenen Inseln und dem Nikolskischen Scharr an und dehnte dann die Arbeiten weiter westwärts über die Reineke-Bucht und den Petuchowskij Scharr aus. Für die Nacht grub man sich in den Schnee ein und schlief nach dem beschwerlichen Tagesmarsche in der Samojeden-Kleidung ganz vortrefflich. Im Petuchowskij Scharr wurde Pachtussow mit seinen Leuten von einem heftigen Schneesturm überfallen. Sie konnten sich nicht auf den Füssen halten und mussten sich hinlegen, den Kopf gegen den Wind gekehrt, um nicht vom Schnee begraben zu werden. In dieser Lage brachten sie 3 Tage ohne Nahrung zu. Später stellte es sich heraus, dass sich das Schneegestöber den ganzen Ural entlang bis zu dessen Südende erstreckt hatte.

Den 16. Mai zeigten sich zum ersten Male vier Gänse, die Vorboten des Polar-Sommers. — Den 29. machte sich Pachtussow auf, um die Küste nordwärts von der Kamenka-Bucht aufzunehmen, und erreichte den folgenden Tag die Südostspitze Nowaja Semlä's, die er dem Fürsten Alexander Sergejewitsch Menschikow zu Ehren Kap Menschikow nannte. Die Küste strich von hier aus nach NW. und erschien weiterhin ohne Krümmungen, eben und leicht zum Meere geneigt.

Den 19. Juni brachen endlich Südwinde das Eis und fegten das Meer rein. Mehrere Male im Winter war das Eis zurückgewichen und die Kara-See in einigem Abstande von der Küste und von da bis zum Horizonte ganz frei von Eis erschienen. — Die Buchten bis Kap Menschikow waren von festem Eise umrahmt, dessen Dicke in der Kamenka-Bucht 14 Zoll betrug.

Nachdem Pachtussow das Schiff und die Boote in Stand gesetzt hatte, beschloss er, mit 2 Arbeitern und Mundvorrath für einen Monat eine Bootfahrt nordwärts anzustellen, wo möglich bis Matotschkin-Scharr. Dem Conducteur Krapiwin übergab er das Schiff mit der zurückbleibenden Mannschaft und wies ihm die auszuführenden Arbeiten und den Ort ihres Zusammentreffens an. Dann wurde das Boot über das Eis geschleppt und die Meerfahrt angetreten. Die Küste aufnehmend kam man an mehreren Vorgebirgen vorüber, welche Pachtussow der Reihe nach Kap Perowski, Willamow, Berch benannte. Schwoll der Wind an, so musste die Arbeit eingestellt und das Boot an der Mündung eines Flüsschens ans Land gezogen werden. Den 1. Juli gelangten sie zu einem Vorgebirge, das Pachtussow Kap Ratmanow nannte. Etwas weiter nordwärts entdeckte er die Mündung eines Flusses, der von hohen Bergen eingefasst war, wie er sie bis dahin an der Ostküste noch nicht gesehen hatte. Die Breite der Mündung betrug 15 Faden, die Tiefe 7 Fuss; den Fluss hinauf gehend stiess man auf Stromschnellen zwischen steilen Felsufern. Pachtussow nannte den Fluss Kasakow. 7½ Werst weiter erblickte er einen anderen Fluss, den er Butakow nannte; das Vorgebirge 6 Werst weiter erhielt den Namen Kap Orlowski. Wieder einige Werst weiter zeigte sich ein grosser Fluss. Auf dem Vorsprunge an seinem linken (nördlichen) Ufer entdeckte Pachtussow die Trümmer einer Blockhütte und ein Kreuz, dessen Inschrift bezeugte, dass dasselbe vom Schiffer Sawwa Th...anow den 9. Juni 1742 errichtet worden. Nach Pachtussow's Konjektur ist dieser Schiffer Niemand anders als Sawwa Loschkin, der 1760 Hock van Begeerte (Myss Dochody der Russischen Nowasemlaer Fahrer) umschiffte. Der Fluss erhielt den Namen Ssawina. Nachdem Pachtussow den 5. Juli 71° 38' 19" N. Br. erreicht hatte, gab er das weitere Vordringen auf, indem er daran zweifelte, auf seinem kleinen Boote Matotschkin-Scharr erreichen zu können. Als er den 7. die Winterrast erreicht hatte, meldete ihm Krapiwin, dass das Fahrzeug ausgerüstet und der Eisbruch in der Kamenka-Bucht Tags vorher erfolgt sei. Doch konnte man in Folge widriger Winde erst den 11. Juli auslaufen. Den 19. erreichte Pachtussow den Fluss Ssawina, den er als besten Ankerplatz an der ganzen Küste nördlich von Kap Menschikow schildert. Von hier nordwärts fand er auf einer Strecke von 35 Werst die Küste bergig und steil, bis 12 Faden hoch. Den 21. lief er in eine grosse Bucht ein, die er Lütke-Bucht nannte. Die Berge hier erhoben sich in Stufen bis zu 800 Fuss und waren mit Schnee bedeckt. Die Bucht ist ein ausgezeichneter, gegen alle Winde geschützter Naturhafen (72° 26' 3" N. Br., 55° 24' O. L. v. Gr.).

Die Fahrt nordwärts fortsetzend gelangte man den 8. Aug. zu einem Vorgebirge, das den Namen Kap Hall erhielt. Den 12. kam man an einer grossen Bucht vorüber, die Schubert-Bai benannt wurde. Etwas weiter nach Norden wurden noch 2 Baien entdeckt, von denen man die eine Brandt's, die andere Klokow's Bai nannte. Den 13. Aug. lief das Fahrzeug in den östlichen Eingang des Matotschkin-Scharr ein.

Pachtussow und Krapiwin begaben sich ans Land, um Beobachtungen anzustellen; zwei von den Leuten wurden zum Holzhaus am Drowänoi Myss geschickt, um nachzuforschen, ob Lieutenant Krotow dort überwintert und verabredetermaassen den Bericht über seine Fahrt und seine ferneren Unternehmungen hinterlassen habe. Sie kehrten zurück, ohne irgend ein Anzeichen von Krotow's Aufenthalt daselbst entdeckt zu haben.

Ein 3 Tage andauernder Nordwest hatte die Kara-See rein gefegt, so dass Pachtussow die Küsten-Aufnahme nordwärts hätte fortsetzen können. In dieser Richtung weiter vordringen hiess, sich zu einer zweiten Überwinterung entschliessen. Dazu fehlte es an physischer Kraft und an Proviant, sie hätten verhungern und erfrieren müssen[1]. — Den 17. August lichtete den Anker und richtete den Lauf nach Westen durch den Matotschkin-Scharr. Bei der Delphin-Bucht (Belushja Guba) angelangt besuchte Pachtussow die Winterhütte Rosmysslow's, wohin Gwosdarew die Blockhütte hatte bringen sollen. Auch hier zeigte sich keine Spur, weder von Gwosdarew noch von Krotow. Den 19. August aus der Meerenge auslaufend erreichte er den 25. die Insel Kolgujew. Der unzuverlässige Zustand seines Fahrzeugs bestimmte ihn, die Weiterfahrt nach Archangelsk aufzugeben und in die Petschora einzulaufen. Von dort reiste er mit Renthierschlitten nach Mesenj und kehrte den 21. November 1835 nach Archangelsk zurück. Von Lieutenant Krotow war keine Nachricht eingetroffen. Gwosdarew hatte reiche Beute gemacht und war von Archangelsk aus bereits nach Hause gegangen. — Pachtussow hatte während seiner Expedition 3 Mann verloren, 2 im Winterquartier und einen auf der Heimfahrt.

Im nächsten Jahre beschloss die Regierung, eine Ex-

[1] „Meine Untergebenen fragten ich, wie immer, auch jetzt nicht um Rath. Ich schämte mich, die noch bescheidigte Küste zu einer Zeit, da sie eisfrei ist, zu verlassen. — Mag man mich der Feigheit beschuldigen, die eine, wenn auch nützlichen, Absichten auszuführen, wollte ich nicht die gefährten dem Verderben Preis geben. Der Vorwurf hätte auf mir allein gelastet und der betheiligte Eifer, wenn ich sie überlebt hätte, wäre nicht im Stande gewesen, ihn zu beschwichtigen Ich entschloss mich zur Umkehr. Ob ich Recht hatte oder nicht, darüber mögen Andere entscheiden. Was mich betrifft, so tröste ich mich mit dem Gedanken, dass mein Entschluss auf das Bewusstsein meiner Pflicht und Schuldigkeit gegründet war." Aus Pachtussow's Tagebuch im Sapiski des Hydrographischen Departements des Seeministeriums, Bd. 1, 1842. SS. 177—178.

pedition nach Nowaja Semlä zu schicken. Zu dem Zwecke
sollten zwei kleine, zur Fahrt zwischen dem Eise und zum
Einlaufen in die kleinen Buchten geeignete Fahrzeuge aus-
gerüstet werden. Da solche nicht vorhanden waren, bot
Klokow einen Schooner und eine Karbasse, die auf seine
Bestellung gebaut worden waren, der Regierung an und
machte sich zugleich anheischig, auf einer Lodja an die
Westküste Nowaja Semlä's ein Blockhaus und den zur
Überwinterung erforderlichen Proviant zu schaffen. Die
Lodja sollte dann den Fang der Seethiere betreiben und
nach dem Schicksale Krotow's und seiner Mannschaft for-
schen. Klokow's Vorschlag wurde angenommen.

Den Befehl über den Schooner, der 35 Fuss lang, 11 Fuss
breit und 6 Fuss tief war und den Namen „Krotow" erhielt, so wie die Leitung der Expedition erhielt Pachtussow, — die Führung der Karbasse, nach einem Begleiter
Krotow's „Kasakow" genannt, von 40 Fuss Länge, $11\frac{1}{4}$ Fuss
Breite und $4\frac{1}{2}$ Fuss Tiefe, der Steuermann Ziwolka. Jedes
der Fahrzeuge ward bemannt mit 5 Matrosen und 2 an-
geworbenen Arbeitern; die Mannschaft betrug, Führer und
den Feldscheer eingerechnet, 17 Mann. Sie ward mit warmer Samojeden-Kleidung versehen.

In der vom Hydrographischen Dépôt an Pachtussow
ausgefertigten Instruktion ward ihm vorgeschrieben, direkt
nach Matotschkin-Scharr zu gehen und von dort aus nordwärts die Ostküste aufzunehmen. Sollte die Westmündung
der Strasse gesperrt sein, so habe er am westlichen Ufer
zur Nordspitze hinaufzusegeln, dieselbe zu umschiffen, das
Ostufer zu besichtigen und, wenn möglich, weiter nord- und
ostwärts vorzudringen, um zu ermitteln, ob sich Inseln in
diesem Meeresstriche vorfinden. Sollten Eismassen sich
der Ausführung des Unternehmens im Norden entgegen-
stellen und dasselbe vereiteln, so habe er nach Matotschkin-
Scharr sich zurückzubegeben, durch die Meerenge in die
Kara-See vorzugehen, die Ostküste bis zum Hoek van Begeerte (Myss Dochody) aufzunehmen und um die Nordspitze herum längs der Westküste den Rückweg zu nehmen. Sollte eine Überwinterung sich als nothwendig her-
ausstellen, so habe dieselbe vorzugsweise in Matotschkin-
Scharr Statt zu finden, wo zu dem Zwecke Winterhütte,
Badstube und Vorrathshaus zu errichten seien. Käme es
zur Überwinterung an der Ostküste, so habe selbige entweder in den Fahrzeugen auf der See Statt zu finden
oder in einer aus Treibholz zu erbauenden Winterhütte
oder endlich im an das Land gezogenen, für den Winteraufenthalt hergerichteten Schooner.

Mitte Juli waren beide Fahrzeuge ausgerüstet und
reisefertig. Den 24. Juli verliess die Expedition Archangelsk und bekam den 3. August das Ufer von Kanin in
Sicht. Den 8. trennte ein Nebel die beiden Fahrzeuge.

Pachtussow erreichte den 9. Myss Kuschnoi und brachte die
Nacht in der Schyrotschicha-Bai zu. Den nächsten Mor-
gen ging er wieder in See, um Ziwolka aufzusuchen, und
nahm die Küste westwärts auf. Seinen Weg verfolgend
begegnete er in der Gegend der Rakowaja Guba (Krebs-
Bai) einem Jägerboote und erfuhr, dass Ziwolka in der
Nechwatowa angelegt habe. Den 21. Morgens lief der
Schooner in die Kostin-Scheere und gegen Mittag in die
Mündung der Nechwatowa ein, eine der Lieblings-Stationen
der Walrossfänger. Hier sagte man Pachtussow, dass Ziwolka bereits vor 3 Tagen nach Norden abgesegelt sei.
Ein Jagdreisender, der aus Matotschkin-Scharr eingetroffen
war, erzählte, man habe nördlich vom Eingang an der
Westküste Schiffstrümmer gesehen. Nach der Beschreibung
konnten sie nur dem „Jenissei" Lieutenant Krotow's angehören. — Die Fahrt nordwärts fortsetzend lief Pachtussow den 26. August in Matotschkin-Scharr ein und ging
an der Mündung des Matotschka-Flusses vor Anker. Den
nächsten Morgen traf Ziwolka mit der Karbasse hier ein.
Nachdem die beiden Seefahrer die Umgegend besichtigt
und astronomische und magnetische Beobachtungen angestellt hatten, gingen sie den 29. in der Meerenge nach
Osten und übernachteten am Widderkap (Baranji Myss) in
der Nähe des Ortes, wo Kapitän Lütke 1823 beobachtet
hatte. Hier meinten sie die Lodja mit dem Holzhause vor-
zufinden, sahen sich aber in ihrer Erwartung getäuscht.
Den 7. September, nachdem der kräftige ONO., der die
Zeit über geweht, nachgelassen hatte, brachen die beiden
Fahrzeuge auf und setzten die Fahrt ostwärts fort. Als
sie am Kranich-Kap (Myss Shurawiew) vorbei gekommen
waren, fanden sie die Strasse weiterhin vom Eise, das der
Nordostwind hergetrieben hatte, gesperrt. Durch das Eis
sich durcharbeitend stiessen sie bei Myss Saworotny auf
eine die Meerenge durchsetzende Eismauer. Auf baldige
Entleerung der Strasse hoffend drang Pachtussow den wei-
chenden Eismassen nach. Den Tag über wurde gekreuzt,
den Abend befestigte man die Fahrzeuge an gestrandeten
Eisschollen. Den 10. September wehte ein leichter Ost,
die Eisschollen bewegten sich hin und her, bald der von
Westen her vordringenden Fluth, bald dem Winde aus
Osten folgend. Die ihren Kurs fördernde Fluthwelle be-
nutzend drangen sie unablässig durch die hin und her
treibenden Schollen ostwärts vor. Den 12. September,
nachdem sie an der Mündung des Flusses Tarassowa vor-
übergekommen waren, fanden sie die Meerenge nordwärts
vom aufgestauten, zur festen Mauer zusammengepressten
Treibeise gesperrt und Pachtussow musste sich entschliessen, hier zu überwintern oder umzukehren. Gegen Mittag
ward die Rückfahrt angetreten. Vom Bugspriet aus musste
das neu gebildete Eis (Nordostwind, — 2° R.) mit an Strik-

ken befestigten Ballastinen durchbrochen werden. Den 14. September erreichte man mit einbrechender Nacht das Walrosskap (Morshewoi Myss) und legte am Ufer an. Den nächsten Morgen gelangten die Fahrzeuge aus dem Eise heraus und ankerten gegen Mittag auf dem Meridian des Widderkaps (Baranji Myss), der Mündung des Flusses Tschirakina gegenüber, an dessen Ufer Pachtussow zu überwintern beschlossen hatte. Während das Holzmaterial, die Geräthschaften und der Proviant hinauf geschafft wurden, brach Pachtussow auf zum Fluss Matotschka, um von dort eine noch in leidlichem Zustand angetroffene Holzhütte einzuschiffen. Ziwolka hatte er beauftragt, sich an das Nordufer der Meerenge zu begeben, um Treibholz einzusammeln und eine dort bemerkte Winterhütte auf Baumaterial zu untersuchen. Den 21. September kehrte Pachtussow von seiner Exkursion zurück, den 22. traf Ziwolka mit 40 Balken zum Bau der Winterhütte ein. Jetzt begannen sie ihr Winterhäuschen aufzurichten, wozu sie die Trümmerreste von drei alten Blockhütten und das Wrack der Rosmysslow'schen Kotschmara, die er in der Mündung des Matotschka-Flusses auf den Strand hatte laufen lassen, benutzten. Für die Arbeiter waren interimistisch Samojeden-Zelte (Tschum) aus Stangen und Segeltuch hergerichtet worden, mit dem Rauchloch oben und der Feuerstelle in der Mitte. — Die Hütte bestand aus 2 Gemächern, einem grösseren, 21 Fuss lang und 16 Fuss breit, für die 14 Schiffsleute und einem kleineren, 12 Fuss lang und 10 Fuss breit, für die Offiziere und den Feldscheer. Die Höhe der Wände betrug an beiden Flanken $6\frac{1}{4}$ Fuss, nach der Mitte zu $8\frac{1}{2}$ Fuss. Die Spalten waren sorgfältig mit Moos ausgefüllt und von innen mit Hede verkalfatert worden. Pritschen an den Wänden, ein Russischer Backofen in dem grossen, ein eiserner Ofen in dem kleinen Gemache, endlich die unentbehrliche Badstube vollendeten den Nowasemlaer Comfort und liessen das Häuschen, verglichen mit der Winterhütte des vorigen Jahres, als Pracht-Hôtel erscheinen. Die Kost war nahrhaft und gesund. Nicht selten erschien Wildpret auf dem Tische und das hier reichlich wachsende Löffelkraut (Cochlearia) wurde als treffliche Zukost genossen. Die Mannschaft blieb munter und gesund.

Als die Kälte zunahm, liess Pachtussow die Schlagbretter zur Erlegung der Eisfüchse in einer Entfernung von 10 Werst aufstellen und ordnete die Spaziergänge zur Besichtigung derselben, um die Mannschaft in regelmässiger Bewegung zu erhalten. Den 1. November begann die lange Polarnacht, doch war es noch $1\frac{1}{2}$ Stunden um Mittag hell und Mond und Nordlichter leuchteten ihnen zeitweise; den 16. November bedeckte sich die Meerenge mit festem Eise, der Bach, aus dem sie ihr Trinkwasser schöpf-

ten, fror aus. Um sich Wasser zu verschaffen, mussten sie 5 Werst weit zum Oberlauf des Flusses gehen; Brennholz musste 15 Werst weit zusammengeschleppt werden.

Der Aufenthalt in der Hütte erwies sich, was die Kälte betrifft, ganz erträglich. Lästig wurde der Rauch, der sich sehr niedrig hielt, denn einen wahren Rauchfang hatte die Hütte nicht. Schneegestöber schneite bisweilen die Hütte dermaassen zu, dass man sie in 8 Tagen nicht verlassen konnte. Mehr als ein Mal konnte man nur durch die Dachöffnung sich heraus arbeiten und schon das erste Mal musste sie zu diesem Zwecke erweitert werden. Mit der Kälte begannen die Visiten der Polar-Bären, von denen 11 im Laufe des Winters in der Nähe der Wohnung erlegt wurden, einer von ihnen auf dem Dache, ein anderer auf der Hausflur. Die Kälte stieg bis zu 30° R. Da die Mannschaft mit Samojedischer Kleidung versehen war, litt sie von den Frösten nicht, auch trat Kälte von —25° immer nur bei ganz stillem Wetter ein. Anfang März zeigten sich die Sonnenstrahlen wirksam und Pachtussow konnte mit einem Theile der Leute zur Aufnahme des westlichen Einganges der Meerenge aufbrechen. Die Zurückbleibenden hatten 2 Handschlitten anzufertigen und die nothwendigen Vorkehrungen für Expedition nach Osten zu treffen. — Nach 8 Tagen waren die Arbeiten in der Westmündung zum Abschlusse gebracht, sie stimmten im Wesentlichen mit der Karte Kapitän Lütke's überein.

Im April unternahm Pachtussow eine nochmalige ergänzende Aufnahme der Meerenge, während er Ziwolka die Aufnahme des Küstenstriches nördlich vom Ost-Eingange übertrug. Die Mannschaft wurde in 2 Abtheilungen getheilt, von denen die eine (7 Mann mit dem einen Schlitten) unter Pachtussow die Südküste von Matotschkin-Scharr aufzunehmen und die beiden Mündungen astronomisch zu verknüpfen, die andere unter Ziwolka (5 Mann mit dem zweiten Schlitten) auf dem Küsteneise an der Ostufer der Nord-Insel vorzudringen und dieselbe so weit als möglich aufzunehmen hatte. Die beiden Abtheilungen brachen zusammen auf und erreichten den 5. April Drowänoi Myss (das Holzkap), wo sie auf den Trümmern der Rosmysslow'schen Hütte rasteten. Nachdem die Breite des Ortes bestimmt, das Osterfest gemeinschaftlich gefeiert worden war, setzten sie den Marsch bis Myss Byck (Stierkap) fort und trennten sich hier.

Pachtussow nahm vom Eise aus den Matotschkin-Scharr geodätisch auf und entwarf eine Karte der Meeresstrasse, die mit der Aufnahme Rosmysslow's im Allgemeinen stimmte. Die Distanz von Myss Stolbowoi (Säulenkap) bis zum Myss Wychodnoi (Ausgangskap) ward zu $82\frac{1}{2}$ Werst oder 47 Ital. Meilen, die Längenausdehnung, die Krümmungen eingerechnet, zu 95 Werst oder 54 Ital. Meilen gefunden.

Den 13. April kehrte Pachtussow nach dem Winterhause zurück, um sich an die Aufnahme der Westküste südlich von Matotschkin-Scharr zu machen. Anhaltendes Schneegestöber und die Bildung von Küsteneis vereitelten sein Vorhaben. Er fing nun an, eine Karbasse von 18 Fuss Länge zusammenzuzimmern. Sie wurde während des Monats Mai vollendet und sollte dazu dienen, Nowaja Semlä von Westen aus zu umschiffen.

Unterdessen war Ziwolka den 8. April über das ebene, mit festem Schnee bedeckte Eis der Meerenge von Myss Byck (Stierkap) aus nach Myss Wychodnoy (Ausgangskap) gewandert und drang von hier aus über das gehügelte Ufereis an der Küste nordostwärts vor, den Mundvorrath (Gerstenmehl, Grütze, Schiffszwieback, etwas Salzfleisch, Butter, Thee und Zucker) für einen Monat auf dem Schlitten mit sich führend. Auf seinem Wege kam er an einigen grossen Baien vorüber, die er bei Seite liess, da es ihm nur um eine vorläufige Besichtigung dieses bis dahin gänzlich unbekannten Theiles der Insel zu thun war. Er nannte sie der Reihe nach Cancrin's Bai, Unbekannte Bai (Saliw Nesnaemy, weil er diese für diejenige hielt, in welche Rosmysslow, Matotschkin-Scharr verfehlend, eingelaufen war), Bären-Bai (Saliw Medweshji). Am Fünffinger-Kap (Myss pätj Paljzow) vorbei gelangte die Expedition den 24. April zur Flotow-Halbinsel (Poluostrow von Flotta). Hier zwang sie das Ausgehen des Proviantes und das nordwärts immer loser werdende Eis zur Umkehr. Ziwolka errichtete ein Kreuz aus Treibholz mit der Inschrift: „Dieses Kreuz hat der Conducteur des Steuermanns-Corps Ziwolka, der bei der Küstenaufnahme längs des Eises den 24. April 1835 bis hierher vordrang, aufgerichtet", und trat dann den Rückweg an. Den 30. erreichte er Drowänoi Myss (das Holzkap), wo er 3 Tage rastete. Den 6. Mai traf er nach einer Abwesenheit von 34 Tagen im Winterquartier ein.

Schneegestöber bei heftigem Winde hatten die Fusswanderung häufig erschwert. Stellenweise war das Eis von der Küste losgerissen und man musste sich an steilen, 5 Faden hohen Felsufer emporarbeiten. Das von der Küste zurückgewichene Eis stand ½ Werst weit seewärts. Zuweilen stiessen sie auf Stamuchi[1]) von 12 Faden Höhe und 1½ Werst Umfang; manchmal ergoss sich das Wasser über das Eis und das Ziehen des Schlittens durch den nassen Schnee brachte die Leute von Kräften. Täglich konnten nicht mehr als 12 Werst zurückgelegt werden. Während der Schneestürme brachte man Tage lang unter dem mitgenommenen Zelte zu, das, um die Wärme besser

zu halten, mit Schnee bedeckt wurde. — Man bemerkte auf der Reise zahlreiche Spuren von Renthieren, traf auf Eisbären und Eisfüchse, sah Schneeeulen, Möven und Gagarki (Colymbus), aber keine Schneeammer. Am Rande des Eises tauchten bisweilen Seehasen (Phoca lepus marinus) und Robbenheerden (Phoca vitulina) auf, Walrosse zeigten sich nicht. Treibholz wurde genug gefunden, immer an der Nordseite der vortretenden Kaps, manchmal in der Höhe von 10 Fuss; nur in der Gegend der Bären-Bai war an der Südseite einer niedrigen Klippe ein 80 Fuss langer, 3 Fuss dicker Lärchenstamm bemerkt worden. — Die Kälte hatte während der Expedition nie mehr als 18° R. erreicht.

Mittlerweile war das Wetter warm geworden. Um die Mitte des Monats Mai begann das Thermometer auf + 2 bis 7° R. zu steigen, besonders wenn Westwinde wehten, die das Eis an das Ufer drängten. Der Schnee fing an zu schmelzen. Ende Mai zeigten die Südhänge der Berge einen grünen Anhauch. Den 9. Juni sammelte Pachtussow auf einem Spaziergange zum Säulenkap (Myss Stolbowoi) das erste Löffelkraut (Cochlearia) ein, dessen Blätter aber noch sehr klein waren. Ein frischer OSO.-Wind hatte den 10. das Eis aus der westlichen Mündung hinaus getragen, aber an den Ufern lagerten noch Eisfelder und Stamuchi (gestrandete Eisberge). Am Abend des 12. Juni sah er vom Meeres-Ufer aus 3 Lodjen, die nordwärts zogen; bei leichtem Nordwind hörte man die ersten Donnerschläge, die an den südlichen Bergen des Matotschkin-Scharr widerhallten, dann erfolgte ein tüchtiger Regenguss.

Den 16. Juni trafen Jäger (aus Kemj) ein und es gab ein fröhliches Begrüssen mit Landsleuten. Sie erzählten, dass an der ganzen Westküste vom Gänsekap an Eis lagere. Am 21. erschien der Ssum'sche Bürger Jeremin. Er hatte sich nur dem heftig treibenden Eise mit seiner Lodja in dem Matotschka-Flusse geborgen und war zu Fuss am Strande hingewandert, da er die Meerenge vom Eise gesperrt fand.

Erst den 29. Juni wurde die westliche Mündung vom Eise frei. Pachtussow ging den folgenden Tag auf der Karbasse „Kasakow" in See. Zwei Boote und Proviant für 3½ Monate hatte er mitgenommen, zwei Kranke waren unter Aufsicht des Feldscheers und eines Wärters im Winterhause zurückgelassen worden.

Unweit des Silberkaps (Myss Sserebränny), am Ufer der Insel Mitjuschew und in der Silber-Bai (Sserebränka) wurden Schiffstrümmer gefunden, die sich als zum Schooner „Jenissei", Lieutenant Krotow, gehörig auswiesen. In dieser Gegend mussten Fahrzeug und Mannschaft untergegangen sein. Den 8. Juli erreichte man die Admiralitäts-Halbinsel, wo sich Treibeis zeigte. Kaum waren sie am

---

[1]) Stamuchi sind schwimmende oder gestrandete Eisberge, Torossy die auf den Eisfeldern zusammengethürmten Eisschollen. Sapiski des hydrographischen Departements, II. Bd., 1844, S. 50.

folgenden Tage zu den südlichen Inseln (Wilhelm's und
Berch's Insel) der Gruppe der Gorbowyje Ostrowa (Bucklige Inseln) gelangt, als sie sich vom Eise eingekreist sahen.
Die Schollen drängten immer heftiger gegen das Fahrzeug
an, um Mittag war es zerquetscht. Den unvermeidlichen
Untergang der Karbasse voraussehend hatte Pachtussow
rechtzeitig den Befehl ertheilt, die unentbehrlichsten Sachen
in den 2 Booten über das Eis an das nur 1 Werst entfernte
Ufer der Insel Berch's zu schleppen[1]. Hier brachten sie
die Nacht unter Zelten zu und machten sich den folgenden Tag an die Ausbesserung ihrer Boote, um auf denselben die Rückfahrt nach Matotschkin-Scharr anzutreten.
In dieser kritischen Lage erschien ihnen unerwartet Hülfe.
Der Ssum'sche Bürger Jeremin, der sie vor einem Monat
im Matotschkin-Scharr aufgesucht hatte, traf in der Nacht
mit seiner Lodja hier ein, liess das Fahrzeug in der benachbarten Meerenge und ging auf die Insel Berch's hinüber, um nach dem Zustand des Eises im Norden auszu-
schauen. Hier stiess er auf die hülflosen Seefahrer und

bot ihnen seine Lodja zur Rückfahrt an. Inzwischen war
auch eine andere Lodja des Jagdreisenden Gwosdarew eingetroffen, die einige Mann an Bord nahm. In der Nacht
des 22. Juli brachen beide Lodjen nordostwärts auf und
liefen bald in einen Hafen ein, der, gegen alle Winde geschützt, reichliches Trinkwasser in Bächen und an den
Ufern eine ausreichende Menge Treibholz darbot. Pachtussow nannte ihn nach seinem Retter Ankerplatz Jeremin's (Stanowischtsche Jeremina).

Bis zum 1. August war Jeremin an den Ufern der
nahe gelegenen Inseln mit der Walrossjagd beschäftigt,
während Pachtussow und Ziwolka in ihren Booten die Küsten aufnahmen und die Position der Hasen-Insel (Ostrow
Sajazkij im Stanowischtsche Jeremina) bestimmten (75°
54′ 22″ N.Br., 58° 51′ Ö. L.). — Den 1. August Abends
lichtete die Lodja Jeremin's den Anker, ging an der Admiralitäts-Halbinsel vorbei und lief in die Ssulmenjew-Bai
ein. Nachdem während eines eintägigen Aufenthaltes die
Küste aufgenommen und ausgemessen worden war, fuhren
sie weiter nach Süden und erreichten den 9. August Matotschkin-Scharr. Pachtussow fand die Kranken, die er im
Winterhause am Flusse Tschirakin zurückgelassen hatte,
wieder frisch auf den Beinen, Dank der Pflege des Feldscheers Tschupow.

Der Versuch, von der Westküste aus Nowaja Semlä zu
umschiffen, war gescheitert. Pachtussow versuchte nun,
ob es ihm vielleicht glücken würde, an der Ostküste zur
Nordspitze vorzudringen. Zu diesem Zwecke rüstete er eine
neue, der Lodja des Ssum'schen Bürgers Tschelusgin ent-
lehnte Karbasse aus und ging den 10. August mit 5 Matrosen und dem Feldscheer Tschupow im Matotschkin-Scharr
ostwärts, erreichte den 15. Drowänoj Myss (das Holzkap),
arbeitete sich mit Erfolg zwischen dem entgegen treibenden
Eise zur Ostmündung und begann die Aufnahme des
Küstenstriches nach Norden hin. Um die von Ziwolka gesehenen Baien zu besichtigen, war er oft genöthigt, hinter
gestrandeten Eisbergen, Ufervorsprüngen und in den Ein-
buchtungen der Küste vor dem Andrange des Eises eine
Zuflucht zu suchen. So gelangte er, beständig ausweichend
und vorwärts dringend, zu der Insel, die später seinen
Namen erhielt (Pachtussow-Insel unter 71° 24′ N. Br.),
35 Werst über den äussersten Punkt Ziwolka's hinaus.
Etwa 40 Werst weiter nach Norden war ein ziemlich
hohes Vorgebirge sichtbar, das Pachtussow Daljnij Myss
(Fernes Kap) nannte. Weiter zu fahren, war wegen des
an der Küste aufgehäuften Eises unmöglich. — So trat er
die Rückfahrt an, erreichte den 28. August die Mündung
des Matotschkin-Scharr und von da aus das Winterhaus.
Inzwischen hatte Ziwolka den Schooner ausgerüstet und
reisefertig gemacht. Den 3. September gingen sie unter

[1] Pachtussow erzählt den Untergang seiner Karbasse wie folgt:
„Am Morgen wurden die südlichen Eilande der Gruppe der Buckligen
Inseln, die Insel Berch's und die Wilhelm-Insel, sichtbar. Die See-
engen zwischen ihnen waren mit Eis verstopft, wahrscheinlich war es
Wintereis, denn grosse Torosse wurden auf ihm nicht bemerkt. Westlich von der Insel Berch's, etwa in derselben Richtung lagen grosse
Eisfelder. Deswegen richtete ich den Lauf zum Westufer der Insel
Berch's, um mich hinter derselben vor dem anschwimmenden Eise zu
bergen. Es wehte ein mässiger SSO.-Wind (— während das Eis aus
Westen und NW., also gegen den Wind, trieb —) und darum konnte
ich nicht hinter die Südspitze der Insel, in die Archangelsche Bucht gelangen; auch den Nordrand konnte ich wegen des dichten Eises nicht
umschiffen und war genöthigt, mich hinter die Stamuchi an der Westseite den nördlichen Vorgebirges der Insel Berch's zu flüchten. Aber
nach einigen Stunden wurde der Andrang des Eises von Westen her
stärker und die Ankertaue wurden durchschnitten. Wir wichen aus
und stellten uns hinter eine grosse Scholle, aber auch sie schützte uns
nicht lange; andere Schollen umgingen sie und drängten von allen Seiten auf die Karbasse. In dieser schwierigen Lage wurden wir zum
Ufer fortgeführt und hier entlud sich die ganze Kraft des Andrangs
der von Westen hergetragenen Schollen an unserer schwachen Karbasse, sie erkrachte und spaltete sich nach wenigen Minuten der Länge
nach, das Wasser strömte von den beiden Steven hinein. Den Untergang des Fahrzeuges vorhersehend hatten wir im Voraus Anstalten
getroffen, die nothwendigsten Sachen zu retten, und als das Unglück
eingetroffen war, waren unsere Karten, Tagebücher und Instrumente
in meinen Händen, ein ansehnlicher Theil des Proviantes, die Flinten,
das Pulver, die Kugeln auf das Deck geschafft, aber nur wenig Zwieback hatte hinauf gefördert werden können. Nach einer halben Stunde
hatte sich das Fahrzeug bis zum Deck mit Wasser gefüllt. Das geschah um Mittagszeit. Zugleich begann der Südostwind nach SW. über-
zugehen und trieben wir wieder, das Eis gerieth in Bewegung und begann mit der Karbasse nach NW. und Norden zurückzuweichen. Es
war keine Zeit zu verlieren. Wir luden einen Theil der geretteten
Sachen in die beiden Boote und schleppten sie über die Schollen an
das Ufer, auch eine Werst entfernt und vom Eise durch eine ziemlich
breite Polynja (offenes Wasser) getrennt. Endlich um 6 Uhr
Abends erreichten wir das Ufer und trugen einen Theil der Sachen
her" &c. Sapiski des hydrographischen Departements, 1844, Bd. II,
SS. 66—68. — Es ist interessant, mit Pachtussow's Erzählung den
Bericht Lieutenant Krusenstern's über die Erlebnisse der Expedition
nach dem Jenissei im Jahre 1862 (in A. Erman's Archiv, Bd. XXIII,
1865) zu vergleichen.

Segel und erreichten den 7. Oktober nach einer Abwesenheit von 440 Tagen Solombola. — Von der Mannschaft waren 2 auf Nowaja Semlä gestorben, die Übrigen kehrten gesund zurück.

Pachtussow machte sich sogleich an die Ordnung der Papiere, um Rechenschaft über die ihm anvertraute Expedition abzulegen. Sein kräftiger Körper war bis auf die letzte Faser abgenutzt. Seit dem Untergange der Karbasse litt er an einem schleichenden Fieber, dessen leise zerstörenden Wirkungen zu begegnen, er keine Zeit hatte, so lange er in See war. In Archangelsk angekommen, liess ihm wiederum der drängende Reisebericht keine Zeit, krank zu sein. Mitten in der Arbeit musste er sich hinlegen und verschied den 7. November, genau einen Monat nach seinem Eintreffen in Archangelsk, am Nervenfieber. Mit den Brouillons, Karten und sämmtlichen Aufzeichnungen traf Ziwolka im Jahre 1836 in St. Petersburg ein. Er schloss den angefangenen Bericht ab und stellte die Karte der von ihnen aufgenommenen Küstenstriche zusammen.

Die beiden Fahrten Pachtussow's gehören, wenn sie auch ihr Hauptziel, die Umschiffung Nowaja Semlä's, nicht erreichten, zu den an Resultaten ergiebigsten. Während der ersten wurden die Süd- und Ostküste der Süd-Insel, während der zweiten Matotschkin-Scharr und die Ostküste der Nord-Insel bis zur Pachtussow-Insel aufgenommen und auf der Karte fixirt. Rechnet man die astronomische Bestimmung mehrerer wesentlicher Punkte, die Fülle sorgfältiger Beobachtungen der Flutherscheinungen, der meteorologischen und magnetischen Vorgänge hinzu, so erscheint die rastlose Thätigkeit des kühnen, unermüdlichen Seemannes wahrhaft staunenswerth. Unter den praktischen Nachwirkungen seiner Reisen ist das weitere Vordringen der Jagdreisenden nordwärts nicht die geringste. Den von ihm eingeschlagenen Wegen nachgehend haben sich Jeremin, Gwosdarew, Baschmakow, Issakow weiter nach Norden vorgewagt als alle ihre Vorgänger, den einzigen Loschkin (1760) ausgenommen. Die 3 erstgenannten Walrossfahrer haben die Pankratjew-Inseln erreicht, der vierte, Issakow, ging noch 100 Werst weiter vor, vielleicht bis zum (Lütke'schen) Kap Nassau.

Bisher war Nowaja Semlä bloss im kommerziellen und nautischen Interesse besucht worden. Kein Naturforscher von Fach[1]) hatte noch mit dem Zauberstabe der Wissenschaft das Land berührt. Da fasste der Akademiker K. E. v. Baer diese lockende Aufgabe ins Auge[2]). Umfassende

Studien bezüglich der Natur des hohen Nordens hatten in ihm das Interesse für Nowaja Semlä geweckt, die Polar-Insel, die bei ihrer ungemein niedrigen Temperatur lohnende Aufschlüsse über die Bedingungen und Gesetze der Verbreitung des organischen Lebens auf der Erdoberfläche versprach[1]). In der für die Naturkunde Nowaja Semlä's epochemachenden Sitzung der 10. März 1837 forderte v. Baer, nachdem er über den Stand der neuesten Entdeckungen hier[2]) berichtet hatte, die Akademie auf, nun ihrerseits vorzugehen und Nowaja Semlä's naturkundliche Erforschung in die Hand zu nehmen. Die That zum Worte hinzufügend stellte er sich ihr zur Disposition.

seit der Veröffentlichung von Cuvier's „Règne animal" und seit der Entwickelungsgeschichte von v. Baer." Über unsere Kenntniss von den Ursachen der Erscheinungen in der organischen Natur, von Prof. Huxley, F. R. S., übersetzt von C. Vogt, 1865, S. 136.

[1]) „Die erste grössere Reise, die ich unternahm, war die nach Nowaja Semlä im Jahre 1837. Ziwolka brachte mir nicht nur meteorologische Beobachtungen, die während der beiden Pachtussow'schen Expeditionen gemacht worden waren und deren Resultate ich publicirt habe (im Bulletin scientifique de l'Académie Imp. de St.-Pétersbourg), sondern erzählte mir auch sehr viel von dieser Insel, für welche er eine grosse Vorliebe gefasst hatte. Er mehrte noch mein Interesse, das schon durch die Temperatur-Verhältnisse geweckt war. Ich wollte doch sehen, was mit so geringen Mitteln die Natur an Lebensprozessen produciren könne, und trug bei der Akademie darauf an, mich auf ihre Kosten dahin zu senden. Wäre ich weniger eifrig gewesen, so hätte ich die Reise erst im nächsten Jahre unternehmen sollen. So aber reiste ich nach kaum erhaltener Bewilligung der Reisemittel ab und ging nach Archangelsk und von dort mit einem Walrossfänger nach Nowaja Semlä. Herr Lehmann, ein junger Naturforscher aus Dorpat, der später Buchara besucht hat, begleitete mich. Kurze Berichte dieser Reise sind im Bulletin der Akademie gegeben. Noch jetzt (1866) gehört die Erinnerung an das grossartigen Anblick des Wechsels der dunklen Gebirge mit den mächtigen Schneemassen und der farbenreichen, überaus kurzen und fast sämmtlich in Miniatur-Rasen gesammelten Blumen der Ufersäume, der in der Erde kriechenden mit den ältesten Schüssen aus den Spalten vorragenden Weiden zu den lebhaftesten Bildern meines Gedächtnisses. Zu den schönsten, möchte ich sagen, gehören die Eindrücke der feierlichen Stille, welche auf dem Lande herrscht, wenn die Luft ruht und die Sonne heiter steht, sei es am Mittage oder um Mitternacht. Weder ein schwirrendes Insekt noch die Bewegung eines Grashalmes oder Gesträuches unterbricht diese Stille, denn alle Vegetation ist nur am Boden. Leider war ich aber dadurch, dass ich mit einem Walrossfänger nur mitgefahren war, der das Recht behielt, seinen Erwerb zu suchen, vielfach gebunden und konnte nur 4 Örtlichkeiten am Westufer und eine am Karischen Meere besuchen. Ich sehnte mich daher, da wir nur 6 Wochen in Nowaja Semlä verweilen konnten, lebhaft wieder nach einer zweiten Reise.

„Wirklich unternahm ich im Jahre 1840 eine zweite in den Norden, auf welcher mich H. v. Middendorff und Herr Pankowitsch begleiteten. Dieses Mal sollte der Walrossfänger keinen Promyssl (Gewerbe) treiben, sondern ganz zu unserer Disposition stehen. Es kam nicht zur Nowaja Semlja-Fahrt." Selbstbiographie von Dr. Karl Ernst v. Baer, St. Petersburg 1866, Verlag der Kaiserl. Hofbuchhandlung H. Schmitzdorff (Karl Röttger), SS. 406—408.

Ein schönes Verhältniss gemeinsamen Strebens im Dienste der Wissenschaft hat die beiden grossen Naturforscher, v. Baer und v. Middendorff, fortan für das ganze Leben verbunden. Als v. Baer sein Doktor-Jubiläum feierte, legte v. Middendorff ihm den 4. Band seines gewaltigen Reisewerkes (Dr. A. v. Middendorff's Sibirische Reise) auf den Tisch. Die Widmungsworte lauten: „Der alt gewordene Jünger vom Murmanskij Bereg, vom Taimyr und Amur dem nimmer alternden Meister zur Jubelfeier des 29. August 1864".

___

[1]) Ludlow war nicht als Naturforscher, sondern als Bergwerksbeamter hier gewesen. Sein Auftrag lautete dahin, sich nach Edelmetallen und nützlichen Mineralprodukten umzusehen.

[2]) Die Bedeutung und Stellung v. Baer's in seiner speziellen Branche hat Prof. Huxley kurz und treffend bezeichnet, indem er sagt: „Herrn Darwin's Werk ist der grösste Beitrag zur biologischen Wissenschaft

[2]) Bulletin scientifique, tome II, pp. 138—172. Bericht über die neuesten Entdeckungen an der Küste von Nowaja Semlja von K. E. v. Baer. (Mit einer Karte von Nowaja Semlä.)

Der Vorschlag fand die völlige Billigung der ehrwürdigen Genossenschaft und v. Baer ward beauftragt, im Laufe des Sommers Lappland und Nowaja Semlä zu bereisen. Zu seinen Begleitern wählte er H. Lehmann als Geognosten, den Hüttenverwalter Röder als Zeichner und den Laboranten des Zoologischen Museums, Philippow, als Präparator der zu erbeutenden Bälge. Ziwolka erbot sich, die Leitung des Schiffes zu übernehmen. Den 6. Juni trafen die Naturforscher in Archangelsk ein. Da der zur Disposition gestellte Schooner „Krotow" sich zu klein erwies [1]), um die Mitglieder der Expedition und die aussichtlichen Sammlungen aufzunehmen, miethete v. Baer noch eine Lodja, den „Heil. Jellissei", für 800 Rubel, deren Besitzer das Recht eingeräumt ward, überall, wo die Expedition anhalten würde, sein Gewerbe zu betreiben. Auf der Lodja richtete sich v. Baer mit Lehmann und Philippow ein, Röder blieb auf dem Schooner. Die Bemannung der Letzteren bestand aus 7 Matrosen, einem Diener und 2 Walrossjägern.

Den 19. Juni liefen beide Fahrzeuge aus Archangelsk aus und richteten nach kurzem Aufenthalt an der Lappländischen Küste den Kurs auf Nowaja Semlä zu. Das Eismeer war durch anhaltende Nordwinde geklärt worden. Nach 5tägiger Fahrt bekam man den 17. Juli das Gänsekap in Sicht, lief den 19. in Matotschkin-Scharr ein und ankerte der Mündung des Flusses Tschirakin gegenüber. Da die Ankerstelle sich als zu seicht herausstellte, wählte man am nächsten Tage einen geeigneteren Ankerplatz am Widderkap (Baranji Myss), der von einer leichten Einbuchtung des Ufers gebildet und durch eine vorliegende Felsbank geschützt wurde.

In 8 Tagen waren beide Ufer der Meerenge von den Naturforschern in geognostischer, botanischer und zoologischer Beziehung untersucht. Lehmann und Röder machten einen Abstecher nach der Silberbucht (Sserebränka). v. Baer und Ziwolka begaben sich zum Matotschka-Flusse, um dessen Umgebung so wie die des Säulenkaps (Myss

Stolbowoi) zu besichtigen. v. Baer fand hier, See-Säugethiere zergliedernd, niedere Seethiere untersuchend, vollauf zu thun. Inzwischen hatte der Lodjen-Führer seine Leute nach den fernen Inseln der Westküste ausgeschickt. Konträre Winde verhinderten sie, rechtzeitig sich einzustellen, und v. Baer musste 3 Wochen auf demselben Flecke zubringen. Sein sehnlichster Wunsch war eine Bootfahrt in die Kara-See hinaus, aber die Meerenge war noch vom Eise gesperrt. Erst um den Ausgang des Monats Juli konnte er mit seinen Begleitern auf einer Karbasse zur Ostmündung vorgehen, nachdem sie sich durch die treibenden Eisschollen hindurch gearbeitet hatten. Hier angelangt brachten sie einen ganzen Tag (den 1. August) ohne Obdach und Nahrung zu, bei stürmischem Wetter und einer Temperatur von $4\frac{1}{2}$ °. Das Karische Meer war eisfrei, aber keine Spuren thierischen Lebens zeigten sich, eine ausserordentliche Menge Acephalae von der Species Beroe cucumis ausgenommen, die sich im eiskalten Wasser ganz wohl zu fühlen schienen und eine Farbenpracht in ihren Schwimmblättchen entwickelten, welche kein Pinsel und keine Feder zu erreichen vermag. Am Abend luden Promyschlenniki aus Kemj, welche mit Zelten, Renthierfleisch und anderen Viktualien hinlänglich versehen waren, die Reisenden ein, bei ihnen einzukehren. Den folgenden Tag, als der Sturm sich gelegt hatte, traten die Naturforscher den Rückweg an und langten, von Hunger und Kälte erschöpft, wohlbehalten beim Ankerplatz an. Den 4. August brachen sie auf, lichteten die Anker und gingen durch die West-Mündung südwärts an das Westufer, wo sie am Strande der Namenlosen Bai (Besimännaja Guba) Steinkohlenstücke fanden. Den 6. August liefen sie am Gänsekap vorüber in die Kostin-Scheere ein. In der Mündung der Nechwatowa wurde Halt gemacht und die Umgebung untersucht. Den 9. fuhren sie den Fluss hinauf zu den See'n, aus denen er abfliesst. Die Hütte, welche ehemals für den Fang der Golzy (Salmo alpinus Fabr.) errichtet war, bot ihnen ein Obdach. Nach ihrer Rückkehr brach ein Sturm aus, der sie 9 Tage festhielt und jede Exkursion unmöglich machte. Die auf den Thierfang ausgeschickten Jäger wurden durch widrige Winde aufgehalten, 3 Wochen aus und der Lodjenführer fing schon an, sie als verunglückt zu betrachten und Vorkehrungen zur Abreise zu treffen. Inzwischen bildete sich jede Nacht Eis auf dem Flusse und Schnee, der die geringe Vegetation in voller Blüthe überraschte, und bedeckte gleichmässig das Land. Obgleich dieser Schnee durch die Wärme, welche der Boden noch besass, allmählich abnahm und fast gänzlich wieder schwand, so war doch die Vegetation plötzlich unterbrochen. Endlich, nachdem schon die Hoffnung, die Verlorenen wieder zu sehen, fast aufgegeben war und die Reisenden nach Nowasemlaer

---

[1]) „So klein ich auch den von der Kaiserl. Marine für uns ausgerüsteten Schooner erwartet hatte, so fand ich ihn doch über alle meine Erwartung klein. In der Kajüte konnten nur 3 Menschen ausgestreckt liegen und wir kamen zu vier an und fanden den Lieutenant Ziwolka vor. So sehr man sich auch von allen Seiten zu Opfern entschloss, z. B. auf dem Verdeck während der Fahrt zu schlafen, so war doch, wenn der Erfolg unserer Reise einigermaassen ergiebig ausfallen sollte, kein Raum, Häute und Skelette zu beherbergen. — — In der Kajüte konnte höchstens ein Tisch von 6 Quadratfuss stehen und der ganze Raum erhielt nur sein Licht von oben durch Eine eingesetzte Scheibe. Doch sollte uns diese Kajüte an den unbewohnten Küsten, die wir zu besuchen hofften, als Haus dienen. War hier eine Person mit Umlegen von Pflanzen beschäftigt, so hatten alle übrigen keinen verdeckten Raum. Dass wir auf der gemietheten Lodja eine helle Kajüte haben, mag der Umstand beweisen, dass ich diesen Bericht in der Kajüte ohne künstliche Erleuchtung gerade wenige Minuten vor Mitternacht beendige. Archangelsk, den 17 Juni 1837." Bulletin scientifique. T. II, p. 318.

Sitte ein Votiv-Kreuz zum Andenken an die akademische Expedition errichtet hatten, kehrten die Todtgeglaubten ohne andere Beute als ein Paar Renthierhäute zurück. Jetzt wurde ein allgemeines Bad genommen, ohne welches man keinen Ankerplatz in Nowaja Semlä verlässt, und dann ging es endlich den 28. August hinaus in die See. Aber schon den folgenden Tag ankerte man in der Kostin-Scheere vor der Insel Golodai, um zu suchen, was hier der Boden und der Strand darböten. Am folgenden Tage konnte nicht ausgelaufen werden, weil der Wind westlich geworden war. — Erst den 31. August verliessen die Reisenden Nowaja Semlä, erreichten den 6. September die Lappländische Küste südlich von den Sieben Inseln (Semj Ostrowow), verweilten 1½ Tage bei den Drei Inseln, um niedere Seethiere einzufangen, und liefen den 11. September zugleich mit dem Schooner wohlbehalten und ohne einen Mann verloren zu haben in Archangelsk ein.

Diese erste wissenschaftliche Expedition hat für die Klimatologie und Physiographie Nowaja Semlä's die Grundlage gelegt. Nur bei v. Baer's allumfassenden Kenntnissen, seinen vorausgegangenen tiefen Studien der Natur des Hochnordens, seiner raschen und treffenden Beobachtungsweise konnte in dem kurzen Zeitraume so viel geleistet werden, als von ihr geleistet worden ist.

Als Resultat eines sechswöchentlichen Aufenthaltes ergab sich eine reiche mineralogische, botanische und zoologische Ausbeute. Von Phanerogamen waren 90 Species gesammelt worden, während man damals auf Spitzbergen nur gegen 30 kannte, mehr als 70 Arten Wirbelloser Thiere hatte man gefunden, während Scoresby deren auf Spitzbergen nicht mehr als 37 aufzählt. Der geognostische Bau der Insel war an den von der Expedition besuchten Stellen gründlich untersucht, die Frage, ob die Nowasemlaer Berge die Fortsetzung des Ural bilden, endgültig entschieden worden. Fauna und Flora Nowaja Semlä's waren der Wissenschaft einverleibt, die Naturverhältnisse der Insel in klaren Zusammenhang mit der Erdphysik gebracht worden. Die Abhandlungen, welche v. Baer in den Bulletins der Akademie veröffentlicht hat, haben ihm mit Recht den Namen des wissenschaftlichen Entdeckers der Insel erworben.

Ziwolka's Arbeiten während dieser Expedition beschränkten sich auf die Aufnahme der von ihm besuchten Ankerplätze, die Anfertigung von Hafenplänen nach dem Augenmaass und auf Höhenmessungen längs der Ufer des Matotschkin-Scharr.

Das wissenschaftliche wie das volkswirthschaftliche, sich an die Erforschung Nowaja Semlä's knüpfende Interesse gleichmässig berücksichtigend beschloss die Regierung, die Küstenaufnahme zu Ende zu führen, und befahl die Aus-

rüstung einer Expedition, welche während zweier Sommer die Besichtigung des östlichen und die Untersuchung der wichtigsten Meerbusen des westlichen Ufers bewerkstelligen sollte.

Zu dem Zwecke wurden nach demselben Plane zwei Schooner gebaut, die „Nowaja Semlä" und die „Spitzbergen", jeder 39 Fuss lang, 11 Fuss breit und 4½ Fuss tief. Der Befehl über den ersteren ward dem so eben von Nowaja Semlä zurückgekehrten Lieutenant Ziwolka, die Führung des zweiten dem Lieutenant Moïssejew anvertraut. Die Mannschaft des Schooners „Nowaja Semlä" bestand aus einem Conducteur (des Steuermanns-Corps), dem Feldscheer Tschupow und 12 Mann niederen Ranges, die des Schooners „Spitzbergen" aus einem Conducteur und 11 Mann niederen Ranges. Zum Transport der Balkenhütte und des Proviantes war die Lodja des Bauern Gwosdarew gemiethet worden. — Die dem Befehlshaber der Expedition ausgefertigte Instruktion schrieb ihm vor die Besichtigung der nordöstlichen und östlichen Küste und die Detail-Aufnahme der Westküste mit besonderer Rücksichtnahme auf die von den Jagdreisenden vorzugsweise besuchten Baien, ferner astronomische, physikalische und naturhistorische Beobachtungen — nach Möglichkeit. Hinsichtlich des einzuhaltenden Weges war ihm befohlen, nach vorläufigem Besuche der Lappländischen Küste zur Besichtigung der dort vorgefundenen Felsenbänke an das südwestliche Ufer Nowaja Semlä's überzusetzen, um diesen Theil der Insel im Einzelnen aufzunehmen, dann weiter nach der Kreuz-Bai (Krestowaja Guba) zu gehen, die Winterwohnung dort einzurichten und zu untersuchen, ob die Bai nicht vielleicht ein durchsetzender Kanal gleich dem Matotschkin-Scharr sei. Darauf sollten beide Schiffe gemeinschaftlich nordwärts segeln und, die Küstenaufnahme mit der Admiralitäts-Halbinsel beginnend, wenn irgend möglich, Hoek van Begeerte umschiffen, an der Ostküste hinunter fahren und sich durch Matotschkin-Scharr zur Winterrast nach der Kreuz-Bai zurückbegeben; der zweite Sommer sollte vorzugsweise zu Detail-Aufnahmen an der Westküste verwendet werden.

Den 27. Juni 1838 lief die Expedition aus Archangelsk aus. Lieutenant Moïssejew und die Lodja Gwosdarew's schlugen sofort den Weg nach Nowaja Semlä ein, wohin ihnen Ziwolka nach Beendigung der Arbeiten an der Lappländischen Küste nachfolgte. Den 4. August traf er in der Seichten Bucht (Melkaja Guba) ein, wo er von Moïssejew und Gwosdarew empfangen wurde, die inzwischen zwei Winterhütten mit Badstube hergerichtet hatten; zwei Blockhäuschen, ein grösseres und ein kleineres, waren durch einen Gang verbunden, in welchem die Vorräthe und 15 aus Archangelsk mitgenommene Hunde untergebracht worden waren. Letztere versahen den Wachdienst mit lobenswerthem Eifer und leisteten der Mannschaft einen wesentlichen Dienst, indem sie die ungebetenen Gäste jenes Erdstriches, die Polar-Bären, von der Wohnung abwehrten. Mit dem 20. August begannen die Arbeiten zur Aufnahme der nordwärts gelegenen Küste. Ziwolka machte sich mit 6 Matrosen auf, das Nordende Nowaja Semlä's zu umschiffen; Moïssejew hatte er beauftragt, mit dem Schooner in die Kreuz-Bai einzulaufen, deren Detail-Aufnahme zu bewerkstelligen und dann in das Winterquartier sich zurückzubegeben. Aber schon bei Kap Prokofjew am Ausgange der Kreuz-Bai musste Ziwolka umkehren, da er krank wurde und die Kräfte ihm versagten. — Moïssejew segelte den 24. nach Norden ab, erreichte den 29. die Nördliche Sulmenjew-Bai und begann deren Aufnahme. Er fand im Inneren derselben einen ruhigen Ankerplatz, der ihn durch Umfang und Sicherheit an den Peter-Paul-Hafen der Halbinsel Kamtschatka erinnerte. Heimgekehrt zur Winterwohnung schlug er vor, mit der Karbasse in die Kreuz-Bai zu gehen, um sie detaillirt aufzunehmen, aber der Befehlshaber verwarf den Plan wegen der bereits vorgerückten Jahreszeit.

Der Winteraufenthalt wurde diess Mal den Seefahrern ungemein verderblich. Frühzeitig brach der Scharbock unter ihnen aus, im Februar hatten sie bereits 13 Kranke. Den 16. März starb Ziwolka an der Brustwassersucht, um dieselbe Zeit gingen 3 Mann mit dem Tode ab. Moïssejew, der nun den Oberbefehl antrat, schickte sich mit der Annäherung des Frühlings zur Wiederaufnahme der Arbeiten an. Die Kranken unter der Obhut des Feldscheers in der Winterwohnung zurücklassend machte er sich mit dem Conducteur Rogatschew, 9 Mann niederen Ranges, 5 Schlitten mit Mundvorrath für 1 Monat und 5 Hunden zum Ziehen der Schlitten auf und schlug den 3. April die Richtung zur Kreuz-Bai ein, um bis zu ihrem Ende und, wenn sie kein durchsetzender Kanal sein sollte, über die Wasserscheide zur Ostküste vorzugehen. Seiner Berechnung nach konnte der Weg circa 100 Werst betragen. Nach einem Marsch von 20 Werst erreichte er gegen Abend einen hohen Berg, von dem aus man das felsige Gestade der Kreuz-Bai sehen konnte. Den folgenden Tag gelangte er um Mittagszeit an das Südufer der Bucht, der Insel Wrangel gegenüber, und lagerte hier unter den Trümmern einer Jägerhütte. In der Nacht erreichte die Kälte — 22° R. Den 5. Morgens klagten 3 von den Leuten über Stiche in der Brust, Moïssejew expedirte sie mit dem Conducteur Rogatschew nach Hause und setzte mit den Übrigen die Wanderung auf dem Eise der Bucht ostwärts fort. Den nächsten Morgen stellte sich Augenleiden bei einem der Begleiter ein, den 7. bei zwei anderen; auch

Moïssejew wurde von einer heftigen Augenentzündung gepeinigt [1]. Unter diesen Umständen war an weiteres Vordringen nicht zu denken, man trat also den Rückweg an und erreichte den 8. die Winterrast, wo Rogatschew und zwei der ihn begleitenden Matrosen gleichfalls an kranken Augen litten. Die Hütten bargen nun 16 Patienten und glichen einem Feldlazareth. Eine 3tägige Ruhe stellte die Augenkranken wieder her und Moïssejew beschloss den 11., einen zweiten Versuch, zur Ostküste vorzudringen, anzustellen. Er beauftragte die Conducteure Rogatschew und Kerner, während seiner Abwesenheit die Seichte Bai (Melkaja Guba) und die Kreuz-Bai aufzunehmen, und brach gegen Abend mit 4 seiner Leute auf. Die Nacht (— 18° R.) brachte er in der verfallenen Jägerhütte und setzte am folgenden Tage den Marsch längs des Südufers der Bai fort. Nachdem bis zum Abend 10 Werst zurückgelegt waren, wurde unter einem Felsen auf der Jermolajew-Insel übernachtet. Nach einem Tagesmarsche von 12 Werst ward die Spitze der Kreuz-Bai erreicht. Moïssejew untersuchte das Terrain und überzeugte sich vom Nichtvorhandensein eines Kanals, den Baschmakow und Ziwolka hier vermuthet hatten.

Vollständige Erschöpfung in Folge der Unwegsamkeit der Gegend bestimmte Moïssejew umzukehren. Unterwegs stellte sich wieder Augenleiden in Folge der blendenden Licht-Reflexe ein. Den 19. ward die Winterrast erreicht.

Vom 7. Mai heisst es im Tagebuche Moïssejew's: „Wir verloren den 8. Mann. Elf Kranke und nur 5 gesund, von letzteren einige noch schwach." — Den 24. wurden die ersten Gänse und eine Gagarka (Colymbus) gesehen. Seit der Zeit begann das Frühjahr sich zu entfalten, von den Bergen ergossen sich Schneebäche, der Boden wurde sichtbar, frische Winde begannen das Eis in der Bai zu brechen. Alles wartete auf Ostwind und rüstete die Fahrzeuge aus. Den 2. Juni zeigte das Thermometer an der Sonne + 29° R., im Schatten + 6°. In den Thälern lagerte noch Schnee, dagegen schmückten sich die südlichen Hänge der Berge mit Blumen. — Den 18. zeigte das Thermometer an der Sonne + 27° R., im Schatten + 12°. Die Oberfläche der Bai war 3 Fuss hoch mit Süsswasser bedeckt. Den 22. und 23. Juni wurden beide Schooner in das Wasser gelassen. Vom 24. bis 28. war die Witterung nebelig und stürmisch. Ein frischer Nordwest brachte Schnee. Das Thermometer zeigte + 1° R. Die Blumen, mit denen die südwärts geöffneten Thäler sich zu schmücken begonnen hatten, erfroren. — Ausgang Juni's

---

[1] Sie hatten keine Schneebrillen und wurden von der Schneeblindheit betroffen. — Pachtussow färbte das untere Augenlid schwarz und trug farbige Brillen. In seinem Tagebuche kommt kein Fall von Augenleiden vor

stellte sich freundliches Wetter ein. Im Schatten + 6° R., an der Sonne + 27°. Der Schnee verschwand, aber die ertödtete Vegetation konnte sich lange nicht erholen.

Anfang Juli's war man mit der Ausrüstung der Fahrzeuge fertig. Moïssejew übergab den Schooner „Nowaja Semlä" dem Conducteur Rogatschew und trug ihm auf, mit Kerner die Kostin-Scheere und den südlichen Theil der Moller-Bai aufzunehmen. Den 13. brach Rogatschew nach Süden auf, Moïssejew dagegen nach Norden auf der Karbasse, mit Proviant für 2 Wochen. Der Feldscheer Tschupow hatte die Kranken in der Winterhütte zu pflegen, den Schooner zu beaufsichtigen und das meteorologische Tagebuch fortzuführen. — Auf der Nordfahrt besuchte Moïssejew die Kreuz-Bai, die Nördliche und Südliche Suhnenjew-Bai, die Maschigin-Bai und erreichte die Admiralitäts-Halbinsel. Walrossjäger theilten ihm hier mit, dass sich Treibeis bei den Pankratjew-Inseln anhäufe. Er beschloss, alle weiteren Versuche, nordwärts vorzudringen, aufzugeben, und kehrte um. — Den 31. Juli um Mitternacht traf er in der Winterrast ein. Den 4. August war der Schooner reisefertig und wurde Abschied von der Hütte genommen. Nach altem guten Pomorzer Brauch (Pomorzy = Küstenanwohner) liess Moïssejew ein Heiligenbild, Zwieback, Mehl, Bouillon in Tafeln, gesalzenen Stockfisch, Feuerzeug und Brennholz zu zwei Heizungen zurück, für den Fall, dass verunglückte Walrossfahrer hierher gelangen sollten. Nachdem man die Gräber der Kameraden besucht und von ihnen Abschied genommen hatte, wurde der Schooner bestiegen und gegen Abend der Anker gelichtet. Auf der Rückfahrt nahm Moïssejew die Moller-Bai auf, lief den 30. August in das Weisse Meer ein und erreichte nach einer Abwesenheit von 450 Tagen Archangelsk.

Die Conducteure Rogatschew und Kerner waren der ihnen ertheilten Weisung gemäss auf dem Schooner „Nowaja Semlä" in die Kostin-Scheere eingelaufen und hatten den 6. August im Flusse Nechwatowa angelegt. Nachdem sie den Fluss und den Küstenstrich von seiner Mündung bis zum Südlichen Gänsekap aufgenommen hatten, nahmen sie ihren Standort bei den Weissen Inseln und setzten die Küstenaufnahme bis zum Tschornoi Myss (Schwarzes Kap) am Südeingange in die Kostin-Scheere fort. Nach Abschluss der Arbeiten verliess Rogatschew die Insel Nowaja Semlä, büsste auf dem Rückwege sein Fahrzeug ein und gelangte mit der Mannschaft den 19. Oktober auf der Lodja des Bürgers Redkin nach Archangelsk.

Von der Mannschaft waren, den Befehlshaber eingerechnet, 9 Mann auf Nowaja Semlä geblieben; unter den Rück-

kehrenden befanden sich 5 Kranke, die übrigen 11 Mann und die Offiziere waren gesund geblieben. — Die Ursache der grossen Sterblichkeit während dieser Expedition ist nach Moïssejew weder in der Strenge des Klima's noch in den Entbehrungen des Winteraufenthaltes, sondern in der von Hause aus schwächlichen Gesundheit der Leute, die hingeschickt wurden, zu suchen.

Die Expedition lieferte einige nicht unerhebliche Resultate: Die Aufnahme der Baien von Kap Lawrow bis Kap Borissow (von den Seichten bis zur Maschigin-Bai); die positive Widerlegung der Hypothese eines die Kreuz-Bai mit der Bären-Bai verbindenden Kanals; die Aufnahme der Westküste vom Britwin-Kap bis zum Schwarzen Kap (Myss Tschornoi); die Detail-Aufnahmen des grösseren Theiles der Ankerstellen in der Moller-Bai; astronomische Breitenbestimmungen und Tiefenmessungen; endlich ein meteorologisches Tagebuch, in welchem während der Winterrast allstündlich Temperatur, Wind und Wetter notirt worden waren.

Seitdem ist keine Expedition weiter nach Nowaja Semlä unternommen worden.

Geht man die Reihe der Expeditionen nach Nowaja Semlä durch, so ergiebt sich, dass die 12 ersten von West-Europäischen Seefahrern (Engländern, Holländern und Dänen), die 12 letzten von Russischen ausgeführt sind.

Haben die West-Europäischen Expeditionen den Grund zur genaueren Kenntniss der Insel gelegt, so ist nicht zu leugnen, dass die Russischen das Meiste zur genaueren hydro- und physiographischen Kunde derselben beigetragen haben. Mehr, als erreicht worden, bleibt zu leisten übrig. Das Innere Nowaja Semlä's ist so gut wie unbekannt; die Flüsse, See'n, Berge und Gletscher sind bis jetzt von der Forschung unberührt; die Aufnahme der Nord- und Nordostküste ist bis heute ein ungelöstes Problem. Es steht zu erwarten, dass mit der Verbreitung höherer Volksbildung unter der Archangeler Küstenbevölkerung der Forschertrieb erwachen und ein Loschkin der Wissenschaft erstehen wird, dem die Umschiffung der Nordostküste, die Erschliessung dieses Küstenstriches der Naturkunde in einer Weise gelingt, wie sie dem wackeren Barent mit den Hülfsmitteln seiner Zeit nicht möglich war. Jedenfalls ist diess eine Russische Aufgabe und speziell eine Aufgabe für die unternehmenden und wissbegierigen Söhne der Russischen Eismeerküste des Archangeler Gouvernements, die, klima- und wetterfest, bereits so viel für die Erforschung Nowaja Semlä's gethan haben.

III. Topographie Nowaja Semlä's.

Die Doppelinsel Nowaja Semlä dehnt sich von Süden nach Norden von $70\frac{1}{2}°$ bis $77°$ N. Br. aus. Ihre Westspitze wird vom $51\frac{1}{2}°$ Ö. L. v. Greenw. begrenzt, Gestalt und Erstreckung nach Nord-Osten, auf Barent's Angaben sich stützend, wurden in neuester Zeit der Gegenstand lebhafter Controverse. Auf der Karte Kapitän Lütke's ist das Nordost-Ende übereinstimmend mit dem in Blaeu's Grooten Atlas (von 1662) enthaltenen Kartenbilde unter $78°$ Ö. L. v. Greenw. angegeben. Auf den älteren Karten von Nowaja Semlä erscheint die Insel lange nicht so weit nach Nord-Osten ausgedehnt. Ihnen folgend hatte Kapitän Lütke auf seiner zweiten Reise das nördlichste Vorgebirge, das er erreichte und das er später Kap Nassau nannte, für das Begehrte Kap der Holländer gehalten. Als er nach seiner Rückkehr Blaeu's Grooten Atlas kennen lernte und in ihm Hoek van Begeerte viel weiter östlich angegeben fand, identificirte er das von ihm erreichte Vorgebirge mit dem weit im Westen angegebenen Kap Nassau der Holländer. So hat der nördliche Theil der Insel im Widerspruch mit den damals bekannten Karten und zugleich im Widerspruch mit den Karten der Nowasemlaer Jagdreisenden, auf denen Nowaja Semlä sich nicht so weit ostwärts erstreckt, jene nach Nord-Osten ausgereckte Gestalt erhalten. Die auf Autopsie basirten Karten der Russischen Jagdreisenden, so wie Bedenken bezüglich der Echtheit einzelner Berichte über die Holländischen Reisen, veranlassten den Akademiker v. Baer, die Richtigkeit der Darstellung des nordöstlichen Theiles auf der Lütke'schen Karte in Zweifel zu ziehen. 1836 legte er eine von Ziwolka nach Angaben des Eismeerfahrers Issakow aus Kemj so wie anderer Jagdreisender skizzirte Karte Nowaja Semlä's der Kaiserl. Russischen Akademie vor. Auf derselben streicht die Nordostküste von Kap Nassau aus nach NO. bis $66°$ Ö. L. und biegt dann nach SW., so dass die nordöstliche Erstreckung der Insel um 12 Längengrade geringer erscheint als auf der Lütke'schen Karte. Akademiker v. Baer entwickelte die Ansicht, dass Kap Nassau dennoch das Begehrte Kap der Holländer, die von Kapitän Lütke nach Barent benannten Drei Inseln dennoch ihre Oranien-Inseln sein könnten. — Das war der Stand der Frage bis zum Erscheinen von Dr. Ch. T. Beke's für die Hakluyt Society bearbeiteten Ausgabe der Berichte Gerrit de Veer's (A true description of three voyages by the North-East towards Cathay and China, undertaken by the Dutch in the years 1594, 1595 and 1596, by Gerrit de Veer. London 1853). Das Resultat der Untersuchungen ist in folgenden Worten niedergelegt (S. XCVII): „Nach reiflicher Erwägung der ganzen Sache fühlen wir uns ge-

drungen zu erklären, dass wir nicht nur mit v. Lütke's Ansicht im Allgemeinen übereinstimmen, sondern noch hinzufügen müssen, dass kein Theil der Küste von Nowaja Semlä von Barent so genau erforscht worden ist, als gerade der, dessen Existenz v. Baer bestreiten zu müssen glaubte. Barent fuhr an dieser Küste nicht weniger als viermal entlang und seine Beobachtung der geogr. Länge seiner Winter-Station, die jetzt zum ersten Mal von Herrn Edward Vogel (Assistenten auf Mr. Bishop's Sternwarte) genau berechnet worden ist, zeigt eine Differenz von nur etwa 25 Engl. Min. in der Entfernung zwischen jenem Punkt und Kap Nassau, wie es in Gerrit de Veer's Karte niedergelegt ist: — ein Resultat, welches in Anbetracht, dass es von gänzlich unabhängigen Daten abgeleitet wurde, für die Genauigkeit der Karte im Allgemeinen entscheidend ist. Ohne daher auf eine aus künftigen Aufnahmen hervorgehende Bestätigung zu warten, halten wir es für durchaus unbedenklich, den nordöstlichen Theil von Nowaja Semlä, der auf die Autorität von Ziwolka und Baer hin ausgelassen worden ist, wieder in unsere Karten aufzunehmen." — Auf S. 148 desselben Werkes wird mitgetheilt, dass nach Edward Vogel's Berechnung der Barent'schen astronomischen Beobachtungen die Position der Winter-Station ist: $75°\ 45'$ N. Br., $72°\ 8'$ Ö. L. v. Gr., mit einem möglichen, doch nicht wahrscheinlichen Irrthum von $5°$, so dass die Winter-Station keinesfalls westlicher sein könnte als $67°\ 8'$.

Hier ist es auch am Ort, der neuen Namengebung, die vom verstorbenen Akademiker Hamel (Tradescant von Dr. J. Hamel, 1847, pp. 229 ff.) in Vorschlag gebracht worden, zu erwähnen. Darauf fussend, dass Russische Seefahrer im Jahre 1584 dem Engländer Marsh in Moskau erzählten, dass man auf dem Wege zum Obj an 3 grossen Inseln, Nowaja Semlä, Waigatsch und Matwejew, vorüber komme, folgerte er, dass der Name Nowaja Semlä nur der Südinsel zukomme, die Nordinsel dagegen Matwejewa Semlä heissen müsse. Der Name Matwei führte ihn zu der weiteren Konjektur, das Matotschkin-Schar eigentlich Matjuschkin, d. h. Matwejew-Schar, heissen müsse. Er spricht es positiv aus, dass Rosmysslow den Namen Matjuschkin in Matotschkin umgewandelt habe.

Abgesehen davon, dass er nicht den Schatten eines Beweises für seine Behauptung beibringt, bleibt es unglaublich, dass die Jagdreisenden, denen Rosmysslow's Arbeiten grösstentheils unbekannt blieben, plötzlich einmüthig die von Rosmysslow gefälschte Benennung für die altgültige angenommen hätten. — Die ganze Sache hätte unerwähnt bleiben können, wenn nicht durch Dr. Petermann der Name Matwei allgemeine Verbreitung gefunden hätte. Auf dem seinem in London 1852 gehaltenen Vortrage über das Meer von Spitzbergen beigegebenen Kärtchen ist der südliche Theil der Nordinsel als Mathewsland, der mittlere als Lütke's Land, der nördliche als Barent's Land bezeichnet. Auf der neuesten Karte des Sticler'schen Atlas (Nr. 41 [b], 1864) findet sich ebenfalls Mathews-Strasse für Matotschkin-Scharr [1]).

Seiner Lage nach ist Nowaja Semlä eine oceanische Insel. Aber die Nähe des Europäisch-Asiatischen Festlandes beeinflusst Klima und organisches Leben auf derselben und verleiht sämmtlichen Naturverhältnissen einen kontinentaleren Charakter, als Island und Spitzbergen zeigen, so dass Nowaja Semlä mehr Analogien mit dem Amerikanischen Polar-Archipel darbietet als mit den angeführten, ihrer relativen Lage nach entschieden oceanischen Inseln.

Nowaja Semlä's Küsten werden im Westen und Norden vom Polar-Ocean, im Osten von der Kara-See, seiner grossen südlichen Einbuchtung, bespült, im Süden durch die gegen 20 Ital. Meilen breite Karische Pforte von der Insel Waigatsch geschieden.

Die Südspitze Nowaja Semlä's, Kussow Noss, wird vom Südende der Insel Kussowa Semlä gebildet, die der Nikolskij Scharr, eine 17 Werst lange, 4 bis 5 Werst breite Seeenge, von Nowaja Semlä abtrennt. Nach Pachtussow's Messung beträgt die Breite der westlichen Mündung 1¼, die der östlichen 5 Werst. In der Mündung der Ostmündung stösst man auf einige Bänke. Der Osteingang wird Loginow Kresty, der Westeingang Petuchi genannt. — An der Südostseite von Kussowa Semlä befindet sich die geräumige Guba Tarchowa, an der Südwestecke die Lachta Mirona [2]), 200 Faden lang, 200 Faden breit, 2 Faden tief. Da sie nach SO. offen ist, so ist sie dem Andrange des aus der Karischen Pforte kommenden Eises ausgesetzt und bietet nur hinter einem in ihrem Centrum liegenden Inselchen eine zeitweilige Zufluchtsstätte. In der Nähe ist ein grosser Süsswassersee. An der Nordwestküste von Kussowa Semlä stösst man auf die Gawrilow-Bai, die sich nach Pachtussow's Meinung zum Ankerplatz eignet, von ihm aber nicht besichtigt worden ist. Am südlichen Vorgebirge befindet sich innmitten einer Gruppe von Inselchen ein

---

[1]) Die ungezwungenste Ableitung wäre die von Matotschka, dem hölzernen kleinen Kompasse, dessen sich die Promyschlenniki auf ihren Zügen in den Wäldern wie auf der See zur Orientirung bedienen. Der Ursprung des Wortes Scharr ist nicht bekannt. — Die Russischen Eismeerfahrer bezeichnen mit demselben nur die zwei Meere verbindende Wasserstrasse. Der Ausdruck Kostin-Scharr wird von ihnen nicht anerkannt. Es müsse heissen, sagten sie Kapitän Lütke, Kostin-Ssalma (Kostin-Scheere), denn hier würden nicht zwei Meere verbunden, sondern nur eine Insel vom Lande abgetrennt.

[2]) Saliw — Meerbusen, Golf; Guba — Bai und Bucht; Lachta — kleine Bucht (im Archangeler Dialekt). Die Bezeichnungen sind nicht auf Grössen- und Formunterschiede zurückzuführen. Saliw und Guba lassen sich am besten durch Bai wiedergeben. -

---

kleiner Ankerplatz — Kussowa Stanowje [1]). Mitten im östlichen Eingange zum Nikolskij Scharr hat Ssrednij Ostrow (Mittelinsel) eine Bucht, die Sajatschja Lachta (Hasen-Bucht), 300 Faden lang, 200 Faden breit, — gleichfalls nach SO. offen.

Dem westlichen Eingange zum Nikolskij Scharr gegenüber liegen die Renthier-Inseln (Olenji Ostrowa), die Grosse (boljschoi) und die Kleine (maly) Renthier-Insel (Olenji Ostrow), durch den Petuchowskij Scharr von der Südküste Nowaja Semlä's getrennt. Südlich von ihnen die Britwin-Inseln.

An der Südküste Nowaja Semlä's bildet das Meer mehrere Baien mit Ankerplätzen. Die Kamenka Guba, die östlichste unter ihnen, an der Pachtussow den Winter 1832/33 zubrachte, ist 3 Werst lang, 1½ Werst breit, an dem Eingange circa 9, an der Spitze 1½ Faden tief. Hinter den Inselchen, welche dem nördlichen Küstenvorsprunge der Bucht anliegen, wo sich Pachtussow's Winterhütte befand, beträgt die Tiefe 1½ Faden. — Auf die Kamenka-Bucht folgt westwärts die Guba Loginowa, 20 Werst lang, 5 Werst breit, circa 20 Faden tief. Hinter der Insel Rogosin, der dritten von SO. aus, findet man eine sichere Ankerstelle. In der Bucht an der Südküste der Loginow-Bai, Stodolski's Inseln gegenüber, überwinterte der Samojede Mawei und ging mit seiner Familie elend zu Grunde (vgl. Abschnitt VII). Die dritte bedeutendere Bai ist der Saliw Reinecke (Reinecke-Bai).

Zwischen der Renthier-Insel und der gegenüberliegenden Küste Nowaja Semlä's zieht sich der Petuchowskij Scharr hin, in dem Pachtussow drei Tage lang am Boden liegend einen Schneesturm aushielt. Die Seeenge ist 5 Werst lang, in Mitte 15 Faden, uferwärts circa 3 Faden tief. Der Grund ist Schlamm und Sand, die Ufer, bis 6 Faden hoch, sind meist nackter Fels. Am Nordufer findet sich in einer Lachta eine gute, ostwärts durch ein hügeliges Felsinselchen gedeckte Ankerstelle.

Nordwestlich von der Renthier-Insel, zwischen dem Britwin-Kap und dem Kabanji Noss (Eberkap), befinden sich die 3 Kabanji Guby (Eber-Baien), die erste, circa 10 Werst lang, mit 3½ Werst Spannung, die zweite, 7 Werst lang, mit 5 Werst Spannung, die dritte, 1½ Werst lang, mit 1 Werst Spannung.

Westlich von der Kabanja Guba dringt die geräumige, inselerfüllte Ssachanicha Guba 15 Werst tief in den Südrand der Insel ein. Ihr Eingang ist 5 Werst breit. Im SO. ist derselbe vom Kabanij Noss, im SW. vom Tschornoi Noss flankirt. Nach innen zu läuft die Guba in 3 Saliwi aus, von denen der westlich gelegene den 50 Werst langen

---

[1]) Stanowje, Stanowischtsche — Ankerstelle.

7

Fluss Ssachanicha aufnimmt. Die Tiefe des Flusses beträgt an der Mündung 10 Fuss, weiter aufwärts 18 Fuss; er ist von dem Eingange in die Bai 70 Werst entfernt, hat niedrige Ufer und ist reich an Lachsen (Goljzy, Salmo alpinus *Fabr.*), deren Fang hier lebhaft betrieben wird.

In der Mündung der Ssachanicha-Bai, östlich vom Tschornoi Noss (Schwarzem Vorgebirge) liegen die Flachen Inseln (Ploskije Ostrowa), südlich von ihnen die Ssachanichskije Ostrowa oder Ssachaniny Basary [1]), von denen die grösste Insel circa 10 Werst im Umfang hat.

Nordwestlich von der Ssachanicha-Bai, zwischen Tschornoi Noss und Kap Kuschnoi, erstreckt sich die Tschornaja Guba circa 30 Werst landeinwärts. Spannung 2 Werst. Am Ostufer befindet sich eine gute Ankerstelle (Tschornoje Stanowischtsche). Im Eingange liegt Tschornoi Ostrow mit einer Menge angelagerten Treibholzes.

Westlich von der Schwarzen Bai, zwischen Kap Kuschnoi und Kap Perewessenskij, 50 Meilen von Kussow Noss in nordwestlicher Richtung, liegt die Schirotschicha-Bai. Die Tiefe am niedrigen Felsufer beträgt bis 3½ Faden. Der Grund ist Sand mit zerkleinertem Gestein. Sie ist nach Westen und SW. offen und taugt daher nur bei Nord- und Nordost-Winden zum Ankerplatz. In der Nähe des Ufers liegt ein Süsswassersee, aus dem man sich mit Trinkwasser versehen kann. Zwischen dem Perewessinskischen Vorgebirge und dem Mehlkap (Mutschnoi Noss) dehnt sich die 20 Werst lange Rakowa Guba aus, Spannung 15 Werst, am Mehlkap die Bai gleichen Namens (Mutschnaja Guba). In der Nähe des Mehlkaps liegen 2 durch eine schmale Landenge geschiedene Buchten, Guba Wassiljewa, 4 Werst lang, mit 1½ Werst breitem Eingang und die Guba Strogonowa, 4 Werst lang, mit 6 Werst breiter Spannung an der Einfahrt. — Hinter dem Mehlkap erhebt sich nordwärts auf 10 Werst Entfernung Schadrinski Noss. An ihm liegt die 5 Werst lange, nach Süden offene Schadrow'sche Bai.

Vom Mehlkap nordwärts, am Schwarzen Kap vorbei, gelangt man in die Kostin-Scheere (Kostin-Scharr), einen tiefen Meeresarm, der die geräumige Meshduscharrskische Insel bespült. Die Länge des Kostin-Scharr beträgt vom Schwarzen Kap bis zum Südlichen Gänsekap (oder Myss Podresow) 45 Meilen. Der nördliche Eingang ist 7 Meilen breit. Ostwärts verengt sich die Wasserstrasse bis 1¾ Mln.; der südliche Theil zeigt überall eine gleichmässige Breite von 5 bis 6 Meilen. (Nach Ziwolka beträgt die Breite des Südarmes 8 bis 9, die des Nordarmes bloss 5 Meilen.) Die Tiefe beträgt in der Mitte gegen 50 Faden (nach Moïs-

sejew bloss 20 bis 40 Faden). Den Grund bilden im nördlichen Theile Sand und Stein, im südlichen Korallengebilde. — Kostin-Scharr ist mit Inseln (nach Moïssejew 20) angefüllt, hinter denen die Fahrzeuge Schutz finden.

Meshduscharrskij Ostrow oder Meshduscharrskaja Semlä (bei Krestinin — Neue Monatsschriften, Th. XXXI, Januar 1789 — auch Kostinskaja Semlä) erhebt sich nur wenig über den Meeresspiegel und erscheint als weite, vom Lande abgelöste Niederung. Am östlichen Ufer des südlichen Theiles dehnt sich eine Bucht mit so niedrigen Ufern aus, dass zur Fluthzeit die See, tief hinein strömend, ihr den Anschein einer Meerenge verleiht. Daher der Name Obmanny Scharr (Trug - Strasse). Wirklich laufen hier unerfahrene Schiffer ein. Die Örtlichkeit ist eine der gefährlichsten an der Nowasemlaer Küste. — Die Südspitze heisst Kostin-Noss oder Bobry (Biber). Von der See aus gesehen stellt sie sich als Insel dar. Die Ufer sind steil, circa 5 Faden hoch, Thonschiefer; die Niederung, zu der sie abfallen, besteht aus Kieselgestein. Auf dem Gipfel des Vorgebirges erheben sich Kreuze.

Hinter Kostin-Noss, nach dem Ufer zu, ist ein Ankerplatz von 4 Faden Tiefe. Der Grund Sand, weiter ab vom Ufer Korallengebilde. — Am Nordufer der Insel liegt der Ankerplatz Woljkowa, eine kleine, nach NNW. offene Bucht, die guten Ankergrund bietet. Die Tiefe in der Mitte 5 Faden, der Grund Sand. Weiter der Spitze zu wird das Wasser seichter, das Ufer niedriger. Am Ostufer findet man Holzhütten, Jäger finden sich hier häufig ein. — Die Westküste der Insel ist reich an Treibholz, es kommt 7 Fuss über die Seespiegel vor. Im Inneren findet man See'n.

Fast in der Mitte der Kostin-Scheere mündet der Insel Nechwatow gegenüber der Fluss Nechwatowa, 80 Werst lang, Abfluss des 3 Werst von der Küste entfernten Nechwatowo - See's. Die Tiefe beträgt in der Mündung bei Hochwasser 7½, weiter hinauf 4 Faden, die Breite circa 20 Faden. — Etwa 200 Faden von der Mündung weitet sich der Fluss zu einem kleinen, 1¾ Werst langen, ¾ Werst breiten, 1 bis 6 Faden tiefen Becken aus. Es ist der Lodjenhafen der Jagdreisenden. Hier steht eine Blockhütte und wird der Fang der Lachse, die aus dem Süsswassersee herabkommen, betrieben. Oberhalb des Lodjenhafens sind Stromschnellen. 4 bis 10 Faden hohe Felsen, die am Schwarzen Kap und am Kostin - Noss bereits sichtbar werden, bilden die Ufer der Nechwatowa. Einige von den der Mündung gegenüberliegenden Inseln erreichen eine Höhe von 40 Faden. Das Fahrwasser vor der Mündung wechselt alljährlich, daher räth Pachtussow, hinter der Nechwatow-Insel beizulegen und eine Schaluppe zur Tiefenmessung vorauszuschicken. Die Mündung ist nur an einem

[1]) Bazar, Brutplatz der Seevögel, im Archangeler Dialekt.

weissen, sie überragenden Felsvorsprung, der von isolirten Felsen und Kreuzen umgeben ist, kenntlich.

Der Untersee der Nechwatowa kann gegen 50 Lodjen (bei 2 bis 4 Faden Tiefe) aufnehmen, allein nur Fahrzeuge von höchstens 7 Fuss Tiefgang können den schmalen Durchgang, der zu ihm führt, passiren. Sein Wasser ist salzig. Er ist circa 12 Werst lang und bildet eigentlich eine durch schmale Wasserstrassen verbundene See'ngruppe. Die Ufer sind steil, die Tiefe beträgt 40 Faden. Einige Werst oberhalb befindet sich der gleichfalls Nechwatowo (Osero) genannte Obersee mit süssem Wasser. Er ist 15 Werst lang, 5 Werst breit, bis 40 Faden tief, hat felsige Ufer und fliesst in den Untersee ab. — Der Fluss Nechwatowa ist der an Alpenlachsen (Goljzy) reichste der ganzen Insel, auch in den See'n kommen sie zahlreich vor; an den Seeufern zeigen sich häufig Renthiere.

Am nördlichen Eingange liegt auf 1½ Werst Entfernung vom Meshduscharrskij Ostrow die Jarzow-Insel. Sie ist 3 Werst lang, ³/₄ Werst breit. Der trennende schmale Meeresstreifen trägt den Namen Shelesnyje Warota (Eiserne Pforte). Die Insel enthält 3 kleine Süsswassersee'n und im nördlichen Theile einen ziemlich hohen Berg. Eine Werst nordwärts von der Nordspitze der Jarzow-Insel liegen Felsbänke.

Südlich vom Podresow-Kap erhebt sich die gleichnamige Felsinsel, 300 Faden lang, 150 Faden breit, bis 10 Faden hoch. Sie ist rings von Riffen eingeschlossen, deren Distanz nordwärts ¼ Werst, süd- und westwärts ½ Werst, ostwärts 1 Werst beträgt. — Die Entfernung von der Jarzow-Insel 25 Werst. — 35 Werst weit von der Podresow-Insel, baiwärts, 2¼ Werst vom Gänselande entfernt, steigt ein 12 Faden hoher, 50 Faden langer und gegen 15 Faden breiter Schieferfelsen auf: Woljkow Ostrow. Nach diesem Felsen nennen manche Jäger die Kostin-Landschaft Wolkow-Land, Woljkowa Semlä.

Dem Nordeingange der Kostin-Scheere gegenüber liegt die Rogatschew-Bai. Ihre Mündung ist 6 Werst breit. Sie erstreckt sich etwa 8 Werst nach Norden und biegt in einem 1 Werst breiten Haken nach ONO. ins Land hinein. An der Ostseite der Mündung liegt eine ziemlich geräumige, von SO. nach NW. 4 Werst weit ausgestreckte Insel. Die Seeenge ist an ihrer Ostfronte schmal und seicht. Nördlich von ihr stösst man auf 2 kleinere Inseln, die Ssytina-Insel, die näher zum Westufer, und die Okonischnikow-Insel, die fast im Centrum der Bai liegt. Endlich zeigt sich noch im Hintergrunde am Westufer, im Eingange zum Wasserhaken, mit dem die Bai ins Land hinein langt, ein viertes niedriges Inselchen. Die Tiefe der Bai nimmt nach NW. von der Okonischnikow-Insel von 3 Faden allmählich ab. Das Fahrwasser führt an der

Ssytina-Insel vorbei — 3 bis 4 Faden Tiefe — in die Rogatschew-Bai (Moïssejew).

Westlich dehnt sich in dem nördlichen Theile der Kostin-Scheere die geräumige, ausreichend tiefe Delphin-Bai (Belushja Guba) aus. Sie hat die Gestalt eines Dreiecks. An dem Südostwinkel liegen 2 ziemlich grosse Inseln.

Um durch die nördliche Mündung der Kostin-Scheere zur Nechwatowa-Mündung zu gelangen, hat man folgenden Weg einzuhalten: An der Südseite der Podresow-Insel vorbei hält man nördlich von der Jarzow-Insel nach Osten zu Norden (nach dem Kompass) und geht dann von Jarzow aus südsüdöstlich zum Ankerplatz Woljkowa. Die Nordspitze von Jarzow im Auge behaltend steuert man weiter nach SO. zu Osten, indem man den Wolkow-Felsen rechter Hand lässt. Auf 20 Werst Entfernung von Jarzow lässt man die Wlassow-Inseln links und führt zwischen ihnen und der Nordspitze des Dolgoi Ostrow (der Langen Insel) durch. — Man kann auch zwischen den Wlassow-Inseln durchfahren. — Von hier aus geht es in die Strasse zwischen dem Dolgoi Ostrow und der Reider-Insel. Beim Hinausfahren hat man auf die von den beiden Inseln auslaufenden Klippen zu achten. Die Tiefe des Fahrwassers zwischen ihnen ist 9 Faden. Durch diese Strasse fahrend erblickt man linker Hand einen hohen Berg und nördlich von demselben ein weissliches hohes Kap mit aufgepflanzten Kreuzen. Auf dieses Kap steuert man los. Zu der Insel Nechwatow gelangt, ankert man an ihrer Ostseite in 5 bis 7 Faden Tiefe. Frischweg in den Fluss einzulaufen, bringt Gefahr in Folge der der Mündung vorgelagerten Barre. Sicherer ist es, sich am Vorgebirge mit den Kreuzen zu halten. (Sapiski des Hydrographischen Departements, Bd. III, 1845, SS. 153 ff.)

Nördlich von der Podresow-Insel dehnt sich das Gänseland (Gussinaja Semlä) aus, eine ins Meer hinaustretende, 150 Werst lange, 20 Werst breite, 2 bis 3 Faden hohe Vorlands-Niederung am Fusse eines von SSW. nach NNO. streichenden Bergzuges mit fast lückenlosen steilen Felsenwänden, der die Küstenebene vom Inneren des Landes scheidet. Die am Nordeingange zur Kostin-Scheere aufsteigende Südspitze wird Südliches Gänsekap (auch Myss Podresow), die Nordspitze Nördliches Gänsekap genannt.

Bemerkenswerthe Flüsse des Gänselandes sind:

1) Die Ssautschicha mit 5 Faden Tiefe (nach den Aussagen der Jagdreisenden, woran indess Pachtussow zweifelt).

2) Die Podresowa oder Podresicha, 5 Werst lang, mündet 50 Werst nördlich vom Schadrow'schen Vorgebirge.

3) Die Ssiwutschicha, 5 Werst lang, mit 20 Faden breiter, 5 bis 6 Faden tiefer Mündung, ergiesst sich 40 Werst nördlich von der Podresicha ins Meer.

4) Die Gussinicha (Gussinowka oder Gussinaja Reka),

der Gänse-Fluss, ein Bach von 13 Werst Länge, mit salzigem Wasser. Er fliesst aus einem grossen Salzsee, dem Gänse-See (Gussinoje Osero) ab und mündet östlich vom Nördlichen Gänsekap. Die Breite der Mündung beträgt (nach Aussage der Jagdreisenden) 5 Faden; weiterhin weitet sich der Fluss zu 50 Faden Breite aus und bildet einen Sáwod [1]), wo man sicher vor Anker liegen kann. Die Tiefe bei Hochwasser 7 Fuss. Der Fluss ist reich an Goljzen (Alpenlachs) und Omulen (Salmo autumnalis).

Den Kurs nordwärts verfolgend gelangt der Seefahrer in die Moller-Bai, eine Meereseinspülung, die gewissermaassen dem halbinselförmig vorgestreckten Gänselande entspricht. Ihre Spannung beträgt zwischen dem Nördlichen Gänsekap und dem Britwin-Kap gegen 30 Ital. Meilen. Die Ufereinrahmung wird von bis 800 Fuss hohen Hügeln ohne besonders auffallende Hervorragungen gebildet; Riffe und Sandbänke — die gefährlichsten nördlich vom Ssewerny Gussinij Myss und südwestlich vom Britwin-Myss — umsäumen das Gestade.

Die Moller-Bai bildet zahlreiche Buchten und Anfahrten, unter denen in der Richtung von Süden nach Norden die wichtigsten sind:

1) Die Gänse-Anfahrt (Gussinoje Stanowischtsche), östlich vom Nördlichen Gänsekap.

2) Die Taranzow-Bucht.

3) Die Karel'sche Bucht (Karelskaja Guba).

4) Die Anfahrt Malye Karmakuly hinter der Karmakul'schen Insel. Die sicherste Einfahrt zur Ankerstelle liegt am Südende der Insel, die Tiefe der Seeenge hier beträgt bis 10 Faden. Der geeignetste Ankerplatz liegt am Südost-Ufer der Insel; Tiefe 6 Faden, Grund Schlamm. Die Nordeinfahrt ist durch eine Klippenreihe gefährdet, sie hat 5 bis 15 Faden Tiefe. — In der Richtung nach SW. von der Karmakul'schen Insel liegt die Chramzow-Insel, an dem spitz zulaufenden Berge auf der Nordseite kenntlich. Eine 400 bis 500 Faden breite Seeenge trennt sie vom Lande ab. Tiefe 4 bis 10 Faden, Grund Schlamm und Sand.

5) Der Ankerplatz Bolschije Karmakuly mit tiefem und freiem Eingang. Hier findet man eine gute, auf Kosten Brandt's und Klokow's aufgeblockte Isba (Hütte). $1\frac{1}{2}$ Werst von ihr kann man in einer Tiefe von 3 bis 6 Faden ankern, der Grund Schlamm.

6) Saliw Puchowoi, die Dunen-Bucht, 4 Meilen nach NNW. von der Karmakul'schen Bucht. Sie dringt gegen $7\frac{1}{2}$ Werst ins Land ein, hat 2 bis 8 Faden Tiefe. An ihrer Spitze mündet der Dunen-Fluss (Puchowaja Reka), der aus einem See kommt, ziemlich breit und bis 5 Faden

tief ist. Die Ufer sind hoch und steil; der Wind schwillt zwischen ihnen an und sein stossweises Wehen schleudert die Fahrzeuge nicht selten gegen die Küste. Der Eingang in den Fluss ist an den Ufern frei von Untiefen. Zwischen den Felsen und blinden Klippen, welche die Dunen-Insel umlagern, können nur kleine Fahrzeuge und nur bei ruhigem, klaren Wetter durchkommen. Die Puchowaja Reka steht bezüglich des Lachsreichthums nur der Nechwatowa nach.

Bei Britwin-Noss, der gleichnamigen Insel gegenüber, mündet der Britwin-Fluss, der aus einem grossen, 60 Werst landeinwärts liegenden See herabkommt und von Alpenlachsen (Goljzy) zahlreich besucht wird. Der nördliche Abschluss der Moller-Bai wird vom Britwin-Noss, einer niedrigen Landzunge mit vorgelagerten Riffen und blinden Klippen, gebildet. Britwin-Kap gegenüber liegt, 3 Werst von der Küste entfernt, die Britwin-Insel, 5 Werst lang, 1 Werst breit.

Nordwärts vom Britwin-Noss findet der Seefahrer zwei zu Ankerplätzen auch für grössere Fahrzeuge geeignete Baien, die Namenlose (Besinännaja Guba) und die Pilz-Bai (Gribowaja Guba); sie sind nach Westen offen, 8 bis 10 Faden tief und nehmen je einen Fluss auf. Am Nordufer der Namenlosen Bai erhebt sich der Erstgesehene Berg (Kapitän Lütke's, nach Ziwolka's Messung 1841 Fuss hoch) — Perwousmotrennaja Gora —. Am Eingange liegt eine kleine Insel, hinter welcher Jagdreisende sich bisweilen vor konträren Winden bergen; ein eigentlicher Ankerplatz fehlt. — Desgleichen liegt der Pilz-Bucht die gleichnamige, 8 Werst im Umfang enthaltende Insel gegenüber; ihre Entfernung von der Küste beträgt 5, von der Britwin-Insel circa 70 Werst.

Der Küstenstrich von der Pilz-Bucht bis zum Eingang in den Matotschkin-Scharr wird von einer 100 Werst langen, 20 Werst breiten Niederung gebildet. Die Insel Pankow (oder Pankowy Ludy [1])), ein niedriges, aus grauem Gestein bestehendes, 200 Faden im Umfang enthaltendes Felseiland, liegt als Wahrzeichen vor dem Eingang in die wichtigste, zwei Meere verbindende Wasserstrasse Nowaja Semlä's — den Matotschkin-Scharr. Er durchschneidet die Insel an der schmalsten Stelle und ist 95 Werst (nach Pachtussow) lang. Der westliche Eingang ist etwas über eine Meile breit und bildet eine offene Bucht, der östliche ist am Stierkap (Myss Byck) 4 Werst breit. Gegen die Mitte verengt sich die Meerenge, die Ufer nähern sich auf 300 Faden. Die Tiefe beträgt hier, wo sich mächtige Bergmassen zur engen Gebirgsschlucht zusammendrängen, durch

---

[1]) Kleine offene Bucht.

[1]) Luda (Plur. ludy) heisst im Archangeler Dialekt nackte Felsinsel, Riff, Untiefe.

welche nur ein schmaler Himmelsstreif sichtbar bleibt, gegen 80 Faden. Den besten Ankerplatz findet man hinter dem Widderkap (Baranji Myss), wo die Brigg „Nowaja Semlä", Kap. Lütke, vor Anker lag. — Eine Anleitung zum Einfahren in den Matotschkin-Scharr findet man in der „Viermaligen Reise durchs Nördliche Eismeer von Kap. Lütke" (übersetzt v. A. Erman, 1835, Bd. II, S. 308), die zugleich die Topographie der Meerenge in anschaulichster Weise ergänzt. Kapitän Lütke sagt: „Wenn man von Westen aus einläuft, hat man sich vor einem Felsenriff zu hüten, welches das Nordufer selbst über das Widderkap hinaus einfasst und sich fast bis zur Mitte der Mündung erstreckt. Man muss sich deshalb näher an das Säulenkap (Myss Stolbowoi) halten, welches ein sehr gutes Kennzeichen dieser Stelle abgiebt. Vom Säulenkap aus lassen sich zwei niedrige schwarze Klippen, welche südlich vom Widderkap liegen und einen Theil des erwähnten Felsenriffes ausmachen, deutlich erkennen. Auch findet man dort eine kleine Insel von grauer Farbe, die sehr mit Unrecht den Namen der Schwarzen (Tschornoi Ostrow) führt und die kaum zu bemerken ist, so lange sie noch von Westen her mit dem Ufer vereint erscheint. Vom Myss Matotschkin, bis zu welchem man sich am Südufer zu halten hat, muss man etwas rechts von der südlichsten der zwei Klippen steuern, um zwischen derselben und dem sogenannten Schwarzen Inselchen hindurch zu fahren. Dieser Weg ist der nächste. Indessen kann man auch zwischem dem Inselchen und der Küste hindurch gehen, wo die Strasse circa 1 Meile breit und 3 bis 7 Faden tief ist. Hat man das Inselchen und die beiden Ludy (kleine schwarze Klippen) hinter sich, so richte man den Kurs nach NO. und halte die Mitte zwischen den beiden Ufern. Erscheint das Widderkap mit dem Säulenkap in eins, so werfe man den Anker. Die Tiefe wird 12, 11 und 10 Faden betragen, der Grund Anfangs aus Thon, weiterhin aus Thon mit Steinchen bestehen. Man liegt hier sicher und ruhig, nur darf man sich von der Mitte nicht entfernen, da uferwärts die Tiefen rasch abnehmen. Indess bietet die sanfte Neigung des Bodens den Vortheil, dass die Anker nicht driftig werden. Auch kann man an dieser Stelle mit grosser Bequemlichkeit ein vortreffliches Trinkwasser aus den Bächen erhalten, die sich an mehreren Stellen von den Bergen ergiessen; sollte man Holz bedürfen, so muss man sich weiter in die Strasse hinein begeben, woselbst sich ein Überfluss an Treibholz vorfindet."

Kapitän Lütke's Beobachtungen im Matotschkin - Scharr ergaben folgende Resultate (II, 309):

Breite des Beobachtungsortes	. . . .	73° 19' 33"
Östliche Länge von Greenwich	. . . .	54° 20' 6"
Hafenzeit	. . . .	10ʰ 1'
Fluthhöhe (bei Vollmond und Neumond) .		2 F.

Die Strömung läuft beständig von O. nach W. mit der Geschwindigkeit von 1 bis 3 Italienische Meilen.

Am Westeingang in den Matotschkin - Scharr erheben sich zwei Vorgebirge, südlich das Säulenkap (Myss Stolbowoi), nach seiner säulenförmigen Gestalt also benannt, nördlich das Silberkap (Myss Sserebrännoi). Am Nordufer folgen von Westen nach Osten: das Widderkap (Baranji Myss), das Wendekap (M. Saworotny), das Querkap (M. Poperetschny) und das Ausgangskap (M. Wychodnoi), der östliche Ausläufer des Nordufers an der Ausmündung in die Kara-See. Er ist aus Thonschiefer gebildet und schliesst mit einem sechs Faden hohen Felsen ab. Am Südufer, vom Westende beginnend, begegnet man dem Matotschkinkap, dem westlichen Markpfeiler der gleichnamigen Bucht, — dem Schwarzen Kap (M. Tschornoi), hinter welchem der Fluss Schumilicha (die Polterin) mündet, der eine durch eine Krümmung des Vorgebirges gebildete kleine Bucht enthält, in der Fahrzeuge mit sechs Fuss Tiefgang ankern können. Die übrigen Vorgebirge sind der Reihe nach: Walrosskap (M. Morshewoi), Kranichkap (M. Shurawlew), Zerschellungskap (M. Rasbiwnoi), Schneekap (M. Ssneshny), Holzkap (M. Drowänoi), wo Rosmysslow's Winterhütte sich erhalten hat, Stierkap (M. Byck) und endlich Schicksalskap (M. Rock), das östlichste des Südufers Karawärts.

Dem Stierkap gegenüber mündet der Notschujew - Fluss (Nachtlager-Fluss). Acht Fuss tief an der Mündung bietet er kleinen Fahrzeugen eine bequeme Zufluchtstätte.

An den Ufern der Meerenge erheben sich mehrere bedeutende Berge: am Nordufer, beim Widderkap, einer von 1885 Engl. Fuss, weiter in der Mitte, dem Walrosskap gegenüber, einer von 3156 Fuss Höhe, beim Myss Saworotny der Berg Ssedlo (Sattel), näher zum Ost - Eingange der Berg Ssernaja (Gora). Am Südufer erhebt sich an der westlichen Einfahrt, am Flusse Matotschka, ein Berg von 2547 Engl. Fuss, östlich von dem Flusse Tschirakina einer von 1900 Fuss Höhe.

Nahe dem westlichen Eingange befindet sich in dem Matotschkin - Scharr die Starowerskaja Guba (Altgläubige Bucht), in die sich der Matotschka - Fluss ergiesst. Hier ist eine Werst landeinwärts eine Ankerstelle mit 6 Faden Tiefe. Von Westen her durch Matotschkin-Myss geschützt liegt sie den Windstössen von Osten aus offen. Die Matotschka - Mündung bildet eine 6 Werst breite Bucht, welche mit Sandbänken (Koschki) wie übersäet ist. Die Oberfläche des Wassers kaum berührend werden sie von Wasserstreifen durchzogen. Die Bucht ist kaum 7 Fuss tief und ganz mit Treibsand erfüllt. Weiter aufwärts beträgt die Tiefe kaum 1¼, beim Hochwasser circa 2 Fuss. Auf dem rechten Ufer bemerkt man eine verfallene Holzhütte. — Die Matotschka fliesst aus einem 20 Werst land-

einwärts liegenden See ab, aus dem gleichfalls die Medwänka, Gribowaja und Tschirakina kommen. Letztere ist
eigentlich ein westlicher Zufluss der Matotschka. — Der
Tschirakina - Fluss kommt zwischen Schieferbergen hervor
und mündet unter dem Meridian des Widderkaps. Die
Mündung dehnt sich in sandiger Niederung 6 Werst weit
aus. Auf der Barre, 100 Faden von ihr entfernt, beträgt die Tiefe circa 7 Fuss, weiter hinauf wächst sie zu
18 Fuss an. Der Grund ist überall feiner reiner Sand,
das Wasser salzig. Für kleinere Fahrzeuge bildet die Tschirakina eine vortreffliche Ankerstelle. Pachtussow überwinterte 1834 bis 1835 hier. Da das Fahrwasser sich in jedem
Frühjahr in Folge des Andranges der Eisschollen ändert,
so ist es durchaus erforderlich, vor dem Einlaufen ein Boot
zum Sondiren vorauszuschicken. Der gefährlichste Wind
ist hier der Südost. Eingezwängt zwischen den Bergen
tobt er mit furchtbarer Heftigkeit. Den 8. Oktober 1834,
während der zweiten Expedition Pachtussow's, schleuderte
er die Karbasse „Kasakow" auf die nördlich gelegene Sandbank.

Von Matotschkin - Scharr aus an der Westküste Nowaja
Semlä's weiter gehend gelangt man in die Silberbai (Guba
Sserebränka), einen westlich offenen, von 15 bis
30 Faden hohen Felsufern umschlossenen Meerbusen. Am
Ufer zieht sich ein 100 Faden breites Riff hin. Von der
Mündung aus gesehen stellt sich die Silberbai als Meerenge dar und kann den Schiffer leicht in Versuchung führen, sie für Matotschkin-Scharr zu halten. Pachtussow ist
der Meinung, dass der Untergang Krotow's durch diesen
verhängnissvollen Irrthum herbeigeführt worden sei (vergl.
S. 42). Dennoch ist die Bai leicht zu erkennen an der
Höhe ihres Nordufers, das Mituschew'scher Felskamm genannt wird (Mitjuschew - Kamenj), und an der Mituschew-
Insel, die sich in scharfem Umriss vom niedrigen Hintergrund abhebt. Die Bai ist nach der Mitte zu gegen
50 Faden tief, der Grund überall Gestein. Am Ufer erhebt
sich der bedeutende Berg Sserebränka, an der Spitze mündet der gleichnamige Fluss. Er kommt aus einem See,
fliesst zwischen Bergen hin und ergiesst sich durch eine
sandige Niederung in die Bai. Die Stelle in der Nähe der
Mündung gilt für den besten, obgleich nicht ganz sicheren,
Ankerplatz. Die Tiefe beträgt hinter dem Riff 3 Faden,
auf der Barre bei Tiefwasser nur 3 Fuss, weiter flussaufwärts circa 7 Fuss.

Der nördliche Schenkel der Sserebränka wird vom Mitjuschew - Noss gebildet, der einen der höchsten Berge Nowaja Semlä's, den bereits erwähnten Mitjuschew - Kamenj,
mit meist wolkenumhülltem Gipfel trägt. Er wird schon
auf tagelange Entfernung dem Seefahrer sichtbar und ragt
als Vorposten der fast 1200 Werst langen, bis zum Adler-

(Myss Orjol) oder Eiskap (Ledänoi Noss) streichenden Küsten-
kette empor (Krestinin, XXXI, 1789, S. 56).

Auf die Silberbai folgt nordwärts die Mitutschicha - Bai,
welche östlich vom Trockenen Vorgebirge (Ssuchoi Noss)
ins Land hinein dringt und in drei Buchten nach Norden zu
ausläuft. Die Tiefe beträgt 25 Faden. Die Ankerstelle liegt
hinter der Obmanny-(Trug-) Halbinsel, die, westwärts durch
einen schmalen Isthmus mit dem Lande verbunden, nach Osten
zu einen 1¼ Werst breiten Eingang offen lässt. Auf dem nördlichen Ufer der Halbinsel findet man eine Winterhütte mit
Badstube. An der Spitze der Bai mündet ein 7 Fuss tiefer,
an Lachsen (Goljzy) reicher Bach. Neben der Mitutschicha-
Bai, näher dem Ssuchoi Noss zu, liegt die Wölfin-Bai (Guba
Woltschicha).

Ssuchoi Noss erstreckt sich unter den charakteristischen
Landmarken der Nordinsel Nowaja Semlä's am meisten nach
Westen. Das Vorgebirge wird von schwarzem und röth-
lichem Schiefer gebildet. An seinem Nordfusse zieht sich
eine Klippenreihe hin.

Das gesammte zwischen Kap Britwin und Ssuchoi Noss
sich ausbreitende Seebecken mit seinen einzelnen Baien wurde
von Kapitän Lütke als „Meerbusen des Marquis de Traverse" zusammengefasst und unter diesem Namen in seine
Karte eingetragen.

Nördlich vom Meerbusen des Marquis de Traverse breitet sich zwischen dem Trockenen Kap und Kap Lawrow
die Ssafronow - Bai aus.

Weiter gehend gelangt man zwischen Kap Lawrow und
dem Lütke - Kap in die Seichte Bai (Melki Saliw). Sie ist
8 Werst lang, an der Mündung 5, am Ostende 2¼ Werst
breit. Die Tiefe beträgt am Eingang 25 Faden und nimmt
nach den Ufern zu ab. Der Grund ist zum grösseren Theil
Schlamm. Dem felsigen Gestade sind auf 100 Faden Distanz theils blinde, theils den Wasserspiegel überragende
Klippen vorgelagert. Eine Werst vom Ufer wechselt die
Tiefe zwischen 7 und 20 Faden. Der Eingang in die Bai
ist bequem. Der beste Ankerplatz befindet sich in einer
Bucht des südlichen Ufers im Hintergrunde der Bai. Tiefe
5 Faden, Grund Schlamm [1]. In den Melki Saliw ergiesst
sich ein aus mehreren Gebirgsbächen gebildeter Fluss. Nachdem er über eine Sandbank geflossen, spaltet er sich in
zwei Arme und erreicht die Spitze der Bai. Der nördliche
Arm ist der bedeutendere. Seine bei Hochwasser 8 Fuss
tiefe Mündung dehnt sich zwischen dem niedrigen Ufer
und der Sandbank (Koschka) auf halbe Kabeltau-Länge aus,
weiter aufwärts wird er breiter und erreicht zwei Faden
Tiefe. Der Südarm ist an der Mündung bedeutend schmäler
und bis 4 Fuss tief.

[1] Im Jahre 1838 bis 1839 überwinterten Ziwolka und Moissejew
am Ufer dieser Bucht.

Nordostwärts von der Seichten Bai, 12½ Meilen von ihr entfernt, liegt die Kreuz-Bai (Krestowaja Guba), welche 30 Werst weit ostwärts ins Land hineinspült. Die Südmarke der Bai ist im Kap Ssmirnow, einem in Stufen zum Meere absinkenden Felsen, die Nordmarke in einer niedrigen, etwas weiter ins Meer sich erstreckenden Landzunge, der Prokofjew-Spitze, gegeben. Die Spannung beträgt 8 Werst; weiterhin verengt sich die Bai und ist zum Ende hin nur 3 Werst breit. Am Eingang sind die Ufer felsig, bis 30 Fuss hoch; dem Nordufer sind Felsenriffe vorgelagert, die es nicht gestatten, sich ihm auf ³/₄ Werst zu nähern. Tiefer hinein steigen hinter den Ufern bis 800 Fuss hohe Berge auf, von der Mitte an bis zum Ostende wird der Wasserspiegel von nackten Felsmassen eingerahmt, die aber nicht die Höhe der Küstenränder des Matotschkin-Scharr erreichen. Die Tiefe beträgt in der Mitte der Bai 50 Faden, weiter zur Spitze hin nimmt sie ab. In der Kreuz-Bai befinden sich mehrere Inseln: 1) die Insel Wrangel's mit 70 Fuss hohen Felsufern und ziemlich reiner Umgebung, sie ist 8 Werst vom Kap Ssmirnow, 2 Werst vom Südufer der Bai entfernt, 1 Werst lang und eben so breit. 2) Die Insel Schelbach, 3½ Werst weiter, dabei näher am Ufer liegend. Ihre Länge in Meridianrichtung beträgt ½ Werst. Die Felsufer bestehen aus Thonschiefer. Die Oberfläche ist mit einer Moosdecke überzogen. 3) Die Jermolajeff-Insel, 5 Werst östlicher, ³/₄ Werst lang, Nord- und Westfronte felsig, die Mitte niedrig und sandig. 4) Die Tschewkunow-Insel, 1¾ Werst von der Jermolajew-Insel entfernt, gegen 350 Faden lang; sie ist mit Moos bedeckt. — In die Kreuz-Bai ergiesst sich von Süden her auf dem Meridian der Wrangel-Insel ein Süsswasserbach, an dessen Mündung drei verfallene Blockhütten und einige Kreuze stehen. An der Spitze der Bai mündet ein Fluss, dessen 6 Fuss tiefe Mündung ein halbes Kabeltau spannt.

Die Kreuz-Bai ist an der nicht hohen, aber steilfelsigen, vom Ufer scharf abgesonderten Wrangel-Insel zu erkennen. Hinter der Wrangel- und Tschewkunow-Insel findet man bequeme Ankerstellen. Tiefe 5 bis 9 Faden, Grund Schlamm.

Nordöstlich vom Kap Prokofjew liegt Kap Iwanow. Zwischen letzterem und dem ihm nordöstlich gegenüberliegenden Tschernitzki-Kap spült das Meer als Südliche Ssuljmenew-Bai ins Land hinein; dieselbe ist geräumig, in der Mitte 50 Faden tief. Der Grund Schlamm. An der Spitze der Bai liegen zwei gute Ankerstellen, die eine in der Bucht, die den Hintergrund bildet, hinter dem vom Südufer aus vortretenden Kap mit 9 bis 12 Faden Tiefe und Schlammgrund, die andere an einem Felsen des Nordufers, westwärts durch ein Riff gedeckt, mit 3 Faden Tiefe. Etwa eine Meile weiter, zwischen den Vorgebirgen Stepowy und Sidensner, breitet sich die geräumige Nörd-

liche Ssuljmenew-Bai mit reiner, von Untiefen freier Einfahrt aus. Sie erstreckt sich circa 15 Werst weit ostwärts ins Land hinein. Ihre Spannung an dem Eingange (von der Insel am Südufer bis Kap Sidensner gerechnet) beträgt 5½ Werst. An ihrem Ende ist die Bai noch 2 Werst breit. Sie enthält zwei Inseln, eine kleine, niedrige an ihrem Eingange, die 300 Faden vom Südufer entfernt ist, und 5 Werst in nordöstlicher Richtung weiter ein 100 Faden langes hohes Felseneiland, das nach der Mitte zu eingesenkt erscheint. In der dasselbe vom Lande trennenden Strasse kann man ankern. Tiefe 5 bis 10 Faden, Grund Schlamm. Die See geht hier hoch. — Die beste Ankerstelle liegt am Ende der Bai in einem kleinen, durch zwei Ufervorsprünge geschützten Becken. Der nördliche Vorsprung ist felsig und hoch, der südliche sandig und niedrig. Der Eingang ist 150 Faden breit; das Becken erstreckt sich ostwärts gegen 2 Werst bei 1 Werst Breite. Nordostwärts ist es mit Sandbänken angefüllt, an der Spitze durch vereiste Felsen geschlossen. Die Tiefe beträgt im Eingange 4 bis 5 Faden. Die Ankerstelle im südwestlichen Theile des Beckens, an dessen sandigem Ufer, ist 7 bis 40 Faden tief, der Grund Schlamm. Die Fahrzeuge laufen ein, indem sie ostwärts zwischen dem felsigen, durch schwärzliche Färbung auffallenden Nordufer und der sandigen Niederung des Südufers halten.

Vom Kap Sidensner zieht sich westwärts eine Werst weit ein Felsenriff ins Meer hinein. Das ganze Nordufer ist nach dem Ausdrucke der Jagdreisenden „voller Gräten", auch das Südufer erscheint von der ersten Insel an auf einer Strecke von 4½ Werst ungemein reich an Klippen; erst zum Ende hin wird die Bai rein.

Zwölf Meilen nördlich vom Kap Sidensner gelangt man zwischen den Vorgebirgen Schanz und Borissow in die Maschigin-Bai, die sich etwa 17 Werst ostwärts erstreckt, dann mit jäher Wendung nach SSO. gegen 14 Werst weiter ins Land eindringt und hier eine zweite innere Bai bildet, Maschigina Ledänka (Maschygin's Eisgrube) genannt, weil das Eis hier manchen Sommer nicht aufthaut. Der Eingang zur äusseren Bai ist 13 Werst breit, sie verbreitet sich bis gegen 15 Werst. — Der Kanal, der die äussere und innere Bai verbindet, ist 1¼ Werst, letztere bis 4 Werst breit. Die Tiefe in der Mitte der äusseren Bai beträgt mehr als 70 Faden. Die Ledänka ist selten eisfrei, die Maschigin-Bai wird häufig von Treibeis gesperrt. — Das ganze Nordufer ist mit Klippen besetzt. Nördlich von der Bai erhebt sich unmittelbar am Ufer der ansehnliche Berg Golowin.

Dem Borissow-Kap, der nördlichen Landmarke der Bai, gegenüber liegt die niedrige, 300 Faden lange, 150 Faden breite, im Süden auf 300, im Norden auf 50, im Westen auf 70 Faden Distanz von Riffen umgebene, nur an der Ostseite klippenfreie Borissow-Insel. Vom Lande aus erstrecken sich gleichfalls zu beiden Seiten der Insel 400 Faden weit Felsbänke. Zwischen der Insel und der Küste ist eine gute Ankerstelle. Tiefe 12 Fuss, Grund Schlamm. Sie wird nach Norden und Süden hin durch die Riffe, westwärts durch die Insel gedeckt. Doch ist die Einfahrt nicht ganz leicht. Man bewerkstelligt sie von Norden aus, zwischen den Riffen, sich mehr zur Insel haltend, mit langsamem Gange.

Nordwärts von der Maschigin-Bai tritt die Admiralitäts-Halbinsel ins Meer hinaus. An beiden Seiten des Isthmus liegen Buchten. Dieselben sind seicht und nach allen Seiten offen. Die nördliche heisst Glasow-Bucht und hat steinigen Grund.

Die Südspitze der Admiralitäts-Insel wird vom Kap Speedwell gebildet, an dem Kapitän Wood 1676 Schiffbruch litt.

Von hier an ist die Küste Nowaja Semlä's weiter nach Norden hin nicht mit Genauigkeit beschrieben. An guten Ankerplätzen mag es in den dortigen Baien nicht fehlen. Der Jagdreisende Gwosdarew ist in eine „Meerenge" (wahrscheinlich Bai oder Fluss) hinein gefahren, die er 30 Werst weit untersuchte und tief fand (Gwosdarew's Fluss auf der Karte).

In westlicher Richtung vom Gwosdarew-Flusse liegen drei Inselgruppen, die Buckligen (Gorbowyje Ostrowa), die Kreuz- (Krestowyje Ostrowa) und die Pankratjew-Inseln (Pankratjewy Ostrowa).

Man zählt fünf Bucklige Inseln (75° 49′ N. Br.). Die südlichste ist die Wilhelm-Insel, bereits von Barent so benannt. Nördlich von ihr liegt die Berch-Insel. In der die beiden Inseln trennenden Seeenge haben die Walross- und Robbenjäger ihre Station. An der Nordspitze der Berch-Insel wurde 1835 Pachtussow's Karbasse vom Eise zerquetscht. An der Südostseite, hinter einer südöstlich streichenden Landzunge, ist eine Ankerstelle. Tiefe 3 bis 5 Faden, Grund Schlamm mit Gestein. Man erkennt die Landzunge an den säulenartigen Steinen am Südufer, den aufgerichteten Kreuzen und der Blockhütte. Der Eingang zur Ankerstelle ist frei von Untiefen, aber man hat sich vor der Südspitze der Berch-Insel in Acht zu nehmen. — Die dritte unter den Inseln ist die Litschugin-Insel. An ihrer Südseite befindet sich, zwischen ihr und der niedrigen Küste des Landes, die ausgezeichnet sichere „Bucklige Ankerstelle" (Stanowischtsche Gorbowoje) mit 10 Fuss Tiefe. Man gelangt zu ihr von Westen her durch die Archangel'sche Bucht — (von letzterer erzählt Krestinin, nach Aussage des Schiffsführers Otkupschtschikow, dass sie gegen 30, am Eingange gegen 20 Werst breit sei und dass sich von einem hohen Berge ein Paduun [„Faller", wahrscheinlich Gletscher] in sie hinabsenke) mit 3 Faden Tiefe, von Osten her durch

die Jeremin-Bucht, von Pachtussow nach seinem Retter so genannt (Abschn. II, 2), mit 9 Fuss Tiefe, bei beiden Fahrten sich an das Ufer der Litschugin-Insel haltend. Hier steht an der Küste Nowaja Semlä's eine alte Winterhütte. — Die beiden letzten Inseln der Gruppe heissen Hasen-Inseln (Sajazkie Ostrowa), Grosse und Kleine Hasen-Insel.

Nördlich von den Gorbowyje Ostrowa liegen die drei Kreuz-Inseln (Krestowyje), hinter ihnen, gleichfalls in nördlicher Richtung, die drei Pankratjew-Inseln. Weiter nach NO. liegen die Oranien-Inseln.

Krestinin (Neue Monatsschriften, Bd. XXXI, 1789) zählt folgende Baien auf, ohne ihre Lage genauer anzugeben: 1) die Schwarze Bai, 2) die Nikolskische Bai, 3) die Bucklige oder auch Makarkow'sche Bai, 4) die Runde Bai, 5) die Reiche Bai, so genannt wegen des ergiebigen Walrossfanges, gegen 100 Werst lang, mit 40 Werst breiter Einfahrt, — endlich 6) die Seufzer-Bai (Ochaljnaja Guba), die (nach Krestinin) dem Dochody (Hook van Begeerte) zunächst liegende, die ihren schlimmen Namen in Folge der vielen dort verunglückten Fahrzeuge erhalten hat.

Den nördlichsten Punkt der Westküste bildet das im August des Jahres 1822 von Kapitän Lütke erreichte Vorgebirge, das von ihm als (Barent's) Kap Nassau in seiner Karte aufgeführt wird.

Die eisumstarrte, wenig zugängliche Ostküste Nowaja Semlä's ist fast noch gar nicht untersucht worden. Kaum findet sich dort eine mit ausreichender Genauigkeit beschriebene Lokalität. Nur isolirte Punkte sind nach Pachtussow's und Ziwolka's flüchtigen Aufnahmen so wie nach den Aussagen einiger dahin vorgedrungener Jäger dem Namen nach bekannt geworden.

Das vorliegende Quellenmaterial ist mit ein Paar Worten erschöpft: 1) Krestinin's Monatsschriften, Bd. XXXI; 2) die 1843 vom Hydrographischen Department des Seeministeriums veröffentlichte Karte Nowaja Semlä's; 3) die den Sapiski desselben Departements, Bd. I, 1842, und Bd. III, 1845, beigefügten Spezialkarten der Ostküste.

Von hier aufsteigend begegnet man zuerst dem Kap Menschikow (70° 40′ 3″ N. Br.), der Südostspitze Nowaja Semlä's. Es folgen gegen Nordosten die Vorgebirge Perowski, Wilamow, Berch, Kolsakow, Ratmanow. Etwas weiter münden die Flüsse Kasakow und Butakow. An Kap Orlowski, Kap Rudnew vorüber gelangt man zur Mündung des Ssawina-Flusses, nach Pachtussow des bedeutendsten an der gesammten Ostküste, mit dem besten Ankerplatze für Jagdschiffe. Er hat ausreichende Tiefe, starkes Gefälle, wodurch die Anhäufung von Sand und Steinen an der Mündung verhindert wird, und muss im Herbst reich an Fischen sein.

Weiter nordwärts, an den Vorgebirgen Klokatschow's,

Roshnow's, Swedomski's vorbei, etwas diesseit 72° N. Br., gelangt man zur Abrossimow - Bai, unter 72° 20' 25" N. Br. in die allseitig geschützte, auch grossen Fahrzeugen zugängliche Lütke - Bai. Ihre Tiefe beträgt 5 bis 30 Faden, der Boden bietet sicheren Ankergrund. Vor dem Eingang in die Bai liegen zwei Inseln, Feodor und Alexander. Schwärzlicher, geschichteter, wetterbrüchiger Schiefer bildet zum grossen Theil die Ufer.

Weiter nordwärts folgen die Baien Stepow's, Hall's, Schubert's, Brandt's, Klokow's. Die beiden letzteren liegen schon nahe am Matotschkin - Scharr. Sie alle sind geräumig und nach Pachtussow's Meinung, der wegen des sie sperrenden Eises nicht einlaufen konnte, hinreichend tief, um Fahrzeuge mittlerer Grösse aufnehmen zu können.

Der erste Meerbusen jenseit des Matotschkin - Scharr ist die Cancrin - Bai. Sie schneidet nach NW. ins Land ein, ist nach SSO. offen und gewährt demnach keinen Schutz gegen die mit dem Süd - und Ostwind herandrängenden Eismassen. Es folgt nun Rosmysslow's Unbekannte Bai (Saliw Nesnaemy) mit 30 Faden Tiefe in der Mitte der Mündung, etwas weiter die Grosse Bären - Bai mit 80 Faden Tiefe und südostwärts offener Einfahrt. Die nördliche Landmarke derselben bildet das Fünffinger - Kap (Myss pätj Paljzow). Weiter nordwärts liegt die Halbinsel Kraschenninikow mit dem Kap gleichen Namens, dahinter Kap Lutkowski. Etwas nördlich vom letzteren liegt „Pachtussow's Insel", sie gewährt den Fahrzeugen vollkommenen Schutz gegen Wind und Treibeis; ihre Nordostspitze liegt unter 74° 24' 18" N. Br. Von ihr aus sieht man in der Ferne Myss Daljny (das Ferne Kap), den äussersten von Pachtussow wahrgenommenen Ostpunkt Nowaja Semlä's.

Hinter Daljny Myss bis zu Barent's Yshoek ist die Küste durchaus unbekannt. — Nördlich von der Eisbucht liegen auf der Karte Kap Vlissingen und Hoek van Begeerte, das von den Mesenj'schen Jagdreisenden Myss Dochody genannt wird, weil weiter hin Treibeis den Weg versperrt und dem Seegewerbe seine Grenze steckt. Nach Aussage des Schiffführers Otkupschtschikow liegen dem Myss Dochody zwei Inseln vor, die eine 20, die andere 50 Werst von der Küste entfernt (Krestinin, XXXI, 62, 63), und in ihrer Nachbarschaft, nach Rachmanin's Aussage, die Maksimkow-Insel. Nach Otkupschtschikow's Aussage ist dieselbe der Makarowaja Guba vorgelagert und enthält ca. 10 Werst im Umfang. Krestinin lässt von Myss Dochody bis zum Eiskap eine dem Gänse - Lande an der Westküste ähnliche, 100 Werst lange Niederung sich erstrecken.

Nach dem Zeugnisse des Jagdreisenden Issakow, der im August 1835 von der Westküste aus über 100 Werst jenseit der Pankratjew - Inseln vorgedrungen ist, biegt dort

Spörer, Nowaja Semlä.

das Land jäh nach SW. um und zeigen sich ostwärts kleine Inseln (Sapiski des Hydrogr. Dep., Bd. II, 1844, S. 85).

Auf der Karte des Hydrographischen Departements vom J. 1843 finden sich an der Nordküste Nowaja Semlä's, westlich von Hoek van Begeerte, angegeben die Gruppe der Drei Inseln, westlich von derselben das Eiskap (Myss Ledänoi), die St. Annen - Bai (Guba Sswätoi Anny) und das Trostkap (Myss Uteschenja).

Das Innere Nowaja Semlä's ist fast ganz unbekannt. Die Jäger, fast ausschliesslich mit dem einträglichen Seegewerbe beschäftigt, haben keine Zeit, landeinwärts vorzudringen. Geschieht es auch bisweilen, um Renthiere zu jagen, so halten sie sich doch immer nahe an der Küste. Nach ihren Aussagen erscheint der Boden steinig, fast überall dunkelbläulicher Lehm, nur selten Sand, mit Steinen gemengt; hie und da kleine grüne Flächen mit kurzem Graswuchs, auf denen Renthiere weiden. Sümpfe und feuchte Moosteppiche sind selten, weisse Moose kommen nicht vor.

Zum Schluss ein Wort über die Fluthbewegung und die Strömungen an der Küste Nowaja Semlä's.

Aus den sorgfältigen Beobachtungen der Russischen Seefahrer geht hervor, dass die grosse Fluthwelle längs der Lappländischen Küste nach Nowaja Semlä vorgeht. Um das Nordkap biegend gelangt sie um 4ʰ (Greenwich - Zeit) nach Wardöhus, berührt um 5ʰ das Festland in der Gegend der Kola-Bucht und gleichzeitig Nowaja Semlä am Matotschkin-Scharr. Hier theilt sie sich und bewegt sich an der Nowasemlaer Küste nord - und südwärts hin. Kapitän Lütke vermuthet, dass die südliche Fluthwelle — möglicher Weise auch die nördliche — in die Kara-See gelange, weil an der Ostmündung des Matotschkin - Scharr die Fluth von Osten, an der Westmündung von Westen her eindringt. Ihr Zusammentreffen in der Mitte erzeugt einen heftigen Wellenschlag [1], die Fluth bewirkt an der Ostküste nur eine geringe Stei-

<hr>

[1] „Während unseres Aufenthaltes vor Anker [am Widderkap] lief die Strömung unablässig von Ost gegen West, nur während der Ebbe besänftigte sie sich ein wenig und war sogar völlig unterbrochen; dahingegen lief sie während der Fluthzeit mit grösster Geschwindigkeit und namentlich bis zu 1¼ Knoten. Nach dem Wechsel der Stromrichtung zu urtheilen, ist die Hafenzeit ungefähr 10ʰ 15' und das Anwachsen des Wassers gegen 4 Fuss" (Lütke, Viermalige Reise, S. 264). — „Unsere Beobachtungen in Matotschkin-Scharr ergeben folgende Resultate: Hafenzeit 10ʰ 1', Fluthhöhe 2 Fuss" (Lütke, S. 309). — Pachtussow (Sapiski, Bd. II, S. 25 u. 26): „Die Schollen begannen sich ostwärts zu bewegen mit einer Geschwindigkeit von 2½ Knoten; die Schollen westlich vom Myss Saworotny überschritten dessen Meridian nicht, sondern wurden von der Strömung an derselben Stelle herumgedreht. — In der Nacht wurde der Wind südsüdöstlich, die Strömung von Ost nach West nahm ab, frisch gebildetes Scheibeneis (Pilaff) zeigte sich; nach einigen Stunden ward das Eis in der Enge von Morshewoi Myss aufgestaut. Die Fahrzeuge standen wie in einem See. Gegen Abend durchbrach die Ebbe die Eiswand und reinigte uns den Weg westwärts. Ein leiser Wind wehte von Osten her. Das Eis wurde in der Strasse hin und her geführt." — Vergl. Pachtussow's Reise (8. u 9. Sept. 1834) in Abschn. II, Abth. 2.

8

gung des Wassers. Dagegen beträgt nach Krestinin die Fluthhöhe an der Westküste 2 Arschin (Lepechin's Reise, Bd. IV, S. 64 u. 65) [1].

Was die Strömungsverhältnisse betrifft, so geht nach Kapitän Lütke's Beobachtungen eine südnördliche Strömung an der Westküste hin bis 76½° N. Br., weiter nordwärts theils ruhiges Wasser, theils eine schwache Strömung von

Norden aus. — An der Nordküste geht die allgemeine ostwestliche Strömung. Bei Kap Nassau begegnen sich südnördliche und ostwestliche Strömung und fliessen in nordwestlicher Richtung weiter. Die aus der Sibirischen Polarsee und dem Kara-Meere treibenden Eismassen folgen der nordwestlich gerichteten Strömung (Lütke, Viermal. Reise, S. 301; vergl. Abschn. II, Abth. 2).

[1] Sapiski des Hydr. Dep., Bd. II, 1844: Beobachtungen über Ebbe und Fluth während der Küstenaufnahmen von 1832/35, S. 155—159:
„An der Westküste von Nowaja Semlä bewegt sich die Fluth von WSW. aus gerade auf die Küste los. Sie wird hier nur in den Baien und Seeengen wahrgenommen. — Bei den Buckligen Inseln, am Ufer der Kleinen Hasen-Insel (75° 54' N. Br., 58° 55' Ö. L.) ist (30. Juli 1835) die Hafenzeit beobachtet worden 10ʰ 32', die Fluthhöhe 2 F. 6 Z. — Die Fluth kam von WSW. aus."
„An der Ostküste ward in der Lütke-Bai (72° 26' N. Br.) die Hafenzeit 2ʰ 23', die Fluthhöle 1 F. 4 Z. beobachtet. Die Fluth dringt von ONO. her mit bis ¼ Knoten Geschwindigkeit in die Bai vor. Ausserhalb derselben findet die Fluthbewegung von NO. und ONO. Statt mit 1 Knoten Geschwindigkeit. Die Welle biegt an der Küste um und läuft längs derselben südwärts mit ¾ Knoten Geschwindigkeit. Die Ebbe beginnt etwas nach dem Hochwasser und findet in der der Fluth entgegengesetzten Richtung Statt."

In der Kamenka-Bucht (70° 36' N. Br., 57° 30' Ö. L., 1833 beobachtet). „Die Fluth kommt von Osten her, die Ebbe geht von WNW. Die Geschwindigkeit in der Bai kaum wahrnehmbar. Hafenzeit 3ʰ 56'. In den Seeengen der Inselgruppen an der Südküste bewegt sich die Fluth von Osten her mit 1½ Knoten Geschwindigkeit, die Ebbe von Westen aus mit derselben Kraft."
„Im Osteingange des Matotschkin-Scharr (Myss Byek, 72° 26' N. Br., 56° 21' Ö. L., August 1833) kommt die Fluth von Osten mit 1 Knoten Geschwindigkeit, die Ebbe bewegt sich mit gleicher Geschwindigkeit rückwärts. Hafenzeit 2ʰ 40', Fluthhöhe 1 F. 4 Z. Der Wechsel der Strömung fällt fast mit der Erhebung des Wassers zusammen. Im Westeingange (Winterhütte Pachtussow's am Tschirekina-Flusse, 73° 17' N. Br., 54° 26' Ö. L.) bewegt sich die Fluth von Westen her mit 1½ Knoten Geschwindigkeit. Hafenzeit 9ʰ 32', Höhe zur Zeit der Syzygien bis 3½ Fuss. — Am Wendekap (Poworotny Myss) begegnen sich beide Fluthwellen und bilden einen Wirbel („Ssuwoi")."

IV. Relief und geognostischer Bau Nowaja Semlä's.

Man hielt früher Nowaja Semlä für die Fortsetzung des Ural-Gebirges. Die neueren Untersuchungen haben die Unhaltbarkeit dieser Ansicht nachgewiesen. Eins der interessantesten Resultate der Ural'schen Expedition der Geogr. Gesellschaft war die Entdeckung, dass der Ural mit dem von General Hoffmann Konstantinowski Kamenj benannten Berge abschliesst und 40 Werst weiter nach NW. ein anderer Gebirgszug, der Pai-Choi, mit durchaus anderer, der von Waigatsch und Nowaja Semlä ähnlicher, Formation anhebt. Demnach sind Nowaja Semlä und Waigatsch geognostisch nicht als Fortsetzung des Ural, sondern des Pai-Choi anzusehen [1].

Um die Zeit, da die naturwissenschaftliche Expedition der Kaiserl. Akademie der Wissenschaften (der Geognost Lehmann) Nowaja Semlä auf seine geologische Beschaffenheit untersuchte, bereiste der Naturforscher A. Schrenk im Auftrage des Kaiserl. Botanischen Gartens die Samojeden-Tundra des Archangelskischen Gouvernements. Er gelangte bis zum Ural und besichtigte den Pai-Choi in geognostischer Beziehung. Als Endresultat der kombinirten Schrenk-Lehmann'schen Untersuchungen stellte sich heraus, dass derselbe versteinerungslose Kalkstein, welcher den Pai-Choi bildet, auf Waigatsch vorherrscht, den Matotschkin-Scharr

umgiebt und von hier aus bis zur Südspitze Nowaja Semlä's reicht. Die zahlreichen Klippen zwischen Waigatsch und Nowaja Semlä, welche hier die Sperre des aus der Kara-See westwärts treibenden Eises verursachen, deuten auf einen submarinen Höhenzug hin. Dagegen erscheint der Jugorski Scharr (die Ugrische Strasse) tiefer durchrissen, da er trotz Enge und Krümmungen viel seltener vom Eise verstopft wird.

Das entfernte Spitzbergen scheint in seinen geognostischen Verhältnissen mehr Verwandtschaft mit Nowaja Semlä als mit Ost-Grönland zu haben. Die Bergzüge, welche Nowaja Semlä's Westküste begleiten, senken sich um Kap Nassau, wo das Eis sich fast regelmässig anhäuft. Hier beginnt die zwischen Nowaja Semlä und Spitzbergen (von Hudson, van Horn, Wood, Lütke) gefundene Eismauer. Vlaming (1664, 1668), der Einzige, der ausser Barent und Heemskerk weiter nach Osten vorzudringen das Glück hatte, fand 70 Meilen von den Oranien-Inseln (den Barent-Inseln auf Lütke's Karte) nur 4 bis 5 Klafter Tiefe und vermuthete Land in der Nähe. Ist es nicht unmöglich, dass hier ein untermeerischer Höhenzug nach Spitzbergen hin verläuft. Ist es eine submarine Fortsetzung der Ural'schen Erhebung, welche den Andrang der aus dem Asiatischen Polarmeere treibenden Eisfelder von dem Europäischen Eismeerbecken abwehrt, nur gebrochene Massen durchlassend, so wäre diese Bodenerhebung die grösste Wohlthat

[1] Vergl. A. Erman, Über die geognostischen Verhältnisse von Nord-Asien in Beziehung auf das Gold-Vorkommen in diesem Erdtheile. Archiv für wissenschaftl. Kunde von Russland, II. Bd., S. 773—775.

für Europa, dasselbe gegen die klimatischen Einwirkungen Sibirischer Natur wahrend. „Nur unter diesen Verhältnissen kann ich mir den Einfluss des Golfstromes gross genug denken, um Spitzbergen so weit zu erwärmen, als wir es wirklich erwärmt finden" (v. Baer).

Was die Oberflächengestalt Nowaja Semlä's betrifft, so erscheint die Doppelinsel vorherrschend felsig und wenigstens an der Westküste von zahlreichen Klippen umgeben. Das Südende ist flach und niedrig, erst weiter nordwärts erheben sich Berge. An der Nechwatowa erscheint die Ebene von isolirten Felskämmen mittlerer Höhe (bis 2000 F.) durchsetzt. Weiter nach Norden nehmen die Berge an Höhe und Ausdehnung zu und drängen sich am Matotschkin-Scharr derartig zusammen, dass man keine vorherrschende Ebene erkennt, sondern mit Ausnahme eines schmalen Küstensaumes nach Westen und eines breiteren nach Osten nur Berge und Thäler unterscheidet.

Von den westlichen Bergen hat Ziwolka die Höhe der ansehnlichsten trigonometrisch gemessen und den Mituschew-Kamenj 3200 Russ. Fuss hoch gefunden. Er liegt nördlich von der West-Mündung der Meerenge an der Silberbucht und gewährt einen um so majestätischeren Anblick, da er dicht an der Küste sich erhebt. Höher ist ein anderer Berg (3475 Russ. Fuss), der im ersten Drittheil des Scharrs an dessen Südküste liegt; am höchsten aber dürfte ein Berg sein, der südlich von der Ost-Mündung sich befindet, von der Westküste aus nicht sichtbar ist, aber alle umstehenden Berge bedeutend überragt und — noch gemessen werden soll. Der grossartige Eindruck der schroffen Felsen wird gesteigert durch die blendend weissen Schneemassen, welche theils ganze Bergflächen bedecken, theils in breiten Streifen vom Gipfel bis zum Fusse sich herabziehen und das dunkel gefärbte Gestein bei heller Luft fast schwarz erscheinen lassen. An manchen Stellen ist der Thonschiefer, auch in isolirten Stücken betrachtet, so schwarz, dass er wiederholt auf Kohlengehalt geprüft wurde. Der finstere, düstere Charakter der Nowasemlaer Bergwelt wird durch vollständige Abwesenheit des Waldwuchses noch starrer und schroffer.

An der Westküste setzen sich die Bergzüge nordwärts fort, aber mit abnehmender Höhe und veränderter Richtung der Thäler, welche nach der Küste auslaufen und Gletscher enthalten.

Die Ostküste zeigt einen von der Westküste verschiedenen Charakter. Sie ist platt und niedrig. Pachtussow beschreibt sie wie folgt: „Von Kap Menschikow bis zum Fluss Kasakow dacht sich das Ufer in leiser Neigung zum Meeresspiegel ab. Es wird von zerkleinertem aufgeschwemmten Schiefer gebildet; die einzelnen Schieferstücke sind am Strande durch die anschlagenden Wogen eiförmig abgeschliffen worden. Weiter ab vom Wasser, bei 9 Fuss senk-

rechter Erhebung, zeigte sich Graswuchs und eine Menge angeschwemmten Treibholzes. Die fernen Felsrücken erscheinen flach und niedrig, ohne markirte Erhebungen, dagegen ragen an einigen Stellen die Uferfelsen der ausgezeichneteren Vorgebirge bis 10 Sashen empor. — Vom Fluss Kasakow an werden die Küstenberge höher und steiler. Ihre Basis ist Gestein, theilweise Gneiss, doch meist Schiefer. Die Abhänge und Bruchstellen der Berge sind grösstentheils lehmig, die Senkungen mit Riedgras und Vergissmeinnicht bedeckt. Bei Kap Hessen (südlich von der Lütke-Bucht) steigen die Berge bereits zu 500 Fuss an, es sind Schiefergebilde mit theilweisem Lehmüberwurt. — In der Gegend der Lütke-Bai sind die Berge bis 800 Fuss hoch und erheben sich amphitheatralisch in Stufen. Diese Stufen, welche unsere Jagdreisenden „Bazare" nennen, sind mit dichtem Graswuchs überzogen. Gipfel und Schluchten der Berge behalten den Schnee den ganzen Sommer hindurch. — Die Berge weiter nördlich sind eben so hoch, aber noch düsterer."

Nördlich von Matotschkin-Scharr ist die Ostküste nur 130 Werst hinauf besichtigt worden, von Ziwolka 90 Werst weit, bis zur Halbinsel Flotow, von Pachtussow noch 35 Werst weiter. Ersterer beschreibt diesen Theil Nowaja Semlä's folgendermaassen: „Die Küste um Matotschkin-Scharr besteht aus hohen, ungemein spitzgipfeligen Bergen, die Uferfelsen erreichen stellenweis die Höhe von 15 Sashen. Weiter nördlich wird das Ufer niedriger und flacher; am Ende unserer Aufnahme kann man es niedrig und flach nennen. Hier zeigte es an einigen Stellen niedrige und platte Berge. — Die Uferfelsen bis zum Fünffinger-Kap bestehen aus Thonschiefer, weiter nördlich zeigt sich in ihnen schichtenförmiger grauer Sandstein."

Mit dieser Beschreibung der Ostküste Nowaja Semlä's stimmen zum Theil die auf Loschkin's Erzählungen gegründeten Aussagen der Russischen Schiffsführer (Kermtschiks). Nach denselben ist die Küste von den Loginow-Kreuzen bis zum Matotschkin-Scharr niedrig und sumpfig, von da bis Myss Dochody bergig.

Für die Oberflächengestaltung Nowaja Semlä's ist demnach charakteristisch, dass die Berge sich vorzugsweise an der westlichen Küste und in der Mitte der Insel, besonders um den Matotschkin-Scharr, zusammendrängen.

Was den geognostischen Bau des Nowasemlaer Felsengerippes betrifft, so gehört dasselbe nach Lehmann der Thonschiefer-Formation und seiner Entstehung nach der Übergangszeit an. Fortwährend treten die dieser Formation zukommenden Glieder mit verändertem Ansehen und wechselnden Gemengtheilen auf, meist ganz allmähliche Übergänge zeigend. Wo die Glieder mehr selbstständig hervortreten, da ist die Begrenzung stets scharf oder die Änderung des Gesteins wird durch Konglomerate gebildet.

8 *

Die Bergformen sind je nach den Felsarten, die sie zusammensetzen, verschieden. Thonschiefer und Talkschiefer, die meist die Hauptrolle spielen, steigen mitunter zu einer beträchtlichen Höhe empor, mit fast immer gerundeten, dabei gedehnten Rücken. Die Füsse der einzelnen Höhen sind durch mässige Verflachungen und Lehnen oder durch niedrige Sättel verbunden. Die Seiten der Berge aber sind immer durch mehrere vom Scheitel herablaufende Einschnitte getheilt, die meistens ewigen Schnee beherbergen und für die kurze Sommerzeit zu Betten beständiger Wasserriesse werden, an deren Rändern die Alpenflora am kräftigsten gedeiht. Die körnigen Gebirgsarten dagegen zeigen auch hier schroffe, nach mehreren Richtungen hin zerrissene Wände oder drohende überhängende Hörner.

Scharfe Felsblöcke, von den Gipfeln herabgestürzt, bedecken die Gehänge und verbieten oft ein weiteres Erklimmen. Überhaupt weiss hier kein Stein der Witterung zu widerstehen, die natürliche Folge so nasser Sommer und so strengen Winterfrostes.

Die wesentlichen Glieder der auf Nowaja Semlä beobachteten Thonschiefer - Formation sind:

Thonschiefer. Er kommt überall vor, am selbstständigsten jedoch an der östlichen Abdachung der Insel. Hier erlangen seine Schichten die grösste Mächtigkeit, weite Strecken einnehmend. Das Streichen bleibt sich in den Bergen um Matotschkin-Scharr stets gleich, doch nicht so die Richtung des Fallens; diese ist im westlichen Theile um Matotschkin - Scharr östlich, im östlichen hingegen meist westlich. Hier ist ein Einschiessen unter 60° und 70° vorherrschend. Anders aber verhält sich der Thonschiefer, welcher in einer Ausweitung der Nechwatowa eine Insel bildet; er fällt hier nach NO. und das hat er fast mit allen Felsarten der Umgegend um Kostin - Scharr gemein. Mächtige Gänge und Adern weissen Quarzes durchsetzen diese Felsart.

Ein eigenthümlicher Thonschiefer, erfüllt mit Quarzkörnchen und kleinen, metallisch glänzenden Glimmertalk-Schüppchen, tritt nicht weit von den Gestaden des Karischen Meeres aus dem reinen Thonschiefer hervor, von dem er häufig grosse Gallen und Knollen umschliesst. Das Ansehen dieser Felsart ist im Grossen wie im Kleinen ungemein verworren; in dünnen Quarzgängen haben sich oft schöne Bergkrystalldrusen mit Kalkspath-Skalenoedern ausgeschieden.

Talkschiefer beherrscht vornehmlich die westlichen Berge um Matotschkin-Scharr und setzt sie ganz allein zusammen oder wechselt mit Thonschiefern, die hier wohl nie frei von Talkgehalt sind. Er ist der Metallbringer des Eilandes, denn nur selten steht man auf Schichten, die nicht Eisenkieskrystalle in zahlreicher Menge enthielten. Auch den Talkschiefer durchziehen Quarzgänge mit ihren Schwärmern

und untergeordnete Lager weissen spathigen Kalkes setzen in ihm auf. Häufig findet man den Eisenkies durch atmosphärische Einflüsse in Brauneisen umgewandelt oder ganz aufgelöst und im letzteren Falle erfüllen leere hexaedrische Räume die Schichten und scheinen den Zusammensturz ganzer Felsmassen zu verursachen (so in der Mitte von Matotschkin - Scharr beim Sattelberge, Gora Ssedlo). Fallen und Streichen hat der Talkschiefer mit dem Thonschiefer gemein.

Ein metallisch glänzender Talkschiefer an der Silber-Bucht wird nach dem Tage zu durch langes Einwirken des Schneewassers äusserst mürbe und zerfällt dann bald in ein feines Pulver, das beim ersten Blick eine auffallende Ähnlichkeit mit Silberstaub hat. Diesem Umstande verdankt die Bucht wohl ihren Namen.

Ein Protogyn - artiges Gestein erhebt sich als Mituschew Kamenj über 3000 Fuss hoch am nordwestlichen Gestade der Silber-Bucht und unterscheidet sich durch seine schroffen, gezackten Gipfel, die, wiewohl zerrissen und zerklüftet, doch eine Art geregelter Schichtung zeigen, von den ihn umgebenden Talkschieferbergen.

Grauer Quarzfels ist nur auf den Rücken der Berge am rechten Ufer der Matotschka (von Lehmann) selbstständig auftretend gefunden worden. Hier zeigt er stets einen geregelten Schichten - Parallelismus mit den angrenzenden Schiefern. Seiner ganzen Natur nach erscheint dieser graue Quarz als ein geognostisches Äquivalent des Thonschiefers. Weisse Quarzadern von geringer Mächtigkeit durchschwärmen ihn häufig. Er fällt nach Osten unter 50° bis 60°.

Grauer versteinerungsloser Kalk bildet oft genug im ganzen Durchschnitt der Insel von Westen nach Osten untergeordnete Lager oder vielmehr Schichten zwischen den Thon- und Talkschiefern und geht in sie über. Nur um Kostin-Scharr ist er die herrschende Felsart. Hier durchsetzen ihn Gänge weissen spathigen Kalkes von oft bedeutender Mächtigkeit. Häufig umschliesst er hier dunkelgraue Thonknollen und - Nüsse. Er hat um Kostin - Scharr ein nordöstliches Einschiessen.

Schwarzer Orthoceratiten - Kalk. Auch hier auf Nowaja Semlä bewährt sich jene interessante Erscheinung, die, zuerst in Norwegen durch Leopold v. Buch und Hausmann ans Licht gestellt, dem Neptunismus den Stab brach: Porphyr in mächtigen Bergen auf versteinerungsvollem Kalkstein gelagert.

Von der Mündung der Nechwatowa zu ihren Quellen emporsteigend erscheint als unterstes Glied der Formation ein grauer, meist recht dunkler, versteinerungsloser Kalkstein; bisweilen stellen sich in ihm dünne Thonschiefer-Schichten ein. Nun folgt eine Breccie, in der ein grauer, etwas körniger Kalk als Teig kleine Thonschiefer-Trümmer umschliesst. Darauf tritt der Thonschiefer frei hervor, in der Nechwatowa eine Insel zusammensetzend. Auf diesem Thonschiefer ruht der Orthoceratiten-Kalk. Die fossilen Überreste dieses Kalkes liegen in seinen Schichten oder Blättern in grosser Fülle, in verschiedenen Richtungen durch einander. Es sind dieselben Orthoceratiten, die L. v. Buch aus der Umgegend von Christiania beschreibt. Minder häufig finden sich zwischen diesen platt gedrückte Belemniten, ferner Encrinitenstengel, Pectiniten, Terebratuliten, Turriliten, Milleporiten, Tubiporiten &c.

Mandelstein bricht einige Werst südwestlich von der Mündung der Nechwatowa, mässige Berge bildend. Seine vielen Blasenräume enthalten Mandeln und Linsen von Quarz, koncentrisch-schaligem Chalcedon, krystallinischem Kalk, schwarzem Thonschiefer &c. Die Gebirgsart verliert sich nach Süden unter ihrem eigenen Schutte, der durch seinen ochrigen Überzug diesen Mandelstein als höchst eisenschüssig erweist.

Augitporphyr. Er tritt in bedeutenden Felsmassen etwa 30 Werst nordöstlich von der Mündung der Nechwatowa auf, wo er jenen schwarzen Orthoceratiten-Kalk zu überteufen scheint und wenigstens hier das Centrum der Insel beherrscht. — Auch in der Mitte von Matotschkin-Scharr,

gegenüber dem Sattelberge, bricht ein körniges ungeschichtetes Gestein, das überaus verwittert nicht alle Gemengtheile deutlich erkennen lässt, aber jedenfalls den Augitporphyren beizuzählen ist.

Was die Insel Waigatsch betrifft, so herrscht auf ihr derselbe graue versteinerungslose Kalkstein vor, der Kostin-Scharr umgiebt und sich von hier nach der Südspitze Nowaja Semlä's fortsetzt. Die um Kostin-Scharr geschlagenen Belegstücke gleichen denen von Waigatsch auffallend, die anderen geognostischen Verhältnisse stimmen vollkommen mit einander überein.

Die an mehreren Punkten der Küste Nowaja Semlä's (Silber-Bucht, Westmündung von Matotschkin-Scharr, Namenlose Bai) gefundenen Steinkohlen scheinen von der See ausgeworfen zu sein. Kamen sie von Spitzbergen oder Ost-Grönland her? — Sujew fand an den Ufern des Karischen Meeres, nahe an der Mündung der Kara, „grosse Stücke Steinkohle, welche die See gerollt hatte" (Pallas' Reise, III, Abschn. I, S. 30). Die hier herrschende westliche Strömung deutet möglicher Weise auf einen näheren Fundort hin, wenigstens hat es wenig Wahrscheinlichkeit, dass diese Stücke aus Spitzbergen oder gar aus Ost-Grönland kamen (Bull. scient., III, pp. 151—159).

V. Klima Nowaja Semlä's.

Eins der wichtigsten Resultate der neuesten Nowasemlaer Expeditionen ist die Sammlung einer Reihe positiver klimatischer Daten. Das erste meteorologische Tagebuch ist während der ersten Reise Pachtussow's in den Jahren 1832 und 1833 geführt worden. Es beginnt mit dem 2. (14.) Aug. 1832 und schliesst mit dem 11. (23.) Nov. 1833. Die Beobachtungen beginnen im Weissen Meere; den 11. (23.) Aug. ward die Südküste Nowaja Semlä's erreicht, den 31. Aug. (12. Sept.) gelangte man in die Kamenka-Bucht, den 17. (29.) Sept. wurde die Winterhütte in dieser Bucht bezogen. Bis zu diesem Tage waren keine barometrischen Beobachtungen gemacht und der Stand des Thermometers nur von 4 zu 4 Stunden aufgezeichnet worden. Mit dem Augenblick aber, da man die Winterhütte bezog, begannen die Beobachtungen des Barometers und die Aufzeichnungen aller meteorologischen Wahrnehmungen von 2 zu 2 Stunden. Sie gingen auf dieselbe Weise fort bis zum 11. (23.) Juli des folgenden Jahres, an welchem man die Winterhütte verliess. — Die meteorologischen Beobachtungen in der Kamenka-Bucht und deren Umgebung umfassen mehr als 11 Monate und übersteigen die Zahl 4000. Die Winterhütte erhob sich nur wenig über den Seespiegel; hohe Berge gab es in der Nähe nicht.

Ein zweites Journal ist auf der zweiten Reise geführt

worden, welche Pachtussow mit Ziwolka unternommen hatte. Es beginnt mit dem 25. Juli (6. August) 1834 im Weissen Meere. Am 9. (21. August) erreichte man die Küste Nowaja Semlä's, veränderte hier aber noch einige Zeit die Breite. Am 27. Aug. (8. Sept.) gelangte man in die West-Mündung von Matotschkin-Scharr und bezog 8. (20. Okt.) die Winterhütte in der Nähe der West-Mündung. Von diesem Augenblick an bis zum 21. Aug. (2. Sept.) 1835 wurde ununterbrochen bei dieser Winterhütte von 2 zu 2 Stunden beobachtet. Da die Expedition den 27. Aug. (8. Sept.) schon in der Nähe des Matotschkin-Scharr war, so ward wiederum eine Beobachtungsreihe von mehr als 4000 Daten für ein ganzes Jahr gewonnen. Die Winterhütte lag 60 Fuss über dem Meeresspiegel, nur gegen Süden von einer Höhe gedeckt. Das Thermometer wurde 2 Klafter von der Winterhütte entfernt an einem Pfahl 6 Fuss über dem Boden befestigt und gegen die Sonne geschützt.

Aus dem Arithmetischen Mitteln beider Beobachtungsreihen hat sich ergeben:

für die West-Mündung des Matotschkin-Scharr die mittlere Temperatur von — 8°,37 C.,

für die Südostspitze von Nowaja Semlä die mittlere Temperatur von — 9°,45 C.

So auffallend es auf den ersten Anblick scheinen mag,

dass ein Punkt, der um mehrere Grad südlicher und fast in demselben Meridian liegt, eine mehr als einen Grad geringere mittlere Temperatur habe, so stimmt doch die gefundene Differenz mit allen Erfahrungen, welche die Seefahrer an diesen Küsten gemacht haben, überein. Die Karische Pforte ist fast immer durch Eis gesperrt und nur in ganz kurzen Intervallen zeigt sich freie Durchfahrt. Die Westküste ist dagegen in den Sommermonaten in der Regel eisfrei, so dass man im August gewöhnlich bis zum Kap Nassau ungehindert vordringen kann, und selbst die Nordküste ist nicht so bleibend mit Eis besetzt wie die Karische Pforte. Auch lassen sich die Ursachen dieser Temperatur-Verhältnisse leicht nachweisen. Die Westküste wird von einem weiten Wasserbecken bespült, das während des grössten Theiles des Jahres eisfrei ist und nur an den Küsten der grösseren Ländermassen Säume von Eis längere Zeit erhält, einem Wasserbecken, über welchem selbst unter 78° N. Br. eine mittlere Temperatur von — 6°,75 C. (nach den Beobachtungen von Scoresby und den Berechnungen von L. v. Buch und Kämtz) herrscht. Es ist also schon Wirkung seiner eigenen ziemlich ausgedehnten Oberfläche und der Nähe des weit nach Norden sich erstreckenden Festlandes von Asien, dass die Westküste von Nowaja Semlä eine mittlere Temperatur von — 8°,37 C. hat. Es ist nicht unwahrscheinlich, dass die ganze Westküste vom südlichen Gänsekap bis zu den Kreuz-Inseln ziemlich gleiche Temperatur hat und dass dieselbe erst am Kap Nassau abnimmt. Das geht aus den Erfahrungen über das Vorkommen des Eises hervor und es ist auch leicht aus der Lage der Küste ersichtlich, dass die höhere Breite im umgekehrten Verhältniss zur Nähe von erkältenden Ländermassen wirkt. Eben so wahrscheinlich ist, dass die gesammte Ostküste ziemlich einerlei Temperatur mit der Karischen Pforte habe, denn gerade so, wie diese Meerenge gewöhnlich vom Eise versperrt ist, trafen die meisten Seefahrer, welche durch Matotschkin-Scharr fuhren, die Ostmündung durch Eis versperrt, und wenn sich dieses verliert, so geschieht es auch nur auf kurze Zeit, obgleich die Meerenge selbst mehrere Monate hindurch regelmässig offen ist. Was die Nordostspitze durch die höhere Breite verliert, gewinnt sie durch die grössere Wasserfläche. Summirt man alle Erfahrungen der Seefahrer und Walrossfänger, so scheint daraus hervorzugehen, dass die Ostmündung von Matotschkin-Scharr noch am längsten eisfrei ist, die Südostspitze von Nowaja Semlä aber noch weniger als die Nordostspitze, obgleich dort die Nähe des Kontinents wenigstens einen wärmeren Sommer erwarten liesse. Der Grund hiervon liegt in einem lokalen Verhältnisse. Das Karische Meer, das an drei Seiten von Land umschlossen ist, gleicht einem Eiskeller, der nur dann sein Eis verlieren kann, wenn Süd- oder Südwest-

winde längere Zeit geweht haben, bei jedem anderen Winde sich aber wieder mit Eis füllt. Da nun in diesem Meere eine ununterbrochene Strömung nach der Karischen Pforte besteht, so wird diese jedes Mal, nachdem sie eisfrei gewesen, bald wieder durch Eisfelder versperrt, selbst während einer Windstille.

So überraschend es sein mag, dass ein so schmales Land wie Nowaja Semlä, welches in grössten Theile seiner Länge nicht einmal 15 Meilen breit ist, einen so merklichen Temperatur-Unterschied im Osten und Westen zeigt, so wird doch diese Differenz überall durch die Erfahrung bestätigt und durch nähere Erwägung der Verhältnisse auch verständlich. Wie die Westmündung von Matotschkin-Scharr bedeutend eisfreier ist als die Ostmündung, so ist auch der südwestliche Winkel von Nowaja Semlä, Kostin-Scharr, am frühesten und am längsten zugänglich, während man 100 Werst weiter nach Osten auch in der zweiten Hälfte des August sehr häufig und noch 25 Werst weiter immer Eis findet. Diese Wirkung, welche hier die Lokalverhältnisse der Karischen Pforte hervorbringen, wird weiter nach Norden durch die hohe Bergkette hervorgebracht, welche längs der Westküste läuft und einen ähnlichen Einfluss wie an der Küste Norwegens äussert. Sie bietet die mildernden Wirkungen des Wasserbeckens zwischen Nowaja Semlä, Lappland und Spitzbergen. Westwinde bringen an der Westküste Feuchtigkeit, Landwinde aber, sie mögen nun quer über Nowaja Semlä streichen oder der Länge nach, bringen jedes Mal heiteres Wetter (Pachtussow). An der Ostküste aber kommen die Westwinde trocken an und nur Ostwinde bringen, wenn das Karische Meer offen ist, Feuchtigkeit, die eben so wenig bis zur Westküste reicht. Nowaja Semlä bildet auf diese Weise trotz seiner Schmalheit eine Wetterscheide, obgleich die südliche Hälfte nicht einmal eine bedeutende Bergreihe zu enthalten scheint. Die Expedition Pachtussow's und Ziwolka's im Sommer 1835 lieferte die sprechendsten Beweise dafür. Fast 4 Wochen hindurch war Pachtussow im Frühling an der Westseite beschäftigt, während Ziwolka an der Ostküste sich befand. Als sie wieder zusammenkamen und ihre Tagebücher verglichen, fand es sich, dass der Eine trübes Wetter gehabt hatte, so lange der Andere heiteres hatte. An denselben Tagen, an welchen der Eine am weitesten sehen konnte, hatte der Andere gar keine Beobachtungen machen können. Dieser Gegensatz der Witterung zeigte sich auch im Herbste, als Pachtussow im Osten und Ziwolka im Westen geodätische Arbeiten ausführte.

Es ist wahrscheinlich, dass man die Differenz der Temperaturen an beiden Küsten noch grösser gefunden hätte, wenn die Orte der Beobachtung anders gewählt worden wären. Denn da beide Standpunkte an Meerengen liegen, so musste hier eine stetige Ausgleichung dieser Differenzen wirken. Um so mehr kann man aber aus den gefundenen Wärme-Quantitäten:

— 8°,37 C. für die Westküste
und — 9°,45 C. für die Ostküste,
das Mittel — 8°,91 C.

als die mittlere Temperatur von ganz Nowaja Semlä betrachten, und da, wie oben bemerkt, in diesem Lande die Erstreckung nach Norden in umgekehrtem Verhältnisse zur Nähe des Kontinents steht, so wird man nicht leicht anderswo ein gefundenes Maass der mittleren Wärme für eine so weite Ausdehnung als gültig betrachten können.

Nowaja Semlä ist demnach viel kälter als die Mitte von West-Grönland (bei Neu-Herrnhut), bedeutend kälter als die Nordküste von Labrador (— 3°,4), noch merklich kälter als die Süd- und Westspitze von Spitzbergen, deren Temperatur wir nur wenig unter — 7° schätzen können. Die Nord- und Ostküste dieses Landes, die allem Anscheine nach bedeutend kälter sind als die entgegengesetzten Küsten, mögen mehr übereinstimmen. Auch Jakutsk (— 8°,07 nach Erman) ist noch wärmer, Nishni Kolymsk wäre nach Erman's Berechnung (— 10°) aus Wrangell's Beobachtungen etwas, Ustjansk aber (— 15°,24) ist bedeutend kälter als Nowaja Semlä und mit Ustjansk offenbar die ganze Ländermasse an der Jana, an der unteren Lena, dem Oleuek, der Chatanga, Piasina und dem Niederen Jenissei mit dem Gebiete der nördlichen Zuflüsse der Niederen Tunguska. Eben so ist der Theil von Nord-Amerika, welchen eine Bogenlinie abschneidet, die man von der Wagek-Bai an der Ostküste beginnt, dann in der Mitte von Nord-Amerika bis an den Sklaven-See senkt, darauf gegen die Westküste wieder ungefähr an das Eiskap erhebt, — kälter als Nowaja Semlä. In diesen grossen Ländermassen wohnen aber noch eine Menge Menschen, und nicht bloss Wilde, sondern am Fort Entreprise haben bei einer mittleren Temperatur von —12°,13 C. die Engländer noch eine Faktorei und die Russen in Ustjansk und dem wahrscheinlich noch kälteren Turuchansk auch Städtchen.

Die geringe Wärme an sich würde also das „Neue Land" der Russen nicht unbewohnbar machen. Viel ungünstiger wirkt die Vertheilung der Wärme. In jenen bewohnten Ländermassen, die zu grossen Kontinenten gehören, sinkt die Wärme im Winter tiefer, steigt aber dafür im Sommer auch mehr, — und da im Winter die organische Welt theils schläft, geschützt von einer Schneedecke, wie die Pflanzen und einige Thiere, theils sich auf weite Reisen begiebt oder sich verbirgt oder auch in sich Wärme genug erzeugt, um die Kälte zu besiegen, die Sommerwärme aber für die Entwickelung der organischen Welt

nothwendig ist, entweder für das erste Auftreten des Lebens oder für die periodisch wiederkehrende Entfaltung desselben, — so sind es nur die Sommer, welche in höheren Breiten die Quantität des Lebens bestimmen. Für den Menschen, den Herrn des Feuers, ist die Kälte nirgends unüberwindlich, wenn nur genug organischer Stoff zu seiner Nahrung producirt wird.

Es begünstigt demnach wenig alle Arten von organischem Leben auf Nowaja Semlä, dass der Winter daselbst nur eine mittlere Kälte von — 19°,66 hat und mithin nicht viel strenger ist als im Inneren von Lappland auf einer Höhe von 1300 Fuss (bei Enontekis) und ungefähr gleich mit Cumberlandhouse im Inneren der Hudson-Bai-Länder, aber viel gelinder als in Ustjansk (— 33°) oder gar in Jakutsk (—42°,5)[1]. Dieser verhältnissmässig milde Winter, in welchem das Quecksilber nur sehr selten gefriert und vielleicht an der Westküste nie, begünstigt Nowaja Semlä weniger, als ihm der kalte und nebelige Sommer schadet. Dieser Sommer ist beinahe der rauheste, den man durch Beobachtung kennt, da er nur eine mittlere Temperatur von + 2°,53 C. hat. Sogar auf der Melville-Insel, wo Parry auf seiner ersten Reise überwinterte, und in Boothia (die Gegend des Amerikanischen Kälte-Pols), wo Ross auf der zweiten Reise mehrere Jahre zubrachte, ist der Sommer wärmer (Melville + 3°,14, Boothia + 3°,09 C.)[2]. In Bezug auf das Innere von Nord-Sibirien und Nord-Amerika kann hierüber gar kein Zweifel sein, da in grossen Ländermassen der Sommer immer wärmer ist, und nur die ins Eismeer am weitesten vorragenden Vorgebirge Sibiriens können in Vergleich kommen. Bis jetzt (1837) hat man durch thermometrische Beobachtung nur 2 kleine Inseln kennen gelernt, die Winter-Insel und Igloolik, auf welchen der Sommer noch weniger Wärme entwickelt als auf Nowaja Semlä, nämlich + 2°,03 und + 1°,83 C.

Man könnte daher leicht verleitet werden, der Schilderung Glauben beizumessen, welche der Engländer Wood, der im Jahre 1676 an der Küste von Nowaja Semlä unter fast 75° N. Br. Schiffbruch litt, von diesem Lande macht, „dass der grösste Theil desselben ewig mit Eis bedeckt sei", wenn nicht wenige Zeilen später die Verleumdung klar würde, indem Wood selbst erzählt, dass, nachdem 2 Fuss tief gegraben worden, man den Boden hart gefroren gefunden habe (Recueil de voyages au Nord, II, 377). Wo das Erdreich 2 Fuss tief aufthaute, ist der Schnee

[1]) Kane hat in West-Grönland unter 78° 37' N. Br. eine Kälte von —43°,5, M'Clure ein Minimum von —47° R. erlebt. In Jakutsk erreicht der Frost 50°, beträgt die mittlere Winter-Temperatur (Dezember, Januar, Februar) —31° R. (v. Middendorf, Reise, I. Bd.).
[2]) Die mittlere Jahrestemperatur der Insel Melville beträgt (nach Arago's Berechnung) — 10°,93, die von Boothia (nach v. Baer's Berechnung) —16°,88.

längst weg. Noch ist keines Menschen Fuss sehr weit ins Innere vorgedrungen, aber so weit man gekommen ist, zeigte sich die Fläche im Sommer schneelos. Im Inneren des Landes muss aber die Temperatur noch höher stehen als an der Küste. Da man jedoch keine etwas ausgedehnte Fläche mit kälterem Sommer kennt, auch nicht in der Umgegend des Amerikanischen Kältepols, so bleibt Nowaja Semlä immer dasjenige Land, in welchem unter allen bekannten und besuchten die Grenze des ewigen Schnee's der Ebene am nächsten kommen muss. Bekanntlich haben die Physiker von einem Lande des ewigen Schnee's fast eben so häufig und anhaltend geträumt als die Nicht-Physiker von einem Eldorado, einem Lande des unendlichen Goldes. Aber beide Träume haben sich in der Welt der Mittelmässigkeit noch nicht realisirt. Nowaja Semlä ist von Flora nicht ungeschmückt geblieben und Wood's Verdruss rührte nur daher, dass er vor der Reise die Möglichkeit und Leichtigkeit einer Durchfahrt durch das Eismeer vertheidigt hatte. Es ist verzeihlich, dass diese Wärme nach einem 10tägigen hoffnungslosen Aufenthalt an solchen Küsten unter das Medium abgekühlt wurde und Wood aus einem Verfechter der nördlichen Durchfahrt ein eifriger Gegner wurde.

(Über das Klima von Nowaja Semlä und die mittlere Temperatur insbesondere, von K. E. v. Baer. — Bulletin scientifique, II, 225—237.)

Für den jährlichen Gang der Temperatur in Nowaja Semlä geben die beiden Tagebücher folgende Reihen von mittleren monatlichen Temperaturen:

Monate.	In der Westmündung von Matotschkin Scharr	An der Südostspitze (im August für die Ostküste)	Mittel von beiden.
Januar	— 15°,40	— 19°,39	— 17°,39
Februar	— 22 ,08	— 17 ,72	— 19 ,90
März	— 15 ,30	— 23 ,72	— 19 ,51
April	— 13 ,19	— 16 ,04	— 14 ,61
Mai	— 6 ,81	— 8 ,05	— 7 ,43
Juni	+ 1 ,43	+ 0 ,52	+ 0 ,98
Juli	+ 4 ,42	+ 2 ,39	+ 3 ,40
August	+ 4 ,96	+ 3 ,06	+ 4 ,01
September	— 0 ,51	— 1 ,10	— 0 ,90
Oktober	— 5 ,41	— 6 ,52	— 5 ,96
November	— 12 ,92	— 15 ,98	— 14 ,45
Dezember	— 19 ,68	— 10 ,87	— 15 ,27
Mittel	— 8°,375	— 9°,45	— 8°,91

Sehr auffallend ist es, dass in der Reihe für die Südostspitze der März so entschieden der kälteste Monat ist. Da eben so entschieden der August als der wärmste Monat erscheint und der Mai ungefähr die mittlere Jahres-Temperatur hat, so sieht man, dass die ganze Reihenfolge im Wachsen und Abnehmen der Temperatur hier das ganze Jahr hindurch um einen Monat später erfolgte als gewöhnlich. Einjährige Beobachtungen geben für die mittlere Wärme eines einzelnen Monats ein ziemlich unsicheres Maass und man könnte ohne weitere Vergleichung nicht beurtheilen, ob nicht das ganze

Verhältniss in der Eigenthümlichkeit des Jahres der Beobachtung liegt. Allein die Beobachtungen in Matotschkin-Scharr zeigen eine auffallende Annäherung. Der August ist auch hier der wärmste Monat, obgleich er nicht so sehr vom Juni verschieden ist als auf der Ostküste; der April ist gleichfalls bedeutend kälter als die mittlere jährliche Temperatur. Es scheint also doch ein bleibendes Verhältniss, welches in Nowaja Semlä die Kulmination der Wärme und Kälte verspätet. In den tabellarischen Übersichten der monatlichen Temperaturen von Kämtz findet sich nur Ein Ort, an welchem der März als der kälteste Monat erscheint, und dieser Ort ist Fort Churchill an der Küste der oberen Hälfte der Hudson-Bai. Die Lage dieses Forts stimmt darin mit der Kamenka-Bucht überein, dass auch hier wegen der vielen benachbarten Inseln ein ansehnlicher Theil des Meeres sich lange mit Eis bedeckt erhält. Es scheint aber, dass dieses Verhältniss die Retardation in der Kulmination der Kälte veranlasst, indem lange Zeit durch Gefrieren des Wassers Wärme entbunden wird, dann aber, nachdem das Eis eine ansehnliche Dicke gewonnen hat, das ganze Maass der Kälte in der Atmosphäre fühlbarer bleibt. Aus demselben Grunde wird in den Sommermonaten eine Menge Wärme gebunden, um die Eismasse flüssig zu machen, und die Erwärmung der Luft verspätet sich. Im Fort Churchill ist zwar der August nicht der kälteste Monat, wahrscheinlich weil die grösste Masse des Eises der Nachbarschaft viel früher konsumirt wird, doch ist das Zurückbleiben der Erwärmung unverkennbar. Am vollständigsten scheinen aber im Karischen Meere durch die früher erwähnte Hinleitung des Eises die Jahreszeiten verschoben zu werden. Unter diesen Umständen erscheint es unstatthaft, die meteorologische Begrenzung der Jahreszeiten hier in der Weise anzunehmen, dass man für den Winter den Januar, für den Sommer den Juli in die Mitte nimmt. Nach dieser Eintheilung wäre der Frühling fast völlig genau so kalt wie der Winter, denn jener hatte, wie die folgende Übersicht zeigt, eine Temperatur von — 15°,93 und dieser von — 15°,99. Viel gleichmässiger erscheint der Wechsel der Temperatur, wenn wir den Winter mit dem Januar beginnen lassen, wie in der dritte Kolumne:

Mittlere Temp. der Jahreszeiten	An der Westküste von Now. Semlä, mit dem Dez. beginnend.	An der Südspitze von Now.Semlä, mit dem Dez. beginnend.	mit dem Januar beginnend.	Mittel für ganz Nowaja Semlä.
Winter	— 19°,05	— 15°,99	— 20°,27	— 19°,66
Frühling	— 11 ,77	— 15 ,93	— 7 ,87	— 9 ,82
Sommer	+ 3 ,60	+ 1 ,99	+ 1 ,47	+ 2 ,53
Herbst	— 6 ,28	— 7 ,87	— 11 ,09	— 8 ,74

Das vorliegende Beispiel zeigt augenfällig, dass man, um die Temperatur der Jahreszeiten verschiedener Orte zu vergleichen, nicht nach denselben Kalendertagen die Jahreszeiten eintheilen sollte. Offenbar kann die Frage über das Verhältniss der Winter und Sommer der verschiedenen

Gegenden nur dadurch beantwortet werden, dass wir die Kurve, welche der jährliche Gang der Temperatur beschreibt, für jeden Ort besonders durch graphische Darstellung oder mathematischen Ausdruck bestimmen und die Koordinaten der höchsten und niedrigsten Temperatur als die Mitte von Sommer und Winter annehmen. Nur dadurch erhalten wir die Kenntniss von dem Verhältniss im jährlichen Steigen und Sinken derselben. Fangen wir überall mit demselben Kalendertage an, so kann man wohl das Quantum Wärme finden, welches in einer bestimmten astronomischen Zeit, d. h. in dem Momente, wenn die Erde in einer bestimmten Gegend ihrer jährlichen Bahn steht, auf verschiedenen Punkten ihrer Oberfläche wirkt; aber eben aus dieser Vergleichung geht die Verschiedenheit des meteorologischen Jahres verschiedener Orte vom astronomischen Jahre hervor.

So fällt offenbar auch in Boothia die Mitte des Winters auf die Mitte des Februar und die Mitte des Sommers zwar nicht in die Mitte des August, aber doch auf den Übergang des Juli in den August.

Der Gang der Temperatur in Boothia ist folgender:

Januar	Februar	März	April	Mai	Juni
— 35°,77	— 35°,77	— 33°,89	— 31°,87	— 9°,09	+ 1°,29

Juli	August	September	Oktober	November	Dezember
+ 4°,27	+ 3°,72	— 3°,65	— 12°,72	— 20°,79	— 30°,2

Dass der August eine höhere mittlere Temperatur hat als der Juli, kommt nicht ganz selten vor und scheint an solchen Orten Regel zu sein, wo längere Zeit Eis vorbeitreibt, so an der Nordostküste von Labrador, der Winter-Insel, der Nordostspitze von Island (Eyafjord), ja selbst an der Küste von Neu-Schottland und dem nördlichen Theile der Ostküste der Vereinigten Staaten von Nord-Amerika, wo das Eis aus dem St. Lorenzstrom dieselbe Wirkung hervorbringt als weiter im Norden das Polareis.

Was Nowaja Semlä und die eben mitgetheilte Übersicht der Temperaturen verschiedener Jahreszeiten anlangt, so ist es augenscheinlich, dass die Mitte des Winters für die Westküste später als die Mitte des Januar, für die Ostküste aber früher als die Mitte des Februar fällt. Dass aber aus dem Mittel beider Annahmen die mittlere Temperatur der Jahreszeiten in einem richtigen Verhältnisse hervorgeht, zeigt der in der vierten Kolumne gemachte Versuch. Dieser Gang ist regelmässiger, als die Kurven für beide einzelne Punkte aus nur einjährigen Beobachtungen berechnet werden könnten.

Die mittlere Sommer-Temperatur von Nowaja Semlä, auf die hier erörterte Weise zu + 2°,53 berechnet, erreicht nicht die Wärme des Oktober in St. Petersburg, des November in Berlin (+ 2°,9), des Dezember auf der Shetländischen Insel Unst und ist nur wenig wärmer als der Januar in Edinburgh (+ 2°,4). Der wärmste Monat auf Nowaja Semlä, der August (+ 4°,01), hat die Temperatur des Oktober von Drontheim (+ 4°,0), noch nicht ganz des

Dezember in Edinburgh (+ 4°,4) und lange nicht des Januar auf der Insel Man (+ 5°,4) oder La Rochelle (+ 4°,9). Doch giebt es auch warme Tage in Nowaja Semlä. Auf der Westküste beobachtete Pachtussow im Juli 3 Tage hinter einander über 7°,5 C. Wärme. Im August gab es 4 Tage, welche über 9° Wärme hatten; der wärmste Tag aber, der 7. (19.) August, brachte es bis zu einer Hitze von 11°,9 C. oder 9°,5 R., eine Wärme, welche nach Brandes' Berechnungen in St. Petersburg durchschnittlich beim Übergange des Mai in den Juni herrscht, in Rom aber um den 10. April. Eine solche Wärme tritt jedoch auf der Ostküste nie ein. Der wärmste Tag, der 16. August, an welchem man sich nahe an der Ost-Mündung von Matotschkin-Scharr befand, hatte + 7°,55 C. oder 5°,96 R., eine Temperatur, welche in St. Petersburg durchschnittlich in der Mitte des Mai, in Rom aber nur zur kältesten Zeit des Januar herrscht. Rechnet man aber nach Brandes'[1] Anleitung je 5 Tage zusammen, so findet sich auf der Westküste von Nowaja Semlä keine Zeit, welche der kältesten in Rom gleich käme. Die wärmsten Zeiten waren an jener Küste vom 4. bis zum 8. August = 6°,57 und vom 19. bis 23. = 6°,81, d. h. sie hatten die mittlere Temperatur, welche in St. Petersburg in den letzten Tagen des September, in Paris gleich nach der Mitte des März herrscht; auf der Ostküste aber hatten dieselben 5tägigen Perioden nur eine Wärme von 6°,19 und 2°,01, indem die zweite Periode eine bedeutende vorübergehende Abkühlung erlitten hatte. Beide zusammen geben die Temperatur, die zu Paris im Anfange des Februar herrscht.

Die grösste Kälte, die man in der Kamenka-Bai beobachtete, betrug — 40° C. (— 32° R.) und kam am 21. Nov. vor. Eine Kälte von mehr als — 37° C. (— 30° R.) wurde im November und Januar mehrmals beobachtet. Auf der Westküste ist nie eine grössere Kälte als — 30° R., diese aber mehrmals an den gewöhnlichen Beobachtungsstunden verzeichnet. Nur eine Note in der für solche Nebenbemerkungen bestimmten Rubrik sagt, dass am 22. Februar eine Kälte von — 37° R. (fast — 47° C.) „im Anfange der elften Stunde (d. h. bald nach 10 Uhr Abends), aber nicht lange beobachtet worden sei"[2]. Die Aufzeichnungen an den gewöhnlichen Stunden sind folgende:

---

[1] Brandes, Beiträge zur Witterungskunde, S. 13.

[2] Die Note ist von Pachtussow's Hand, eines genauen und zuverlässigen Beobachters. Wie die Luft in ganz kurzer Zeit während einer Windstille um 7½° sich abkühlen kann, ist ein Räthsel, das die Beachtung der Physiker und Meteorologen verdient. Deshalb und weil die Beobachtung nicht in die gewöhnlichen Stunden fällt, ist sie in den Rechnungen überall ausgelassen.

Es kommen auch sonst noch plötzliche Veränderungen der Temperatur in den Tagebüchern vor, aber unter anderen Verhältnissen. Am 28. Januar stieg das Thermometer von 10 Uhr Abends bis Mitternacht von — 24° R. auf — 14° R. Allein eine Windstille, die 24 Stun-

den 10. (22.) Februar Abends 2 Uhr 26½° R.,
„ „   „   „   „ 4 „ 27 „
„ „   „   „   „ 6 „ 28 „
„ „   „   „   „ 8 „ 29½ „
„ „   „   „   „ 10 „ 30 „
„ „   „   „   „ 12 „ 30 „
den 11. (23.) Februar Morgens 2 „ 30 „
„ „   „   „   „ 4 „ 29½ „
„ „   „   „   „ 6 „ 28½ „
„ „   „   „   „ 8 „ 28 „
„ „   „   „   „ 10 „ 26½ „
„ „   „   „   „ 12 „ 27 „
und so fort in ziemlich gleichmässiger Reihe.

Die Erscheinung, dass die Temperatur der Luft am
Schlusse des Februar am kältesten wird, erklärt sich wohl
am einfachsten daraus, dass um diese Zeit der grösste Theil
des Eismeeres mit einer Eisdecke überzogen ist. Wenigstens
leuchtet es ein, dass die Luft über dem Eismeere so lange
nicht das grösste Maass von Kälte zeigen kann, als noch
bedeutende Theile des Meeres offen sind. Sobald das Meer
mit Eis überall bedeckt ist, werden auch weniger Dünste
in die Luft aufgenommen und bei mehr heiterem Himmel
wird die Strahlung sich vermehren. — Die Berechnungen
von Brandes haben eine Abnahme der Temperatur oder
wenigstens ein Anhalten in der Zunahme derselben während der zweiten Hälfte des Februar oder im Anfange

des März für ganz Europa gezeigt. Brandes konnte sogar
nachweisen, dass die kalte Periode in den südlicheren und
westlicheren Gegenden unseres Welttheils minder erheblich
wirkt und später eintritt als im Norden und Osten, wo sie
viel anhaltender ist, so dass sie in Moskau und St. Petersburg ihre Kulmination in der ersten Woche des März erreicht. „Eine so merkwürdige, durch alle Beobachtungsreihen aus ganz verschiedenen Jahren bestätigte Erscheinung", sagt Brandes, „muss eine allgemeine und jährlich
wiederkehrende Ursache haben" [1]. — In Nowaja Semlä sind
wir dieser Ursache näher als im übrigen Europa. Letzterem wird die Temperatur-Erniedrigung wahrscheinlich durch
vorherrschende Nordostwinde fühlbar.

Auf beiden Standorten kann kein Monat vor, in welchem
es nicht wenigstens ein Mal gefroren hätte. Dagegen war
in der Kamenka-Bai vom 19. Oktober bis zum 24. Mai anhaltender Frost ohne irgend eine Unterbrechung durch Thauwetter. In der West-Mündung von Matotschkin-Scharr
währte der Frost ohne Unterbrechung nur vom 24. Okt.
bis zum 21. März. Die folgende Tabelle stellt für jede der
beiden Stationen die höchste und niedrigste Temperatur jedes
einzelnen Monats mit dem daraus berechneten Mittel so
wie mit dem wahren Mittel zusammen.

| | Westküste. | | | | Ostküste. | | | |
Monate.	Maximum.	Minimum.	$\frac{M+m}{2}$	Wahres Mittel.	Maximum.	Minimum.	$\frac{M+m}{2}$	Wahres Mittel.
Januar	— 0°,25 R.	— 26° R.	— 16°,01 C.	— 15°,40 C.	— 1°,5 R	— 31°,05 R.	— 20°,82 C.	— 19°,37 C.
Februar	— 8 „	— 30 „	— 23 ,75 „	— 22 ,06 „	— 4 ,5 „	— 27 ,75 „	— 20 ,15 „	— 17 ,73 „
März	+ 1 ,25 „	— 28 „	— 16 ,6 „	— 15 ,30 „	— 4 „	— 27 „	— 19 ,37 „	— 23 ,71 „
April	+ 2 „	— 23 ,05 „	— 13 ,4 „	— 13 ,10 „	— 2 ,5 „	— 26 „	— 17 ,75 „	— 16 ,07 „
Mai	+ 5 ,05 „	— 19 „	— 7 ,25 „	— 6 ,81 „	+ 0 ,5 „	— 18 „	— 11 ,56 „	— 8 ,05 „
Juni	+ 16 „	— 6 „	+ 2 ,5 „	+ 1 ,43 „	+ 8 „	— 3 „	+ 3 ,12 „	+ 0 ,52 „
Juli	+ 8 ,05 „	— 1 ,25 „	+ 4 ,4 „	+ 4 ,42 „	+ 6 ,5 „	— 1 ,05 „	+ 3 ,59 „	+ 3 ,30 „
August	+ 11 „	— 3 ,05 „	+ 4 ,7 „	+ 4 ,96 „	+ 7 ,5 „	— 1 „	+ 3 ,12 „	+ 3 ,06 „
September	+ 3 „	— 6 „	— 1 ,82 „	+ 6 ,81 „	+ 4 „	— 9 „	— 3 ,12 „	+ 1 ,10 „
Oktober	+ 1 „	— 11 „	— 4 ,37 „	— 5 ,48 „	+ 1 „	— 19 „	— 11 ,25 „	— 6 ,44 „
November	— 3 „	— 19 „	— 10 „	— 12 ,92 „	— 1 ,5 „	— 32 „	— 20 ,94 „	— 15 ,98 „
Dezember	— 4 „	— 26½ „	— 17 ,81 „	— 19 ,68 „	— 1 ,5 „	— 21 ,05 „	— 14 ,25 „	— 10 ,87 „

Man erkennt aus dieser Übersicht, wie sehr in diesen
Gegenden die Berechnung der mittleren monatlichen Temperatur aus dem höchsten und niedrigsten Stande des Thermometers während eines Monats von der Wahrheit abweicht.
Der Grund davon mag darin liegen, dass, je weiter man
nach Norden vordringt, um so mehr jeder Wind erwärmend
wirkt. Mit Ausnahme der wenigen Sommerwochen sind
die Windstillen erkältend. Sie bestimmen die niedrigsten
Stände der Temperatur, während von der anderen Seite, je
mehr man sich den Kältepolen nähert, um so mehr alle
Winde erwärmend wirken. Die erwärmenden Elemente hal-

ten also viel länger an als die erkältenden und wirken daher mehr auf die wahre mittlere Temperatur ein.

Die Tabelle macht ausserdem anschaulich, dass die grössten Temperatur-Differenzen nicht in die Sommermonate
fallen, wie in den mittleren Breiten. Ganz umgekehrt zeigt
der lange Polartag die geringsten Schwankungen und diese
Gleichmässigkeit dauerte in der Kamenka-Bai wenigstens
im Beobachtungsjahre bis zum September an und war daselbst mit Ausnahme des November am stärksten in den
dortigen Wintermonaten, Januar, Februar und März. An
der Westküste war dasselbe Verhältniss veränderlicher, obgleich immer in den Sommermonaten die geringsten Differenzen sind.

Um zu untersuchen, ob in diesen Differenzen der ein-

den geherrscht hatte, wurde plötzlich von einem heftigen SSO. unterbrochen, der früher heitere Himmel wurde mit Wolken überdeckt und
als es nach 10 Stunden still wurde, fiel die Temperatur auch wieder
unter — 20° R. Geringe Schwankungen kommen unter ähnlichen Umständen öfter vor.

[1]) Brandes, Beiträge zur Witterungskunde, S. 13.

zelnen Monate im höheren Norden eine Regelmässigkeit sich erkennen lasse, hat Herr v. Baer aus den 30monatlichen Beobachtungen von Ross in Boothia die monatlichen Differenzen berechnet und aus diesen für jeden Monat die mittleren Differenzen gezogen. So erhielt er folgende Werthe in Fahrenheit'schen Graden ausgedrückt, aus welchen mit Bestimmtheit hervorgeht, dass die Temperatur-Unterschiede im Sommer am geringsten sind, im Herbste rasch zunehmen, im Winter wieder kleiner werden, um endlich im Frühling wieder zu wachsen. Der November zeigt auch hier die grössten Differenzen, und zwar in allen 3 Jahren fast dieselben.

Temperatur-Differenzen.

Im Januar	45 °	62 °	47 °	Mittel: 47 ° F.
" Februar	48½	53½	32¼	" 44 "
" März	62	42½	44¼	" 50 "
" April	62	55		" 58½ "
" Mai	38	52		" 45 "
" Juni	36	38		" 37 "
" Juli	38	18		" 28 "
" August	25	30		" 27½ "
" September	38	30		" 34 "
" Oktober	40½	36	52	" 43 "
" November	63	63	62	" 63 "
" Dezember	29	53	40	" 41 "

Da ganz offenbar diese Temperatur - Differenzen der einzelnen Monate sich nach dem Wechsel von Tag und Nacht richten, so darf man annehmen, dass unter dem Pole, in der Mitte der Polarnacht und besonders in der Mitte des Polartages, geringere Schwankungen in der Temperatur sein werden.

(Bulletin scientifique, Tome II, pp. 242—254. Über den jährlichen Gang der Temperatur in Nowaja Semlä, von K. E. v. Baer.)

Bis auf die neuesten arktischen Expeditionen fehlte alle Kenntniss von dem täglichen Gange der Temperatur in den höheren Breiten, d. h. von den Gesetzen, nach welchen die Wärme im hohen Norden während 24 Stunden steigt und fällt. Kämtz machte daher nachdrücklich auf die Wichtigkeit stündlicher Beobachtungen aus diesen Gegenden aufmerksam. Seitdem sind stündliche Beobachtungen, welche Ross 30 Monate hindurch in der Nähe des Amerikanischen Kältepols anstellen liess, veröffentlicht worden.

Die aus den Nowasemlaer Tagebüchern (von Pachtussow und Ziwolka) sich ergebenden mittleren Temperaturen sind in den folgenden zwei Tabellen zusammengestellt.

I. Täglicher Gang der Temperatur in der Karischen Pforte und im August an der Ostküste von Nowaja Semlä.

Stunden.	Januar.	Februar.	März.	April.	Mai.	Juni.	Juli.	August.	September.	Oktober.	November.	Dezember.
Mitternacht	— 19°,78	— 18°,01	— 25°,64	— 18°,92	— 10°,74	— 1°,98	+ 0°,59	+ 2°,17	— 9°,43	— 6°,49	— 15°,96	— 11°,63
2. (14.)	— 19 ,78	— 18 ,09	— 25 ,95	— 19 ,36	— 10 ,77	— 1 ,58	+ 0 ,90	+ 2 ,35		— 6 ,39	— 16 ,11	— 11 ,34
4. (16.)	— 19 ,75	— 18 ,31	— 26 ,14	— 18 ,99	— 10 ,34	— 0 ,72	+ 1 ,37	+ 2 ,44	— 1 ,82	— 6 ,54	— 16 ,25	— 11 ,15
6. (18.)	— 19 ,80	— 17 ,95	— 25 ,41	— 17 ,69	— 9 ,38	+ 0 ,00	+ 2 ,12	+ 2 ,78		— 6 ,76	— 16 ,31	— 10 ,61
8. (20.)	— 19 ,91	— 17 ,38	— 24 ,54	— 15 ,71	— 7 ,61	+ 1 ,10	+ 2 ,74	+ 3 ,12	— 1 ,43	— 7 ,15	— 16 ,87	— 10 ,30
10. (22.)	— 19 ,62	— 17 ,27	— 21 ,83	— 13 ,93	— 5 ,99	+ 2 ,01	+ 3 ,37	+ 3 ,47		— 6 ,24	— 16 ,69	— 10 ,27
Mittag	— 19 ,12	— 16 ,77	— 20 ,57	— 13 ,10	— 5 ,33	+ 2 ,36	+ 3 ,60	+ 3 ,82	— 0 ,21	— 6 ,13	— 15 ,96	— 10 ,07
2.	— 18 ,94	— 16 ,79	— 20 ,61	— 12 ,48	— 5 ,31	+ 2 ,67	+ 3 ,65	+ 3 ,91		— 6 ,09	— 15 ,84	— 10 ,51
4.	— 18 ,29	— 17 ,65	— 21 ,74	— 12 ,88	— 6 ,01	+ 1 ,96	+ 3 ,57	+ 3 ,90	— 0 ,48	— 6 ,32	— 15 ,51	— 10 ,80
6.	— 18 ,81	— 17 ,70	— 23 ,08	— 14 ,60	— 7 ,12	+ 1 ,19	+ 3 ,06	+ 3 ,71		— 6 ,63	— 15 ,41	— 10 ,90
8.	— 19 ,25	— 18 ,06	— 24 ,23	— 16 ,52	— 8 ,06	+ 0 ,23	+ 2 ,58	+ 3 ,06	— 1 ,25	— 6 ,62	— 15 ,48	— 11 ,26
10.	— 19 ,50	— 18 ,67	— 24 ,87	— 17 ,95	— 9 ,98	+ 0 ,96	+ 1 ,27	+ 2 ,43		— 6 ,58	— 15 ,40	— 11 ,73
Mittel	— 19 ,38	— 17 ,72	— 23 ,71	— 16 ,04	— 8 ,05	+ 0 ,52	+ 2 ,39	+ 3 ,08	— ,10	— 6 ,52	— 15 ,98	— 10 ,87

II. Täglicher Gang der Temperatur an der Westmündung von Matotschkin-Scharr.

Stunden.	Januar.	Februar.	März.	April.	Mai.	Juni.	Juli.	August.	September.	Oktober.	November.	Dezember.
Mitternacht	— 15°,15	— 22°,42	— 15°,42	— 15°,31	— 10°,19	— 0°,20	+ 3°,31	+ 4°,22	— 1°,56	— 5°,09	— 12°,71	— 19°,56
2.	— 15 ,00	— 22 ,16	— 16 ,22	— 15 ,06	— 9 ,48	— 0 ,02	+ 2 ,87	+ 4 ,03		— 4 ,92	— 12 ,76	— 19 ,69
4.	— 15 ,18	— 21 ,95	— 16 ,67	— 14 ,47	— 8 ,64	+ 0 ,15	+ 3 ,35	+ 3 ,94	— 1 ,36	— 6 ,09	— 12 ,97	— 20 ,00
6.	— 15 ,36	— 22 ,06	— 16 ,28	— 13 ,84	— 7 ,16	+ 0 ,74	+ 3 ,68	+ 4 ,63		— 5 ,32	— 13 ,13	— 20 ,19
8.	— 15 ,20	— 21 ,99	— 15 ,67	— 12 ,45	— 5 ,44	+ 1 ,71	+ 4 ,76	+ 5 ,45	— 0 ,69	— 5 ,49	— 13 ,20	— 20 ,32
10.	— 15 ,89	— 21 ,94	— 15 ,16	— 11 ,12	— 4 ,17	+ 2 ,85	+ 5 ,20	+ 5 ,70		— 5 ,46	— 13 ,22	— 20 ,05
Mittag	— 15 ,10	— 22 ,02	— 14 ,08	— 10 ,54	— 3 ,42	+ 3 ,50	+ 5 ,89	+ 6 ,59	+ 1 ,04	— 5 ,04	— 13 ,07	— 19 ,95
2.	— 15 ,62	— 21 ,85	— 14 ,23	— 11 ,33	— 4 ,03	+ 3 ,35	+ 5 ,57	+ 5 ,65		— 5 ,10	— 12 ,91	— 19 ,70
4.	— 15 ,62	— 21 ,96	— 14 ,42	— 12 ,28	— 5 ,08	+ 2 ,12	+ 5 ,28	+ 5 ,44	— 0 ,18	— 5 ,27	— 12 ,82	— 19 ,35
6.	— 15 ,38	— 22 ,20	— 14 ,90	— 13 ,02	— 6 ,75	+ 1 ,59	+ 5 ,05	+ 4 ,92		— 6 ,01	— 12 ,92	— 19 ,26
8.	— 15 ,56	— 22 ,20	— 15 ,11	— 14 ,03	— 8 ,08	+ 1 ,22	+ 4 ,48	+ 4 ,76	— 0 ,34	— 5 ,59	— 12 ,79	— 19 ,18
10.	— 15 ,62	— 22 ,25	— 15 ,47	— 15 ,21	— 9 ,22	+ 0 ,55	+ 3 ,91	+ 4 ,39		— 5 ,80	— 12 ,85	— 18 ,96
Mittel	— 15 ,40	— 22 ,08	— 15 ,30	— 13 ,19	— 6 ,81	+ 1 ,43	+ 4 ,42	+ 4 ,76	— 0 ,51	— 5 ,41	— 12 ,92	— 19 ,64

Aus diesen Übersichten geht hervor:

1. dass der tägliche Temperatur-Wechsel in den Wintermonaten am geringsten war, dass er dann im Frühlinge rasch zunahm, im April und Mai am grössten wurde und im Sommer wieder bedeutend abnahm. Offenbar war also die Temperatur gleichmässiger, so lange entweder die Sonne gar nicht aufging oder gar nicht unterging, als in den Zeiten, wo Nacht und Tag regelmässig wechselten. Indessen fallen die geringsten Schwankungen nicht gerade in die Monate, wo die Sonne entweder gar nicht auf- oder gar nicht untergeht, sondern etwas später, für die Karische Pforte auf den Januar, dessen letzte Hälfte des Sonnenscheins hier nicht ganz ermangelt, und für Matotschkin-Scharr, wo der ganze Januar noch zur Polarnacht gehört, in den

Februar. Indem wir in nachfolgender Tabelle die Temperatur-Differenzen von Padua, Leith, Jemteland, Enontekis, Boothia, der Karischen Pforte und Matotschkin-Scharr zusammenstellen, geht daraus ungeachtet des sehr merklichen Unterschiedes von Küsten- und Kontinentalklima hervor, dass der lange Polartag die täglichen Differenzen im Sommer um so mehr vermindert, je weiter man nach

Norden fortschreitet. Wenn sie auch, so weit unsere Beobachtungen reichen, noch immer merklich grösser sind als die Temperatur-Grenzen während der Polarnacht, so lässt sich doch mit grosser Wahrscheinlichkeit schliessen, dass unter dem Pole der halbjährige Polartag einen nur geringen Wechsel in 24 Stunden erfährt.

Tägliche Temperatur-Differenzen in verschiedenen Monaten.

Monate.	Padua, 45° 24' N. Br.	Leith, 55° 48' N. Br.	Jemteland, 63° N. Br.	Enontekis, 68° 30' N. Br.	Boothia, 70° N. Br.	Kamenka-Bai, 70° 37' N. Br.	Matotschkin-Scharr, 73° N. Br.
Januar	3°,84	1°,47	2°,10	4°,96	0°,52	1°,62	0°,89
Februar	4 ,00	1 ,96	4 ,74	4 ,96	2 ,29	1 ,96	0 ,57
März	4 ,75	3 ,38	8 ,37	7 ,16	7 ,92	5 ,56	2 ,59
April	5 ,23	5 ,67	7 ,24	5 ,40	6 ,77	6 ,87	4 ,75
Mai	7 ,60	4 ,55	8 ,36	3 ,91	6 ,98	5 ,46	6 ,77
Juni	6 ,67	4 ,34	9 ,54	4 ,03	6 ,40	4 ,65	3 ,70
Juli	9 ,39	5 ,10	7 ,70	4 ,56	4 ,81	3 ,96	3 ,02
August	8 ,96	4 ,08	7 ,20	4 ,06	3 ,31	1 ,74	2 ,45
September	6 ,88	4 ,47	6 ,17	4 ,53	2 ,11	1 ,61	2 ,60
Oktober	4 ,49	2 ,71	3 ,80	4 ,93	1 ,21	1 ,10	1 ,05
November	5 ,17	2 ,24	2 ,10	4 ,43	0 ,91	1 ,47	0 ,60
Dezember	4 ,11	4 ,11	1 ,77	5 ,76	0 ,31	1 ,66	1 ,36

2. dass überhaupt die täglichen Temperatur-Differenzen in höheren Breiten geringer sind als in niederen;

3. dass die grösste Wärme im Allgemeinen und besonders im hohen Norden früher eintritt als tiefer im Süden, nur

4. dass auch im hohen Norden die grösste Wärme auf verschiedene Stunden des Tages fällt, dass aber diese Differenzen nicht so gross sind als weiter im Süden.

Für die beiden letzten Behauptungen liefern die gegebenen Übersichten der mittleren Temperatur von 2 zu 2 Stunden Beweise genug. Im Matotschkin-Scharr zeigt sich vom März bis zum September die Wärme um 12 Uhr bedeutend höher als um 2 Uhr. In der merklich südlicher liegenden Kamenka-Bai ist die Wärme in den Monaten April bis Oktober um 2 Uhr höher als um 12 Uhr, allein man erkennt doch, dass die höchste Wärme vor 2 Uhr fällt; im Februar und März fällt sie sogar dem Mittag so nahe, dass dieser wärmer ist als 2 Uhr. Eben so hat auch Wrangell beobachtet, dass an der Nordküste von Sibirien die höchste Wärme bald nach dem Mittag bemerkt wird. In Padua dagegen tritt im jährlichen Durchschnitt die höchste Wärme um 3 Uhr Nachmittags und in Leith eben so ein.

Noch bestimmter weist die unten folgende Tabelle der mittleren stündlichen Temperaturen in Boothia nach, dass daselbst fast immer die grösste tägliche Wärme vor 2 Uhr fällt, obgleich die Orte der Beobachtung nur wenig über

den 70. Grad N. Br. lagen. Nur im Juli scheint regelmässig die Kulmination der Wärme nach 2 Uhr einzutreten.

Sehr auffallend ist es, dass in der Karischen Pforte während des Januar die grösste Wärme um 4 Uhr Nachmittags und im November sogar 2 Stunden vor Mitternacht beobachtet wurde. Ja, in Matotschkin-Scharr gewinnt diese nächtliche Erwärmung zu viel Regelmässigkeit, um sie zufälligen Strömungen beizumessen. Im November fällt nämlich die grösste Wärme um 6 Uhr Nachmittags, im December zwischen 10 Uhr Abends und Mitternacht, im Januar zwischen Mitternacht und 2 Uhr Morgens. Im Februar fällt zwar die grösste Erwärmung, welche die Sonne hervorbringt, nach dem Mittage, allein es ist deutlich, dass einige Stunden nach Mitternacht eine geringere Erwärmung vorherging. Es scheint daher hier im Winter, unabhängig von der Sonne, ein anderer Grund der Erwärmung zu wirken, dessen Erfolg von Monat zu Monat später kenntlich wird. Da nun beide Beobachtungsorte an Meerengen liegen, so stellte sich Herr v. Baer die Frage, ob nicht, da nothwendig fortgehend die verschiedenen Temperaturen der Ost- und Westküste sich ausgleichen, in der Nacht regelmässig der Luftstrom aus wärmeren Gegenden vorbeigehe. Um sich zu überzeugen, ob der sonderbare Gang der Temperatur im Winter auf den Lokalverhältnissen der Beobachtungsorte beruhe, zog Herr v. Baer die mittleren Temperaturen aller einzelnen Stunden aus den Beobachtungen von Ross aus. Die nachstehende Tabelle bestätigte seine Vermuthung.

Täglicher Gang der Temperatur in Boothia.

Stunden.	Januar.	Februar.	März.	April.	Mai.	Juni.	Juli.	August.	September.	Oktober.	November.	Dezember.
h. 1. (13.)	− 32°,73	− 35°,89	− 36°,24	− 21°,78	− 12°,89	− 1°,67	+ 2°,80	+ 2°,01	− 4°,45	− 12°,96	− 20°,93	− 30°,04
2. (14.)	− 32 ,77	− 35 ,98	− 36 ,28	− 21 ,84	− 12 ,75	− 1 ,62	+ 2 ,99	+ 2 ,11	− 4 ,47	− 12 ,88	− 21 ,03	− 30 ,48
3. (15.)	− 32 ,71	− 36 ,60	− 36 ,37	− 21 ,95	− 12 ,48	− 1 ,44	+ 3 ,05	+ 2 ,19	− 4 ,52	− 12 ,92	− 21 ,03	− 30 ,48
4. (16.)	− 32 ,73	− 35 ,98	− 36 ,48	− 21 ,82	− 11 ,91	− 1 ,08	+ 3 ,42	+ 2 ,41	− 4 ,54	− 12 ,93	− 21 ,00	− 30 ,40
5. (17.)	− 32 ,78	− 35 ,98	− 37 ,12	− 21 ,60	− 11 ,25	− 0 ,52	+ 3 ,95	+ 2 ,44	− 4 ,47	− 12 ,98	− 21 ,04	− 30 ,34
6. (18.)	− 32 ,69	− 35 ,95	− 37 ,04	− 21 ,09	− 10 ,52	+ 0 ,38	+ 4 ,42	+ 2 ,61	− 4 ,38	− 12 ,84	− 21 ,12	− 30 ,25
7. (19.)	− 32 ,68	− 35 ,90	− 36 ,25	− 20 ,07	− 9 ,70	+ 1 ,80	+ 4 ,87	+ 3 ,01	− 4 ,04	− 12 ,76	− 21 ,20	− 30 ,16
8. (20.)	− 32 ,74	− 35 ,98	− 35 ,49	− 18 ,77	− 9 ,00	+ 2 ,30	+ 5 ,13	+ 3 ,34	− 3 ,58	− 12 ,60	− 21 ,24	− 30 ,21
9. (21.)	− 32 ,64	− 35 ,29	− 33 ,91	− 17 ,70	− 8 ,00	+ 2 ,12	+ 5 ,59	+ 3 ,87	− 3 ,39	− 12 ,15	− 21 ,35	− 30 ,26
10. (22.)	− 32 ,68	− 35 ,41	− 32 ,55	− 16 ,76	− 7 ,22	+ 2 ,95	+ 6 ,05	+ 4 ,25	− 3 ,14	− 12 ,06	− 21 ,20	− 30 ,22
11. (23.)	− 32 ,57	− 35 ,07	− 31 ,37	− 16 ,04	− 6 ,52	+ 3 ,54	+ 6 ,50	+ 4 ,69	− 2 ,77	− 11 ,80	− 21 ,00	− 30 ,19
Mittag.	− 32 ,62	− 34 ,58	− 30 ,29	− 15 ,37	− 6 ,27	+ 4 ,09	+ 7 ,02	+ 5 ,02	− 2 ,64	− 11 ,69	− 20 ,86	− 30 ,18
h. 1.	− 32 ,26	− 34 ,19	− 29 ,80	− 15 ,10	− 5 ,91	+ 4 ,78	+ 7 ,22	+ 5 ,24	− 2 ,43	− 11 ,67	− 20 ,91	− 30 ,16
2.	− 32 ,41	− 34 ,25	− 29 ,91	− 15 ,26	− 6 ,07	+ 4 ,53	+ 7 ,41	+ 5 ,52	− 2 ,47	− 11 ,84	− 21 ,06	− 30 ,14
3.	− 32 ,51	− 34 ,72	− 30 ,31	− 15 ,55	− 6 ,14	+ 4 ,02	+ 7 ,35	+ 5 ,29	− 2 ,58	− 12 ,05	− 21 ,26	− 30 ,23
4.	− 32 ,50	− 35 ,19	− 31 ,18	− 16 ,23	− 6 ,69	+ 3 ,62	+ 7 ,24	+ 5 ,21	− 2 ,74	− 12 ,25	− 21 ,48	− 30 ,34
5.	− 32 ,42	− 35 ,57	− 32 ,40	− 17 ,29	− 7 ,45	+ 2 ,92	+ 6 ,55	+ 4 ,82	− 3 ,15	− 12 ,55	− 21 ,63	− 30 ,31
6.	− 32 ,43	− 35 ,71	− 33 ,45	− 18 ,12	− 8 ,16	+ 2 ,27	+ 6 ,15	+ 4 ,43	− 3 ,49	− 12 ,74	− 21 ,69	− 30 ,35
7.	− 32 ,48	− 35 ,99	− 34 ,23	− 19 ,10	− 8 ,78	+ 1 ,51	+ 5 ,58	+ 4 ,39	− 3 ,82	− 12 ,87	− 21 ,73	− 30 ,42
8.	− 32 ,56	− 36 ,05	− 34 ,66	− 19 ,94	− 9 ,48	+ 0 ,79	+ 5 ,07	+ 3 ,97	− 4 ,01	− 12 ,83	− 21 ,84	− 30 ,51
9.	− 32 ,65	− 36 ,26	− 35 ,04	− 20 ,75	− 10 ,18	+ 0 ,83	+ 4 ,56	+ 3 ,21	− 4 ,24	− 12 ,78	− 21 ,85	− 30 ,44
10.	− 32 ,59	− 36 ,36	− 35 ,35	− 21 ,24	− 11 ,01	− 0 ,61	+ 3 ,86	+ 2 ,68	− 4 ,27	− 12 ,82	− 21 ,75	− 30 ,48
11.	− 32 ,57	− 36 ,35	− 35 ,63	− 21 ,54	− 11 ,38	− 0 ,91	+ 3 ,71	+ 2 ,22	− 4 ,35	− 12 ,92	− 21 ,77	− 30 ,48
Mitternacht.	− 32 ,60	− 36 ,38	− 35 ,68	− 21 ,78	− 11 ,75	− 1 ,30	+ 3 ,21	+ 2 ,07	− 4 ,51	− 12 ,88	− 21 ,78	− 30 ,46

5. Aus der Vergleichung aller 3 Tabellen geht hervor, dass je weiter nach Norden um so entschiedener während des Polartages die niedrigste Temperatur auf Mitternacht oder sehr bald nach Mitternacht eintritt.

6. Endlich scheint aus diesen Übersichten hervorzugehen, dass in der That der Anfang der Dämmerung eine abkühlende Wirkung habe, wie mehrere Physiker vermuthet haben, wogegen aber es auch scheint, dass bei einer geringen Tiefe der Sonne unter dem Horizonte dieselbe schon erwärmend wirkt.

(Bulletin scientifique, T. II, pp. 289—300. Über den täglichen Gang der Temperatur in Nowaja Semlä, von K. E. v. Baer.)

Das meteorologische Tagebuch, das Ziwolka und Moïssejew in der Seichten Bai (Melkaja Guba, 73° 57' N. Br., 54° 48' Ö. L. v. Greenw.) vom 15. (27.) Aug. 1838 bis zum 10. (22.) Aug. 1839 geführt haben, bestätigt und ergänzt in den Resultaten der Temperatur-Beobachtungen die früheren Erfahrungen.

Nicht nur die Gesammt-Temperatur des Jahres, sondern die fast aller einzelnen Monate ist höher gefunden worden als im Jahre 1834 u. 1835 im Westende von Matotschkin-Scharr und noch viel mehr als im Jahre 1832 u. 1833 in der Karischen Pforte, obgleich der neue Beobachtungsort etwas weiter nach Norden liegt als die erstere Meerenge und bedeutend weiter als die letztere. Dass noch weiter nach Norden auch an der Westküste die Temperatur wieder abnimmt, könnte man aus einem Besuch in der Maschigin-Bai schliessen, wo der Mitschmann Moïssejew beim Übergange des Juli in den August beobachtete, während die übrige

Mannschaft dasselbe in der Seichten Bai that. In der ersteren Bai war die Temperatur gewöhnlich um einen vollen Grad geringer, obgleich sie nur um 45 bis 50 Minuten weiter nach Norden liegt. Am 2. August wurden alle Schneebäche mit Eis bedeckt und es fiel 7 Zoll hoch Schnee. Indessen scheint diese Abkühlung nur lokal gewesen zu sein, denn es hatte sich in jener Bucht das Wintereis bis zum 22. Juli (3. Aug.) erhalten. Weiter nach Norden, an der Admiralitäts-Halbinsel (75° N. Br.), ist Treibeis auch in der Höhe des Sommers nicht selten. Um die Berch-Insel (nicht ganz 76° N. Br.) bleibt das Eis zuweilen während des ganzen Jahres anstehend und am Kap Nassau (unter 76¾°) ist das Stehenbleiben des Eises sogar Regel. — Allerdings mag eine benachbarte Insel, von der die Walrossfänger erzählen, hierzu Veranlassung geben, denn in offener See erhält sich wohl nirgends das Eis ein ganzes Jahr hindurch.

Die höhere Erwärmung der Seichten Bai, verglichen mit der Temperatur im Matotschkin-Scharr und in der Karischen Pforte, erscheint in den Sommermonaten unverkennbar. So zeigte am 12. Juni (n. St.) das Thermometer 9½° R., obgleich lange Zeit hindurch die Sonne nicht geschienen hatte. Im Juli gab es auch ohne Sonnenschein 14 und 14½° R. In Matotschkin-Scharr hatte Pachtussow nie mehr als 9½° beobachtet.

Der Juni hatte nur während der ersten Tage Frost, der Juli brachte 3 Nachtfröste und im August fror es nur 3 Stunden hindurch. Mehrtägiger Frost trat erst am 15. Sept. ein. (In Matotschkin-Scharr rechnen die Walrossfänger den 1. September als Anfang des Winters.) Noch das Ende des

Oktober hatte einen Thautag. Während des Winters stieg der Frost nie über 26° R. In Matotschkin - Scharr hatte man 30°, in der Karischen Pforte 32° R. gehabt. Eben so verhielt sich die Dauer des Winters.

In der Karischen Pforte hatte Pachtussow anhaltenden Frost ohne alle Unterbrechung vom 19. Okt. bis zum 24. Mai (n. St., wie alle Daten), in Matotschkin-Scharr vom 24. Okt. bis zum 21. April, an welchem Tage es jedoch nur 8 Stunden lang thaute; vom 24. Mai an aber wurde das Thauwetter häufig. In der Seichten Bai war ununterbrochener Frost vom 27. Okt. bis zum 21. April. Am 21. u. 22. April thaute es einige Stunden hindurch. Mit dem Anfange des Mai wurde das Thauwetter häufiger und schon mit dem 6. Mai anhaltend. In Spitzbergen dagegen regnet es nach Aussage der vier Matrosen, die daselbst über 6 Jahre verweilen mussten, bis gegen das Russische Fest der Heiligen drei Könige (den 18. Januar n. St.) nicht selten.

Es zeigte sich auf jede Weise dieser nördliche Standpunkt auf Nowaja Semlä wärmer als die früheren südlicheren, vorzüglich aber im Winter. Die merklich höhere Sommertemperatur beruht auch wohl nicht auf einer ungewöhnlichen Wärme eines einzelnen Beobachtungsjahres. Diejenigen Personen, welche schon früher in anderen Stationen von Nowaja Semlä überwintert hatten, fanden, dass es noch häufiger regnete, als sie gewohnt waren, — eine Wirkung der grösseren Nähe des Oceans. Die wärmeren Luftzüge aus SW. lassen, wenn sie Nowaja Semlä erreichen, sogleich ihr Wasser fallen und es ist keinem Zweifel unterworfen, dass es 20 Werst von der Küste entfernt, wie in Pachtussow's Station am Matotschkin - Scharr, schon weniger regnet als unmittelbar an der Westküste selbst.

Es ist kein Grund vorhanden, die Beobachtungsjahre für ungewöhnlich abweichend von den mittleren Zuständen der Temperatur zu betrachten. Dann wäre die mittlere Jahrestemperatur

in der Seichten Bai (fast 74° N. Br.) . = 7°,28 C.,
im Matotschkin - Scharr (73° 19′ N. Br.) = 8°,37 C.,
in der Karischen Pforte (70° 37′ N. Br.) = 9°,45 C.

Diese Reihenfolge, welche den Einfluss des Oceans unverkennbar hervortreten lässt, schliesst sich sehr gut an die Beobachtungen von Scoresby über die Lufttemperatur auf dem Eismeere in der Nähe von Spitzbergen an. Kämtz berechnet aus ihnen die mittlere Temperatur dieser Gegend auf — 6°,75 C. Dass aber die Sommertemperatur in Spitzbergen höher sei, als man aus der maritimen Lage vermuthen sollte, scheint aus den Beobachtungen der Parry'-schen Nordpol-Expedition hervorzugehen. Nach diesen war

selbst an der Nordküste die Temperatur der 3 Sommermonate (Juni, Juli, August) = 3°,91 C.

Jährlicher Gang der Temperatur in Nowaja Semlä in Centesimal-Graden.

Monate und Jahreszeiten.	Seichte Bai 73° 57′ N. Br.		Westende von Matotschkin-Scharr, 73° 19′ N. Br.	Kamenka-Bai in der Karischen Pforte, 70° 37′ N. Br.
	Ohne Rücksicht auf Erwärmung der Hütte.	Nach Abzug d. Erwärmung durch d. Hütte.		
Januar	— 11°,98 C.	— 12°,48 C.	— 15°,40 C.	— 19°,98 C.
Februar	— 14 ,93	— 15 ,43	— 22 ,08	— 17 ,72
März	— 15 ,50	— 16 ,00	— 15 ,30	— 23 ,72
April	— 14 ,68	— 15 ,18	— 13 ,19	— 16 ,04
Mai	— 0 ,82	— 1 ,15	— 6 ,81	— 8 ,05
Juni	— 3 ,35	— 3 ,10	+ 1 ,43	+ 0 ,52
Juli	+ 5 ,27	+ 5 ,02	+ 4 ,42	+ 2 ,39
August	+ 4 ,11	+ 3 ,87	+ 4 ,96	+ 3 ,06
September	— 0 ,14	— 0 ,47	— 0 ,51	— 1 ,10
Oktober	— 4 ,82	— 5 ,16	— 5 ,41	— 6 ,52
November	— 17 ,19	— 17 ,69	— 12 ,92	— 15 ,98
Dezember	— 15 ,36	— 15 ,86	— 19 ,68	— 10 ,87
Dzbr. bis Febr.	— 14 ,00	— 14 ,59	— 19 ,05	— 15 ,99
März bis Mai	— 10 ,33	— 10 ,78	— 11 ,77	— 15 ,93
Juni bis August	+ 4 ,34	+ 4 ,00	+ 3 ,60	+ 1 ,99
Sept. bis Nov.	— 7 ,38	— 7 ,77	— 6 ,28	— 7 ,87
Mittel d. Jahres	— 6 ,89	— 7 ,28	— 8 ,37	— 9 ,43

Dass in der Seichten Bai der November der kälteste Monat war, mag eine Eigenthümlichkeit des Beobachtungsjahres gewesen sein. Die Zunahme der Kälte vor dem Eintritte des Frühlings scheint dagegen für diese Gegenden Regel und mag ihren Grund in der Zunahme der Eisflächen haben. In der neuen Beobachtungsreihe ist es auffallend, dass der Winter in zwei Abschnitte zerfällt, von denen der erste seine Kulmination im Übergange des November in den Dezember, der zweite in der Mitte des März hat.

Auch in der Seichten Bai bleibt das meteorologische Jahr mehr gegen das astronomische Jahr verspätet als in mittleren Breiten, obgleich nicht ganz in dem Maasse wie in der Karischen Pforte. Nur die Bildung und das Schwinden des Seeeises kann den Grund dieser Verspätung der Temperatur-Kurven sein. Die von Richardson über den Gang der Temperatur in den von Parry besuchten arktischen Gegenden der Neuen Welt (Journal of the Royal Geographical Society, Vol. IX) mitgetheilten Tabellen tritt diese Verschiebung oder Verspätung der Kulminationen des Sommers und des Winters weniger hervor, weil diese Orte beinahe das ganze Jahr hindurch grosse Eismassen in der Nähe haben und man während der Sommermonate gewöhnlich auf der See und nicht dicht am Ufer beobachtete, wo das Verspäten der Sommer-Kulmination bemerklicher sein muss. — An der Nordküste von Spitzbergen, in Hecla Cove, ist es deutlicher als in den meisten Stationen in den arktischen Gegenden von Amerika.

Die durchschnittliche Temperatur jeder einzelnen Stunde in allen 12 Monaten zeigt die folgende Tabelle.

Täglicher Gang der Temperatur in allen Monaten in Réaumur'schen Graden.

Stunden.	Januar.	Februar.	März.	April.	Mai.	Juni.	Juli.	August.	September.	Oktober.	November.	Dezember.
h. 1 Vorm.	— 9°,73	— 12°,35	— 13°,37	— 14°,16	— 2°,83	— 1°,24	+ 2°,77	+ 2°,22	— 0°,68	— 4°,06	— 13°,73	— 12°,35
2	— 9 ,65	— 12 ,34	— 13 ,35	— 14 ,02	— 2 ,59	+ 1 ,28	+ 2 ,92	+ 2 ,15	— 0 ,73	— 3 ,93	— 13 ,76	— 12 ,52
3	— 9 ,60	— 12 ,29	— 13 ,34	— 13 ,66	— 2 ,21	+ 1 ,32	+ 3 ,06	+ 2 ,15	— 0 ,86	— 3 ,91	— 13 ,71	— 12 ,36
4	— 9 ,56	— 12 ,26	— 13 ,26	— 13 ,51	— 1 ,80	+ 1 ,50	+ 3 ,34	+ 2 ,27	— 0 ,97	— 3 ,90	— 13 ,67	— 12 ,37
5	— 9 ,55	— 12 ,21	— 13 ,28	— 12 ,90	— 1 ,39	+ 1 ,85	+ 3 ,70	+ 2 ,48	— 0 ,93	— 3 ,93	— 13 ,68	— 12 ,40
6	— 9 ,44	— 12 ,06	— 13 ,21	— 12 ,98	— 0 ,90	+ 2 ,28	+ 4 ,04	+ 2 ,74	— 0 ,58	— 3 ,84	— 13 ,71	— 12 ,41
7	— 9 ,44	— 11 ,99	— 13 ,01	— 11 ,77	— 0 ,41	+ 2 ,71	+ 4 ,44	+ 3 ,14 •	— 0 ,26	— 3 ,87	— 13 ,74	— 12 ,65
8	— 9 ,46	— 11 ,96	— 12 ,81	— 11 ,24	+ 0 ,14	+ 3 ,14	+ 4 ,83	+ 3 ,41	+ 0 ,01	— 3 ,77	— 13 ,73	— 12 ,57
9	— 9 ,53	— 11 ,95	— 12 ,19	— 10 ,53	+ 0 ,35	+ 3 ,73	+ 4 ,98	+ 3 ,68	+ 0 ,30	— 3 ,69	— 13 ,58	— 12 ,53
10	— 9 ,40	— 11 ,91	— 11 ,80	— 9 ,81	+ 0 ,80	+ 3 ,92	+ 5 ,18	+ 4 ,02	+ 0 ,44	— 3 ,69	— 13 ,55	— 12 ,48
11	— 9 ,48	— 11 ,74	— 11 ,36	— 9 ,35	+ 1 ,11	+ 4 ,10	+ 5 ,29	+ 4 ,35	+ 0 ,59	— 3 ,84	— 13 ,59	— 12 ,40
Mittag	— 9 ,50	— 11 ,34	— 11 ,14	— 9 ,44	+ 1 ,70	+ 4 ,29	+ 5 ,56	+ 4 ,45	+ 0 ,65	— 3 ,62	— 13 ,68	— 12 ,27
h. 1 Nachm.	— 9 ,49	— 11 ,16	— 10 ,92	— 9 ,21	+ 1 ,51	+ 4 ,07	+ 5 ,52	+ 4 ,61	+ 0 ,68	— 3 ,61	— 13 ,63	— 12 ,24
2	— 9 ,61	— 10 ,96	— 11 ,27	— 9 ,49	+ 1 ,30	+ 3 ,85	+ 5 ,35	+ 4 ,58	+ 0 ,61	— 3 ,65	— 13 ,54	— 12 ,15
3	— 9 ,67	— 10 ,97	— 11 ,66	— 9 ,57	+ 1 ,16	+ 3 ,63	+ 5 ,01	+ 4 ,44	+ 0 ,48	— 3 ,69	— 13 ,56	— 12 ,16
4	— 9 ,62	— 11 ,32	— 11 ,68	— 9 ,88	+ 0 ,54	+ 3 ,38	+ 4 ,89	+ 4 ,35	+ 0 ,27	— 3 ,70	— 13 ,56	— 12 ,19
5	— 9 ,53	— 11 ,55	— 12 ,03	— 10 ,58	+ 0 ,12	+ 3 ,14	+ 4 ,69	+ 3 ,96	+ 0 ,11	— 3 ,81	— 13 ,57	— 12 ,17
6	— 9 ,55	— 11 ,81	— 12 ,24	— 11 ,24	— 0 ,25	+ 2 ,85	+ 4 ,45	+ 3 ,63	— 0 ,08	— 3 ,85	— 13 ,70	— 12 ,18
7	— 9 ,61	— 12 ,04	— 12 ,58	— 12 ,02	— 0 ,96	+ 2 ,84	+ 4 ,25	+ 3 ,41	— 0 ,13	— 3 ,78	— 13 ,72	— 12 ,11
8	— 9 ,66	— 12 ,29	— 12 ,79	— 12 ,72	— 1 ,47	+ 2 ,44	+ 3 ,96	+ 3 ,04	— 0 ,14	— 3 ,87	— 14 ,11	— 12 ,15
9	— 9 ,64	— 12 ,41	— 12 ,95	— 13 ,17	— 1 ,98	+ 2 ,12	+ 3 ,63	+ 2 ,86	— 0 ,19	— 4 ,06	— 14 ,12	— 12 ,07
10	— 9 ,68	— 12 ,52	— 12 ,95	— 13 ,62	— 2 ,41	+ 1 ,88	+ 3 ,32	+ 2 ,60	— 0 ,26	— 4 ,19	— 14 ,08	— 12 ,10
11	— 9 ,75	— 12 ,58	— 12 ,98	— 13 ,83	— 2 ,59	+ 1 ,62	+ 3 ,16	+ 2 ,31	— 0 ,34	— 4 ,34	— 14 ,03	— 12 ,09
Mitternacht	— 9 ,81	— 12 ,68	— 13 ,09	— 14 ,00	— 2 ,77	+ 1 ,41	+ 2 ,94	+ 2 ,12	— 0 ,70	— 4 ,36	— 14 ,11	— 11 ,86
Mittel	— 9 ,59	— 11 ,95	— 12 ,40	— 11 ,75	— 0 ,66	+ 2 ,76	+ 4 ,22	+ 3 ,29	— 0 ,11	— 3 ,86	— 13 ,75	— 12 ,29

Auf das Bestimmteste leuchtet aus dieser Beobachtungsreihe trotz alles Schwankens hervor, dass in den Wintermonaten die täglichen Differenzen am geringsten, in den Sommermonaten etwas grösser, am grössten aber während der Übergänge aus der langen Polarnacht in den Polartag sind, jedoch so, dass der geringste tägliche Wechsel dem Wintersolstitium, der grösste Wechsel dem Durchgange der Sonne durch den Äquator folgt.

Wir finden nämlich im täglichen Gange der Temperatur:

	Maximum	Minimum	Differenz
im November	— 13°,54 R.	— 14°,12 R.	0°,58 R.
» Dezember	— 12 ,09	— 12 ,65	0 ,56 ¹)
» Januar	— 9 ,40	— 9 ,85	0 ,45
» Februar	— 10 ,96	— 12 ,68	1 ,72
» März	— 10 ,92	— 13 ,37	2 ,45
» April	— 9 ,21	— 14 ,16	4 ,95
» Mai	+ 1 ,70	— 2 ,83	4 ,53
» Juni	+ 4 ,29	+ 1 ,24	3 ,05
» Juli	+ 5 ,56	+ 2 ,77	2 ,79
» August	+ 4 ,64	+ 2 ,12	2 ,49
» September	+ 0 ,68	— 0 ,97	1 ,65
» Oktober	— 3 ,61	— 4 ,36	0 ,75

Die Richardson'schen Tabellen ergeben dasselbe Resultat. Dass in so hohen Breiten der Unterschied in der Sonnenhöhe um Mittag und Mitternacht einen geringeren Unterschied in der Temperatur hervorbringt als das Hervortreten über und das Sinken unter den Horizont, ist leicht begreiflich, aber es überrascht, dass um die herbstliche Tag- und Nachtgleiche oder etwas später nicht vergrösserte tägliche Differenzen sich bemerklich machen. Es müssen die Abkühlungen, welche die Luft durch das Untergehen der

¹) Für den Dezember ist nicht die aus aller Regel und Reihenfolge heraustretende Ziffer für die Temperatur um Mitternacht, sondern die nächst vorhergehende genommen.

Sonne erfährt, aus einer anderen Quelle ersetzt werden. Diess könnte durch den Boden geschehen, der jedoch nur bis zu geringer Tiefe aufgethaut und bis auf wenige Grade erwärmt ein sehr armes Magazin für Wärme zu sein scheint.

Mehr werden wohl die Temperatur-Differenzen dadurch ausgeglichen, dass nach dem Verweilen der Sonne in der nördlichen Hälfte der Ekliptik die gesammte Luftmasse über der nördlichen Erdhälfte erwärmt ist. Die Untersuchung der Windverhältnisse muss nachweisen, ob diese Ausgleichung durch nördliche Tages- und südliche Nachtwinde oder durch Winde, die nach dem Parallel streichen und die Temperaturen der von der Sonne beschienenen Gegenden vermischen, bewirkt wird.

Bei Berechnung des Temperatur-Ganges im Matotschkin-Scharr trat ein eigenthümliches Verhältniss in der Reihenfolge der erwärmten Stunden hervor. Im Oktober nämlich zeigte sich die grösste tägliche Erwärmung nach 2 Uhr Nachmittags, im November um 6 Uhr, im Dezember zwischen 10 Uhr Abends und Mitternacht, im Januar zwischen Mitternacht und 2 Uhr Morgens. Im Februar und März fällt freilich die grösste durch die Sonne bewirkte Erwärmung auf die Zeit bald nach Mittag, allein ausserdem ist im Februar die vierte und im März die sechste Stunde wärmer als die benachbarte. Es zeigte sich also eine Erwärmung, die regelmässig vom Oktober bis zum März zurückblieb. Ja, sie ist auch im April nicht zu verkennen, denn die zehnte Stunde ist merklich wärmer als die zweite nach Mittag. Erst im Juni scheint sie ganz auf Mittag zu fallen. — In dem Temperatur-Gange in der Karischen Pforte trat ein ähnliches Verhältniss, nur weniger deutlich, hervor. Dagegen wiesen die Mittel-Temperaturen von Boothia keine solche, nach dem Laufe der Jahre cirkulirende, tägliche, von der Wirkung der Sonne unabhängige Erwärmung nach. Es ist nicht schwer, im Matotschkin-Scharr den Grund dieser zur Regel gewordenen Störung zu erkennen. Die genannte Meerenge, von hohen Bergmassen eingeschlossen, durchsetzt wie eine Kluft das Gebirge, das wir Nowaja Semlä nennen, und verbindet das Karische Meer mit dem Eismeere so wie die Luftmassen über beiden Meeren. Das Karische Meer ist fast nie ohne Eis oder wenn diess Eis schwindet, so geschieht es nur auf kurze Zeit. Es ist daher kälter als das westliche Eismeer. Die Luft über demselben ist den grössten Theil des Jahres bedeutend kälter als die Luft, welche auf dem Eismeere ruht. In der Höhe des Sommers mag sie wärmer sein, denn wenn auch die tiefste Lage der Luft die Temperatur des Meeres angenommen haben muss, so ist doch kaum zu zweifeln, dass die grossen Ländermassen, die diess enge Meer umschliessen und sich bedeutend mehr erwärmen als die See unter gleicher Breite, der Gesammtmasse der Luft über dem Karischen Meere eine höhere Temperatur im Juli und August geben, als die Luft westlich von Nowaja Semlä hat.

Es muss aber nicht nur eine Ausgleichung der verschiedenen Temperaturen durch die Meerenge Statt finden, sondern es wird auch mit Ausnahme der Sommermonate ein fortwährender Luftzug durch Matotschkin-Scharr von Osten nach Westen stattfinden, da, wenn zwei verschieden erwärmte Luftmassen mit einander in Verbindung stehen, in den unteren Schichten die kältere gegen die wärmere strömt. Diesem Verhältnisse muss man die Depression der mittleren Jahrestemperatur in Matotschkin-Scharr gegen die übrige Westküste zuschreiben. — Wohl mag ein kräftiger Westwind aus der hohen See den Ostwind aus der Meerenge überwinden, allein der Einfluss des letzteren ist doch so stark und bis in die Mitte und gegen Ende des Juni so anhaltend, dass man oft in die Meerenge nicht einlaufen kann, wenn man auch nur den hohen See einen Wind hat, der in sie einzulaufen verspricht. — Südwind ist an der Westküste von Nowaja Semlä wenigstens in der ersten Hälfte des Sommers die Regel, denn bei Vergleichung der hierher unternommenen Reisen ist es auffallend, wie schnell die meisten Schiffe der Küste entlang nach Norden kamen. Die Russischen Walrossfänger rechnen für die Fahrt von der Südspitze nach der Nordspitze von Nowaja Semlä nur 7 Tagereisen, für die Rückreise wissen sie kein Maass anzugeben. Auf der hohen See herrschen (im Sommer wenigstens) Südwestwinde vor, als integrirende Theile des zurückkehrenden Passats. Diese finden an dem gebirgigen Theile von Nowaja Semlä einen Widerstand und müssen der Küste

entlang nach Norden streichen, gerade wie an der Küste von Norwegen, wo die Gegend des Nordkaps durch die heftigsten Stürme berüchtigt ist, weil die zusammengedrängten Luftmassen plötzlich kein Hinderniss mehr nach Osten findend fast nach allen Richtungen ausfahren können. Aber schon südlich von den hohen Bergen Nowaja Semlä's trifft man den Südwind (wenigstens im Sommer). Die kältere Luft über dem Karischen Meere und Nowaja Semlä strömt gegen die wärmere über dem Eismeere, wie man besonders auf Fahrten, die an der Küste auf Booten gemacht werden, erfährt. Fast immer nämlich, wie auch die allgemeine Richtung der Winde sein mag, brechen durch die Thalschluchten des nördlichen Theiles heftige kalte Winde von Osten nach Westen hervor, so dass man die Segel der Boote einzuziehen pflegt, wenn man dem Ende eines der langen, von Norden nach Süden streichenden Berge nahe kommt, um nicht von einem solchen Thalwinde umgeworfen zu werden. Der vorherrschende Südwestwind der hohen See und der anhaltende Ost aus den Thalschluchten des gebirgigen und wahrscheinlich von der gesammten Fläche des flacheren südlichen Theiles von Nowaja Semlä erzeugen in einiger Entfernung von der Küste einen vorherrschenden Südwind.

Wie aus den engen Thalschluchten, zwar weniger stürmisch, aber desto anhaltender, weht bis zur Mitte des Sommers aus Matotschkin-Scharr ein Ostwind.

In dieser vorherrschenden Windrichtung liegt der Grund der sonderbaren, nach dem Tagesstunden scheinbar cirkulirenden Erwärmung. Es ist nämlich keine wirkliche Erwärmung, sondern vielmehr eine zurückbleibende Abnahme der Erkältung. Im September wird die Temperatur auf der Ost- und Westseite Nowaja Semlä's sich ziemlich gleich sein. Im Oktober wird das Land, welches das Karische Meer umgiebt, kälter; dieses Meer bedeckt sich schon mit Eis, es wird aber ein Ostwind in der Meerenge vorherrschend, wie auch Rosmysslow ausdrücklich bemerkt. Allein der Unterschied in den Temperaturen ist doch nicht so gross als später und namentlich nicht am Tage. Die Westmündung der Meerenge wird also ein Paar Stunden nach dem Mittag am wenigsten von der Temperatur abweichen, die sie haben würde, wenn sie nicht mit dem Karischen Meere in Verbindung stände. Vom November fortgehend wird der Unterschied immer grösser, die Luftströmung also wohl stärker. Die Ermässigung, welche diese Ausgleichung während des Tages erfährt, wird immer später kenntlich, weil, je kälter der Hochnorden Sibiriens und das benachbarte Meer werden, um so viel mehr die Luft nach Westen drängt. Ist auch das Hinüberströmen bleibend, so wird doch der Strom in jeder Nacht verstärkt, und je stärker das Überströmen ist, desto länger muss die Erkältung anhalten, desto später ihre Abnahme kenntlich werden. Dazu kommt, dass die Westküste von Nowaja Semlä auch mit einer Eisfläche umgeben wird, die immer mehr nach Westen sich ausdehnt. Es wird also die Ausgleichung der kalten und warmen Luftmassen immer weiter nach Westen verschoben und eine bestimmte Station in der Meerenge rückt gleichsam tiefer in den Oststrom hinein.

Das Phänomen, das in Matotschkin-Scharr unverschleiert hervortritt, das Vorherrschen des Landwindes in den kalten Jahres- und Tageszeiten (das Karische Meer und alle gefrorenen Meere kann man im Winter als Land betrachten), bringt auch wohl in anderen arktischen Gegenden die Störungen im täglichen Gange der Temperatur während des Winters hervor, wenn auch nicht mit derselben Bestimmtheit. Es zeigt sich in der Tabelle des Temperaturganges in der Seichten Bai so wie in denen von Richardson.

(Bulletin scientifique de l'Acad. Imp. des sciences de St.-Pétersbourg, Tome VII, pp. 229—248: Temperatur-Beobachtungen, die an der Westküste von Nowaja Semlä unter dem 74° N. Br. angestellt worden sind. Mitgetheilt von K. E. v. Baer.)

Übereinstimmend mit der Inselnatur Nowaja Semlä's erscheint der rasche Witterungswechsel, das plötzliche Umschlagen des heiteren Wetters in trübes. Die Nebel sind hier so dicht, dass man die Gegenstände in nächster Nähe nicht unterscheiden kann. Dagegen hat die Luft bei hei-

terem Wetter eine ausserordentliche Reinheit. An hellen Tagen oder Stunden erscheint sie fast farblos, die Berge rücken heran, Maass und Distance entschwinden, besonders dem, der Höhen durch ein anderes Medium zu sehen gewohnt war.

Nordlichter sind auf Nowaja Semlä häufig, sie erscheinen bei windstillem Wetter oder leisem Ostwinde, breiten sich über den halben Gesichtskreis aus und erheben sich bis zum Zenith; sie sind so hell, dass man bei ihrem Schein lesen kann.

Im Sommer und im Herbst finden starke und anhaltende Regen Statt, besonders im Gefolge von Westwinden. Oft fällt in diesen Jahreszeiten, wie im Frühjahr, Schnee, bisweilen 3 Zoll hoch. Im Winter häuft der Wind den Schnee, wo der Boden uneben ist, zu 5 Sashen hohen Hügeln an; auf der ebenen Fläche erreicht die Schneedecke eine Dicke von $^3/_4$ Sashen. In der Mitte oder im Ausgang des April fängt der Schnee an, weich zu werden, und es bilden sich Schneebäche. Ende Mai ist in den offenen Niederungen jede Schneespur verschwunden und es beginnt der Graswuchs. Die Flüsse werden Ende Juni frei von Eis, die Meerbusen im Juli; viele der letzteren indess bewahren ihre Eisdecke das ganze Jahr hindurch. (Sapiski des Hydrographischen Departements des Marine-Ministeriums, Bd. II, SS. 92—95.)

VI. Vegetation Nowaja Semlä's.

1. Das Pflanzenleben auf Nowaja Semlä.

Nowaja Semlä's Pflanzenwelt zeigt in charakteristischen Zügen die gemeinschaftliche Wirkung steinigen Bodens und geringer Sommerwärme und bildet einen eigenthümlichen Kontrast zu der Vegetation Lapplands[1]). Wohl trifft man

auch hier einzelne Stellen, in welche der Fuss einsinkt, — aber es ist entweder ein zäher dunkelfarbiger Thon, aus der Zersetzung des Felsens gebildet und erst kürzlich zusammengeschwemmt, oder es sind seit längerer Zeit schon gebildete Anschwemmungen ähnlicher Art am Fusse der

---

[1]) Herr v. Baer zeichnet das Vegetations-Bild des Lappländischen Küstenstrichs folgendermaassen: „Als wir den Abhang (bei Pjalitsa an der Küste Lapplands, unter 66° 10′ N. Br.) erstiegen hatten, schloss sich die neue Welt unseren Blicken vollständig auf. Ein Meer von Flechten, nicht zahlreich an Arten, doch unzählbar an Individuen, dehnte sich vor unseren Augen aus, als das Auge reichte, und schien die eingeschlossenen Pflanzen höherer Bildung auch nächstens verdrängen zu wollen. Selbst der Wachholder hatte ein krankes, gelbgrünes Aussehen. Einzelne zerstreute grüne Büsche von kreisförmigem Umfang erwiesen sich bei näherer Betrachtung als krummholzförmige Birken, deren Breite zuweilen das Dreifache ihrer Höhe betrug. — — —

„Die trockne Tundra hier wird von Zeit zu Zeit von Streifen der nassen Tundra wie von Adern durchzogen, denn überall, wo das Schneewasser abfliesst und den Boden einreisst und durchweicht, wechselt schwappendes Mooslager, in welches man oft bis an das Knie einsinkt und wo man ausser einigen Seggen und Rubus Chamaemorus wenig andere Pflanzen findet, mit dem dürren Boden der Lichenen. So kann man Lappland mit Recht das Land der Flechten und Moose nennen. Wo der Boden während des Sommers austrocknet, erzeugen sich Flechten, wo der Boden feucht bleibt, Moose — und umgekehrt scheint der Überzug von Flechten den Boden noch mehr auszutrocknen, denn er bildet eine Art von trocknem Torf, der Überzug von Moosen dagegen

Spörer, Nowaja Semlä.

ihm die Feuchtigkeit länger zu bewahren. Der Flechtenboden erhitzt sich, wie Wahlenberg sagt, im Sommer so sehr, dass er fast die Füsse des Wanderers verbrennt. Offenbar schien es mir, dass Flechten und Moose mit der übrigen Vegetation in fortgehendem und immer siegreichem Kampfe begriffen sind, so wie wenn zwei Völker in demselben Lande ansässig sind, von denen aber das eine mehr Hülfsmittel zur Existenz hat, das andere dann allmählich verkümmert und ausstirbt. Diese Überzeugung drängte sich mir besonders auf, als ich einen Wald, der das Gesichtsfeld zu begrenzen schien, näher untersuchen wollte. Nicht nur löste er sich bei grösserer Nähe in einzelne von einander entfernte Bäume auf, die auf einem ausgetrockneten Boden standen, auf dem die Flechten schon zu wuchern anfingen, sondern die vordersten Reihen waren schon längst abgestorben und ihre weissen, abenteuerlich verdrehten und knorrigen Stämme erschienen wie Mumien der Vergangenheit. Dann folgten Bäume, die, etwas mehr gerade gerichtet, noch an einigen Ästen grünten, bis allmählich der Baum eine gerade Richtung annahm und sich zuletzt ein dunkler Graswuchs, von Ranunkeln und Trollius etwas verziert, sich zeigte. Nach Durchwanderung dieses trauernden Gehölzes erhob sich der Boden terrassenförmig, aber diese Terrasse war von einer dicken Lage schwappenden Mooses bedeckt, weil von höheren Gegenden das Schneewasser fast durch die ganze Breite der Terrasse abfloss, die nur seitlich mehr erhöht war und dort gesundere

10

Berge, die ihrer geringen Neigung wegen das unaufhörlich zufliessende Schnee- und Regenwasser nur langsam abfliessen lassen und mit mehr braungelben als grünen Cyperaceen und spärlichem Moose besetzt sind. So sehr sie auch den Fuss des Wanderers durchnässen, so kann man doch dreist über sie wegschreiten, denn der feste Boden liegt nicht tief unter ihnen. Überhaupt ist Nowaja Semlä noch immer in der Vorbereitung zur Bildung einer organischen Decke begriffen, nirgends eine zusammenhängende Grasdecke, die den Namen einer Wiese verdient, nicht einmal ein zusammenhängender Moosteppich. Der relativ dichtere Graswuchs des „Gänselandes" lässt dasselbe als Vorland erscheinen, in welches das Wasser aus weiter zurückliegenden Höhen die feinsten Trümmer des verwitterten Gesteins hingeführt hat. Sonst gedeihen selbst laubförmige Flechten nur kümmerlich und sind von der frechen Üppigkeit, die sie in Lappland zeigen, weit entfernt. Nur die krustenförmigen Lichenen überziehen jeden Block von Augitporphyr so, dass er wie buntfarbig bespritzt aussieht. Nicht so reich besetzt ist der Kalk. An den Schiefern sieht man diesen Überzug vielleicht deshalb selten, weil die angegriffenen Flächen bald abblättern. Das Einzige, was an die Lappländischen Tundren erinnert, ist der zusammenhängende falbe Rasen, mit dem Dryas octopetala trockene Bergabhänge, die von Felsenschutt gebildet sind, überzieht. Dieser Überzug ist aber nur 1 Zoll dick und lässt sich wie eine Perrücke abziehen. Die genannte Pflanze ist die einzige wahrhaft gesellige in Nowaja Semlä. — Das Haidekraut, die Charakterpflanze der Mittel-Europäischen Wüsten, ist schon in Lappland ungesellig und fehlt in Nowaja Semlä gänzlich. Desgleichen fehlt hier der traurige Schmuck Lappländischer Höhen, Empetrum nigrum, Arbutus alpina, und die freundlichere Zierde von Azalea procumbens und Diapensia lapponica. — Ledum palustre, Rubus Chamaemorus, Cornus suecica, so äusserst gemein in Lappland, kommen nicht vor, da der Nowasemlaer Boden es nicht zur Torfbildung bringt. Der Grundcharakter der Nowasemlaer Wüsten ist Vegetationslosigkeit, wenn man einzeln stehende Individuen der Gat-

tung Draba übersieht, die ihren Deutschen Namen „Hungerblumen" nirgends besser zu verdienen scheinen als hier.

Man pflegt den Boden Brasiliens und überhaupt derjenigen Länder, in welche Hacke und Pflug des Menschen noch nicht die Superfötation getragen haben, einen jungfräulichen zu nennen, obgleich der dichte Wald, den verschlungene Lianen aus einer Summe von Bäumen in eine Einheit von Vegetation verwandeln, und die dicke Lage von Humus für diese Jungfräulichkeit ein schlechtes Zeugniss ablegen. Nach diesem Maassstab ist der Boden von Nowaja Semlä noch nicht einmal im kindlichen, sondern im Embryonenzustande. Man erkennt die einzelnen Perioden dieses Zustandes an verschiedenen Punkten zerstreut.

Am häufigsten sieht man entweder den Fels unbedeckt oder mit seinen eigenen Trümmern beschüttet, zwischen denen die kleineren, früher aufgelösten Theile ein grobes Gemenge von Erde und Steinchen, eine Art Kies oder Felsensplitt, bilden. Mit Ausnahme der Schiefer findet man die Felsblöcke mit krustenförmigen Lichenen bedeckt. Wie an der Schneelinie des Chimborasso (nach Humboldt) ist auch hier Verrucaria geographica die gewöhnlichste, daher das ungemein bunte Aussehen. Nur ausserordentlich langsam scheint diese vegetabilische Kruste den Stein zu benagen, denn wie sehr auch die Kälte oder andere zerstörende Gewalten den Fels in einzelne Blöcke zerklüftet haben mögen, die Bruchflächen zeigen sich sehr lange unversehrt. So sind die Berge von Augitporphyr, welche sich zu beiden Seiten der Nechwatowa erheben, so weit das Auge dringen kann, nach allen Richtungen zerklüftet, so dass man nur ungeheuere Haufen von über einander geworfenen Felsblöcken verschiedener Grösse sieht. Diese Trümmerhaufen zeigen überall noch erkenntliche Flächen und scharfe Kanten. Man glaubt aus ihnen noch den ganzen Fels zusammensetzen zu können. Ausser den inkrustirenden Flechten und wenigen aufgerichteten, wie Stereocaulon paschale, wächst auf diesen Trümmerhaufen fast Nichts. Nur sehr vereinzelt kommt eine Cochlearia, Papaver nudicaule oder eine andere Felsenpflanze an anderen Stellen vor, wo etwas mehr Staub (von Lichenen oder der Oberfläche des Gesteins) sich angesammelt hat.

Das mehr verwitterte Gestein, der Felsenschutt, hat etwas reichere Vegetation, besonders an Stellen, wo die Zerkleinerung bereits weiter fortgeschritten ist. Auf solchen Stellen findet man besonders Polster-Pflanzen, die sich rasenförmig ausdehnen, indem die Stengel in eine sehr grosse Anzahl kurzer, auf dem Boden liegender Äste getheilt sind, die sämmtlich von einer einzigen, gewöhnlich dünnen, Wurzel ausgehen, wie Silene acaulis, Saxifraga oppositifolia, Arenaria rubella (quadrivalvis *R. Brown*, die aber nicht 4, sondern nur 3 Klappen an der Frucht hat). Zwischen ihnen wachsen

Baumgruppen als die bisher gesehenen trug. So folgten noch mehrere Terrassen auf einander. Immer glaubte ich einen trockenen Wiesenboden zu finden, wenn ich den nächsten Abhang hinaufgestiegen sein würde, und immer fand ich nur neue Moosflächen, von Rubus Chamaemorus und Vaccinium uliginosum durchwachsen. Die etwas über die übrige Fläche erhabenen Punkte zeigen Waldpartien, in denen der Baumwuchs allmählich an Kräftigkeit zunahm.

„Fügt man noch hinzu, dass in der Nähe der kleinen Flüsse oder an anderen wasserreich sich erhaltenden Stellen niedriges, aber oft undurchdringlich dichtes Weidengestrüpp sich bildet, so hat man ein allgemeines Bild der Küstengegend des Russischen Lapplands, die wir theils besucht, theils immer im Auge behalten haben."

(Bulletin scientifique, Tome III, pp. 135—136. Expédition à Nowaja Zemlia et en Laponie. Tableau physique des contrées visitées, par Mr. Baer.)

Draba alpina, androsacea, micropetala, hirta, muricella, Arenaria ciliata, Myosotis villosa, Dryas aetopetala.

Wo das bezeichnete Gemenge von herabfliessendem Schneewasser stark ausgewaschen wird, da sammelt sich, besonders wenn Thonschiefer einen Hauptbestandtheil des Gemenges ausmachte, an den tiefsten Stellen ein dunkler Lehm. Wenn dieser so liegt, dass er im Sommer austrocknen kann, so reisst er auf und wird durch 1 bis 3 Zoll breite Risse in eine Menge Polygone getheilt. Solche Stellen sind fähig, eine reichere Vegetation zu erlangen, aber nur sehr allmählich. Wo die Bildung noch neu ist, sieht man die schwarzen Polygone wie mystische Figuren unter seinen Füssen und nur auf viele Klafter von einander entfernt einzelne Exemplare von Platypetalum purpurascens, Saxifraga aizoides, Saxifraga Hirculus, Draba alpina u. a. Allmählich aber sammeln sich in den Furchen Moose und die Polygone selbst werden auch etwas mehr bewachsen. Das Moos dient wieder anderen Pflanzen zum Schutz, wie denn z. B. Salix polaris, der gemeinste unter allen hiesigen Sträuchen, aber auch der kürzeste, da jedes Ästchen nur 2 Blätter und ein Kätzchen aus der schützenden Decke erhebt, nie anders als in diesem Moose vorkommt. Zu ihm gesellen sich bald Eriophorum capitatum mit anderen Wollgräsern. Die Vegetation bleibt lange Zeit in den Furchen verschieden von der auf den eingeschlossenen Polygonen und schreitet etwas rascher fort als auf diesen, so dass man Stellen sieht, die von braungrünen Linien durchzogen sind. Vor den auf den Polygonen stehenden Pflanzen sind viele rasenförmig, die jährlich aus jedem Ästchen nur ein Paar Blättchen mit oder ohne Blume hervortreiben und nur diese nach dem Verlaufe eines Jahres dem Boden als Dünger wiedergeben. Aber auch mit dieser spärlichen Gabe scheint die Natur hier geizen zu wollen, denn nur die Blätter von sehr weichem Gewebe gehen im Herbst desselben Jahres, das sie erzeugt hat, in Verwesung über. Bei einer grossen Zahl der hiesigen Pflanzen trocknen die Blätter nur aus, indem die Flüssigkeiten durch Verdunstung verloren gehen, das ganze Blatt aber entfärbt an seiner Stelle bleibt. An manchen, wie an Saxifraga caespitosa (groenlandica), sieht man auf diese Weise die Blätterbildung mehrerer Jahre zugleich und nur die letzten grünend. Diese abgestorbenen Blätter-Mumien müssen freilich zuletzt auch der Verwesung anheim fallen, allein vom Winde abgebrochen und verweht kommen sie selten dem Boden zu Gute, der sie erzeugt hat.

So mehrt sich der Humus an den meisten Stellen unglaublich langsam und Nowaja Semlä würde sich noch nackter darstellen, wenn es nicht viele Pflanzen trüge, die gar keines Humus zu bedürfen scheinen, sondern nur einer Felsenspalte oder eines lockeren Kieses, in dessen Zwischenräumen sich etwas Feuchtigkeit erhält, wie Rhodiola rosea,

Erigeron uniflorum, ein Vaccinium, das mit dem ganzen holzigen Stamme in sehr engen Felsenritzen sitzt und nur die Blätter hervortreibt, oder Papaver nudicaule, das einsam zwischen Felsentrümmern und auf Felsenschutt nistet und untergeht, wenn sich andere Pflanzen andrängen, oder Ranunculus nivalis, der nur Schneewasser verlangt und schon in voller Blüthe steht, wenn der Boden noch nicht über 1° erwärmt ist. Fast eben so genügsam ist Oxyria reniformis.

Am Fusse der Nowasemlaer Berge stösst man auf Plätze, wo Flora allen Reichthum ihrer Farbenpracht auf den Boden ausgeschüttet zu haben scheint, denn diese zarten, lebhaft gefärbten Blumen erheben sich nur auf wenige Zoll von ihm oder berühren ihn sogar unmittelbar. Kleine, mit purpurfarbigen Blumen dicht besetzte Rasen von Silene acaulis und Saxifraga oppositifolia, mit himmelblauen Sternen besäete Rasenflächen von Myosotis villosa, bunt gemischt mit goldgelben Ranunkeln und Draba alpina, mit pfirsichblüthigen Parryen, weissen Cerastien und blauen Polemonen, so wie dem gemeinen, aber hier wegen des geringen Laubes noch freundlicheren Vergissmeinnicht — machen den Eindruck eines bunten Teppichs oder vielmehr eines von kunstreicher Hand in dieser Eisregion angelegten Gartens. Gerade der Mangel an Gräsern und anderen Pflanzen mit vielem Laube und geringer Blüthe lässt solche Stellen als sorgsam gepflegte Blumenbeete erscheinen. Die dicotyledonen Pflanzen des Hochnordens entwickeln wie auf den Alpenspitzen gerade nur so viel Laub, als nöthig ist, um den Eindruck des Farbengemisches zu erhöhen, und zeigen von oben betrachtet meist mehr Blumen als Laub. Endlich giebt es besonders begünstigte Stellen, wo der Boden wirklich von einer ziemlich dichten Pflanzendecke völlig bekleidet wird, sie sind aber nur von sehr beschränktem Umfange. Es gehört, um sie zu bilden, immer ein Verein von günstigen Verhältnissen, die hier im Laufe der Jahrhunderte einen Vorrath von Humus erzeugt haben. So ist überall, wo der Kalk den Schiefer durchsetzt und in kleinen Kuppen oder Kämmen hervorragt, eine gedrängte Vegetation auf wenige Quadratfaden ausgedehnt, theils wohl, weil die vorragende Felsspitze mehr von der Sonne erwärmt wird, theils weil überhaupt der verwitternde Kalk die Vegetation mehr zu befördern scheint als der Schiefer, theils endlich, weil an solchen Stellen sich die Lemminge besonders sammeln, den Boden auflockern und bedüngen, ihre Nahrung aber, einem eigenthümlichen Triebe folgend, nicht aus der unmittelbarsten Nähe zu holen scheinen. Ausser den kleinen Oasen um diese Felsspitzen finden sich noch hie und da andere ziemlich dicht bewachsene Stellen, immer aber nur solche, die durch die Neigung des Bodens und davon abhängige Erwärmung oder die weiter gediehene Auflösung seiner

10*

Bestandtheile besonders begünstigt sind. Auch an diesen dicht bewachsenen Stellen bleibt die grosse Mannigfaltigkeit der Pflanzen auffallend. Es sind vorzüglich Dicotyledonen und die Ranunkeln (mit Ausnahme von Ranunculus nivalis) sind fast nur auf diese humusreichen Stellen beschränkt, die Draba-Arten werden dagegen verdrängt. Das allgemeinste Verhältniss dieser Stellen ist, dass sie früher als andere von der Schneedecke entblösst werden und das von den Höhen den ganzen Sommer hindurch herabfliessende Schneewasser, das den Boden kalt erhält, sie nicht erreicht, sondern zur Seite abfliesst.

Man wird sich über die geringe Vegetation Nowaja Semlä's nicht wundern, wenn man bedenkt, dass die Sommerwärme dort geringer ist als in Spitzbergen, dass der wärmste Monat dort nur so viel Wärme entwickelt als der Oktober in Drontheim, der Dezember in Edinburgh und der Januar im mittleren Frankreich [1].

Hier drängt sich die Frage auf: Was für Pflanzen können bei so geringer Temperatur noch gedeihen? Es sind solche, denen eine sehr kurze Vegetation eigenthümlich ist. Die Vegetation ist ein chemischer Prozess, bedingt von der Quantität der einwirkenden Wärme. Die hochnordischen Pflanzen haben alle eine sehr kurze Vegetation, dieselbe ist aber auf eine längere Zeit ausgedehnt als in südlicher gelegenen Gegenden. In Nowaja Semlä kommt das Vergissmeinnicht nicht zum Aufschliessen aller Blumen und noch viel weniger zur Frucht. Chrysosplenium alternifolium kommt erst in den letzten Tagen des August zur Blüthe. Von den eigentlich arktischen Pflanzen scheint ein bedeutender Theil höchst selten oder nur an begünstigten Stellen reife Samen zu entwickeln und auch diese Entwickelung, wo sie erfolgt, scheint meist erst unter dem Schnee beendigt zu werden (die Gattungen Draba, Platypetalum, Ranunculus, viele Saxifragen und Arenarien, Caltha palustris, Eriophorum caespitosum und capitatum, Polygonum viviparum, Myosotis villosa). Wie aber Pflanzen, welche erst nach der Mitte des August aufblühen, in Nowaja Semlä Samen ausreifen sollen (z. B. Polemonium coeruleum, Valeriana capitata u. a.), ist schwer begreiflich. Sind derartige

---

[1] In dem Tagebuche Pachtussow's (Sapiski des Hydrographischen Departements, Bd. I, 1842, S. 162) heisst es: „Diese beiden Tage [18. (30.) und 19. (31.) August 1833] schlossen mit herrlichem warmen Wetter den Polarsommer ab; das Réaumur-Thermometer zeigte im Schatten $+ 6°$ und selbst $+ 6\frac{1}{4}°$. Es ist diess die höchste Lufttemperatur im Laufe des wärmsten Sommermonats; die gewöhnliche Wärme betrug $+ 2$ Grad Réaumur, und in Mitternacht sank das Thermometer nicht selten auf den Frostpunkt." — Dagegen kommt in den aus den Brouillons Pachtussow's und Ziwolka's zusammengestellten Notizen derselben Mémoires des Hydrographischen Departements (Bd. II, 1844, S. 92) die Stelle vor: „Nowaja Semlä's Klima' ist nicht so rauh, wie man seiner geographischen Lage nach annehmen könnte, und wahrscheinlich ist der Winter am Nordkap nicht wärmer und das Wetter dort nicht besser. — Im Sommer hatte man an der Sonne $+ 27°$, im Schatten bis $+ 12°$." (Sic!)

Individuen eingewanderte Fremdlinge, die jährlich zu blühen anfangen und endlich ohne Nachkommen untergehen müssen, oder kommt doch hie und da ein Individuum, das an erwärmenden Felswänden steht, zur Reife? Endlich giebt es Pflanzen, die es nie bis zur Blüthenbildung bringen, sondern nur in der Blätterbildung vegetiren, so Tussilago frigida, Salix Brayi und das einzige Vaccinium, das hier vorkommt. Sie deuten darauf hin, dass Nowaja Semlä's Pflanzenwelt von Strandungen aus der Nachbarschaft unterhalten wird. Bei anscheinend gleicher Beschaffenheit des Bodens ist die Küste im Allgemeinen reicher mit Pflanzen besetzt als die von ihr mehr entfernten Gegenden, dagegen Küstenstriche, vor welchen Inseln liegen, weniger als diejenigen, vor welchen keine Inseln sind. Das Eis ist das Transportmittel für die Auswanderer.

Leopold v. Buch (Canarische Inseln, S. 132) hat nachgewiesen, dass eine grössere Mannigfaltigkeit der Formen im Verhältnisse zu ihrer Anzahl Inselfloren charakterisiren. Das bunte Gemisch von Individuen verschiedener Arten unter einander, welches durch alle Vegetationsformen Nowaja Semlä's fast ohne Ausnahme hindurch geht, zeigt dieses Gesetz in seiner energischesten Ausprägung.

Die Flora des Insellandes ist eine alpine, sie ist zum Theil hochalpinisch, zum Theil gehört sie der Flora der Schneegrenze an. Unter allen Pflanzen, welche Nowaja Semlä mit Lappland gemeinschaftlich hat, sind nur sehr wenige, deren obere Grenze Wahlenberg in seiner tabellarischen Übersicht in die Region der Alpes inferiores setzt (Draba muricella, Salix lanata, Tussilago frigida); bei weitem die meisten haben in den oberen Alpen oder in der Region des ewigen Schnee's die obere Grenze ihrer Verbreitung und fast alle Lappländischen Pflanzen, deren untere Grenze Wahlenberg schon auf den höheren Alpen findet (Ranunculus nivalis, Draba alpina, Saxifraga nivalis, Luzula arctica, Pedicularis hirsuta et flammea?) kommen in Nowaja Semlä in der Ebene vor. Besässe man ähnliche Vegetationsübersichten nach der Höhe aus dem Ural, so würde sich die Vergleichung weiter durchführen lassen, da nach Schrenk's Beobachtung Nowaja Semlä's Flora mehr mit der des Ural als mit der Lappländischen übereinstimmt. — Spitzbergens Flora, so weit sie aus den Sammlungen von Scoresby und Sabine (bestimmt von Robert Brown und Hooker) bekannt geworden, ist fast ohne Ausnahme in Nowaja Semlä gefunden worden; ausserdem sind noch einige Pflanzen eingewandert, die man bisher nur in Nord-Amerika gefunden hat.

Das Gedeihen von Pflanzen, deren obere Grenze Wahlenberg dicht an oder über die Schneegrenze setzt, wie Saxifraga oppositifolia, Silene acaulis, Ranunculus nivalis, Oxyria reniformis, Ranunculus pygmaeus, Dryas octopetala, Petidea crocea, Cerastium alpinum, Erigeron uniflorum, — das Gedeihen solcher Pflanzen in der Ebene drängt zu der Frage, wie hoch die Schneegrenze in Nowaja Semlä liege. Aber eine allgemeine Schneegrenze für das Land anzugeben, ist völlig unmöglich, indem der Einfluss der Lokalitäten im Verhältniss zu irgend einer normalen Abnahme der Temperatur nach der Höhe so ungeheuer gross ist, dass man nur für jeden einzelnen Punkt die relative oder wirkliche Schneegrenze finden kann. Eine Untersuchung der im Norden an die Küste auslaufenden Gletscher nach Hugi's Anleitung (Naturhistorische Alpenreise) könnte nachweisen, ob die Firnlinie an den Gletschern im hohen Norden ein so bestimmtes Maass für diejenige Höhe der Atmosphäre, in welcher es nie thaut, giebt, wie sie es in den Alpen geben soll. So lange indess nicht durch Beobachtung konstatirt ist, dass die Firnlinie der Nowasemlaer Gletscher in verschiedenen Thälern dieselbe Höhe hat, bleibt es wahrscheinlich, dass die Höhe der Firnlinie sehr veränderlich sein werde, besonders wenn die Thaleinschnitte, in denen die Gletscher liegen, nicht durch Schneemassen verbunden sind.

Was das Vorkommen des Schnee's betrifft, so schwindet derselbe gegen Ende des Juli trotz der geringen Lufttemperatur von der Ebene. Ist eine Einbiegung des Ufers so gelegen, dass der Wind eine bedeutende Menge Schnee hineinweht, so ist der kurze Sommer nicht im Stande, diese Masse zu schmelzen. Die höheren Berge haben in jeder Vertiefung bleibenden Schnee. Krümmt sich ein Bergrücken merklich in seiner Längendimension, so ist die Masse ewigen Schnee's in dieser Krümmung ungeheuer und es macht wenig Unterschied, ob die Krümmung nach Süden oder nach Norden gerichtet ist. Eine solche Schneemasse wirkt immer merklich erkältend auf ihre Umgebung und macht, dass auch dort der Schnee sich länger erhält. Fährt man durch Matotschkin-Scharr, so fällt das Thermometer um 1 bis 2 Grad, wenn man an einer bedeutenden Schneegrube vorbei kommt. Solche Schneegruben dehnen sich häufig auf mehrere Meilen aus, bei einer Höhe von vielleicht ein Paar tausend Fuss; es giebt Schneemassen, die von den Kämmen der Berge herab bis auf wenige Klafter vom Spiegel des Meeres reichen. Dagegen giebt es Abhänge von mehr als 3000 F. Höhe, welche ausser schmalen Klüften schon im Juli gar keinen Schnee zeigen, indem sie isolirt und so stehen, dass die Sonnenstrahlen ihre ganze Fläche treffen. Am meisten gilt dies von den Bergen, die nahe am Westufer stehen. So wie das Gestein entblösst ist, erwärmt es sich an der Sonne und giebt, auch wenn diese nicht mehr scheint, die Wärme wieder an die nächste Luftschicht ab. Mögen nun auch die entfernteren Luftschichten unter $0°$ erkältet sein, die Wärme, die das Gestein durch die Sonnenstrahlen erhalten hat, bringt einen Theil des Schnee's zum Schmelzen und die erwärmten Luftschichten müssen, indem sie an der

Wand des Berges aufsteigen, dieses Schmelzen noch mehr befördern. Von diesen Flächen mag der Schnee selbst während des Frostes schmelzen, wie von unseren Dächern im Februar und Anfang des März, wenn auch die allgemeine Lufttemperatur unter Null ist.

Die schärferen Kämme der Berge sind in der Regel schneelos und selbst die mehr abgerundeten Kuppen sind es an einzelnen Theilen, deren Fläche stärker aufsteigt, so dass die Strahlen der hier niedrig stehenden Sonne unter einem grösseren Winkel auffallen. Solche entblösste Flächen liegen nach allen Weltgegenden — wahrscheinlich weil die Sonne aus allen Weltgegenden scheint — und die meisten sind nicht an sich unfähig, eine Schneedecke zu halten. Daher erscheint es unmöglich, im hohen Norden ein Maass für die Schneegrenze in einem Gebirge zu finden. Ein isolirter Berg giebt wegen des bedeutenden Einflusses der strahlenden Wärme immer nur ein höchst zufälliges Maass. Eine gleichmässig hohe Firnlinie, wenn sich eine solche nachweisen liesse, wäre hier entscheidend.

Was die Bodentemperatur betrifft, so wechselt dieselbe nach der speziellen Lokalität, doch thaut der Boden in einer Tiefe von $2\frac{1}{4}$ bis $2\frac{3}{4}$ Fuss nie auf. — Die Erwärmung der Oberfläche des Bodens steigt um so höher, je mehr dieser sich der Natur des reinen Felsens nähert, — und durch diese Erwärmung allein, die im Allgemeinen höher steht als die mittlere Temperatur der Luft, wird die Vegetation verständlich. Die allgemeine Lufttemperatur würde nur wenige Pflanzen gedeihen lassen. Dass die Temperatur des Bodens unter den jährlichen und täglichen Schwankungen in Nowaja Semlä keine Vegetation hervorrufen kann, ist einleuchtend, denn sie ist weit unter dem Gefrierpunkte. Bei Jakutsk stehen über dem Bodeneise — ungeheuere Wälder, in dem hochnordischen Klima Nowaja Semlä's ist sämmtlicher Pflanzenwuchs auf die oberste Schicht des Bodens und auf die unterste Luftschicht beschränkt; beide sind im Sommer wärmer als die höhere Luft- und die tiefere Bodentemperatur. Deshalb erhebt sich der dem Lichte zugewendete Theil der Pflanze so wenig über die Oberfläche des Bodens und deswegen steigt der in der Erde befindliche Theil so wenig unter dieselbe herab.

Nur wenn die Wurzel sehr kurz ist, sie mag nun getheilt oder nicht getheilt sein, steigt sie abwärts. Jede längere Wurzel aber läuft unter der Oberfläche des Bodens fort, obgleich nur eine geringe Anzahl im Sinne der Botaniker kriechend wäre. An Silene acaulis kann man die Wurzel, wenn der Rasen mehr als gewöhnlich ausgebreitet ist, oft über einen Fuss und zuweilen 18 Zoll weit verfolgen, ohne dass sie eine merkliche Senkung zeigt. Ganz eben so ist das Verhältniss in den Gattungen Cerastium, Arenaria, Antiphylla (Saxifraga), Draba, Arabis &c. Aber auch wo der oberirdische Theil gar nicht raşenförmig vertheilt ist, läuft der oft dicke Wurzelstock fast horizontal fort und bildet mit dem Stamme mehr oder weniger einen rechten Winkel, der, wenn die Pflanze an Abhängen steht, sogar zu einem spitzen werden kann, ohne dass etwa ein Fels dazu nöthigte. Auch Pflanzen, deren Wurzel in wärmeren Klimaten absteigend ist, treiben in dieser Breite eine horizontale Wurzel, weil diese die wärmste Schicht des Bodens sucht. So ist die Wurzel von Valeriana capitata im Nowaja Semlä ganz wagrecht. Wurzeln krautartiger Pflanzen dringen nicht über 2 Zoll in den Boden, wohl keine mehr als 4 Zoll; selbst die Holzgewächse gehen nicht viel tiefer, obgleich ihre Wurzeln ungeheuer sind.

Eben so wenig erhebt sich der überirdische Theil. Die so häufige rasenförmige Vertheilung hängt damit eng zusammen. Aber auch von den übrigen erheben sich viele nur auf 2 bis 3 Zoll, die von 4 bis 5 Zoll Höhe sind schon seltener, von 6 Zoll sehr selten; die Höhe von einer Spanne erreichen weder Gräser noch Kräuter. Der sparrige Stamm von Salix Brayi macht es besonders anschaulich, wie in einer Höhe von mehr als 8 Zoll über dem Boden die Luft nicht mehr Wärme genug hat, eine Knospe zu entwickeln. Am belehrendsten für die Vegetationsverhältnisse des hohen Nordens sind die Holzgewächse. Es versteht sich von selbst, dass sie es hier bloss bis zur Strauchform bringen. Das gewöhnlichste und fast überall verbreitete Gehölz ist Salix polaris. Es sitzt so im Moose versteckt, dass es sich kaum einen halben Zoll über dasselbe erhebt. Gewöhnlich ist es nur eine einzige Knospe, die sich in 2 Blättchen mit oder ohne Kätzchen über dem Moose ausbildet. Dieses einfache, seltener doppelte Blätterpaar sitzt auf einem Stiel von der Dicke eines Strohhalms. Glaubt man aber, daran die ganze Pflanze aus heben zu können, so irrt man sich sehr. Es ist nur ein Zweiglein eines weit verbreiteten und stark verästelten Gesträuchs, das theils im Moose, theils in der Erde steckt. Salix reticulata ragt etwa 4 bis 5 Zoll aus dem Boden, doch ist der Stamm unten und die lange holzige Wurzel oft unverhältnissmässig, manchmal bis zu einem Zoll, dick. Reisst man diese unter der Oberfläche fortlaufende Wurzel auf, so erscheinen die aus dem Boden hervortretenden Triebe als ganz unbedeutende oberirdische Ausläufer eines unterirdischen Stammes. In der That sind die Wälder in Nowaja Semlä mehr in als über der Erde. Die Riesenform unter den hiesigen Hölzern, Salix lanata, erhebt sich über den Boden zu der hier seltenen Höhe von einer Spanne, allein die dicken Wurzeln oder vielmehr unterirdischen Stämme kann man auf 10 bis 12 Fuss entblössen, ohne zum Ende zu gelangen, und ihr Durchmesser beträgt nicht selten über einen Zoll. — Wer auf Nowaja Semlä ohne Holzvorrath scheitert, könnte

den Versuch machen, sich einige Zeit mit ausgerissenen Holzwurzeln zu erwärmen; aber mit dem Theil des Holzes, der aus dem Boden hervorwächst, einen Ofen zu heizen, wird wohl Niemand versuchen.

Wendet man sich von den unterirdischen Wäldern Nowaja Semlä's zu den Tropen, wo die Gesammtmasse der Vegetation in die Höhe drängt, wo die Palme nur auf hohem Gipfel grünt, wo ein Heer von Schlingpflanzen, zu schwach, aus eigener Kraft die Höhe zu erreichen, aus dem Boden auf fremden Stützen sich hinaufschleicht oder der Erde gar nicht mehr bedarf; sieht man in den mittleren Breiten nur den Hopfen und Polygonum Convolvulus als irdische, die Cuscuta als letzten Repräsentanten der oberirdischen Schlingpflanzen; verschwinden diese sämmtlich bereits im nördlichen Lappland, so erscheint es durchaus natürlich, dass nach dem Pole hin die gesammte Vegetation auf die Region, wo Luft und Boden sich berühren, beschränkt ist.

Die Erwärmung dieser Region hängt viel mehr von der unmittelbaren Wirkung der Sonnenstrahlen als von der diffusen Luftwärme in der Höhe ab.

Deshalb ist der Einfluss der Neigung der Ebene so gross auf die Vegetation, dass die Fläche einer Wüste und der Fuss der Berge, wenn er nicht ein Schnee- oder Geröll-lager ist, oft einem Garten gleicht. Dieser Einfluss wächst mit der zunehmenden Breite, denn schwerlich findet man in niederen Breiten einen solchen Unterschied zwischen Abhang und Fläche unbedeutender Höhen wie in Lappland und bereits schon bei Archangelsk.

Dagegen erscheint die Bodenbeschaffenheit in niederen Breiten mehr bedingend als in höheren. In Bezug auf Trockenheit und Feuchtigkeit ist dieser Unterschied ohne Weiteres einleuchtend. Unter den Tropen hängt von diesem Verhältniss Alles ab, in Nowaja Semlä fast Nichts — denn überall ist es feucht und wer nicht wie ein Adler von einem Berggipfel zum anderen sich schwingen kann, muss nicht glauben, auf noch so geringer Strecke trockenen Fusses zu bleiben. Selbst auf dem nackten Fels ist die Luft feucht. Schon in Lappland hat der Sand, wo ihn nicht das Seewasser tränkt, ausser Elymus arenarius kaum eine eigene Vegetation, leicht überwächst er mit einer organischen Decke und wird dann fast unwirksam. Auch die chemische Beschaffenheit des Bodens hat im Hochnorden wahrscheinlich weniger Einfluss als im Süden. In Nowaja Semlä findet sich zwar auf dem Kalk eine reichere Vegetation als auf dem Talk - oder Thonschiefer, allein nur der grössere Vorrath von Humus bewirkt diesen Unterschied. Die Pflanzen, Flechten etwa ausgenommen, sind dieselben auf dem Porphyr und den Schiefern wie auf dem Kalke. Die Vegetationen nach den Gebirgsarten zu scheiden, wie in den Alpen und selbst in Lappland, erscheint für Nowaja Semlä ganz unmöglich.

(Bulletin scientifique, T. III, pp. 171—192. Voyages scientifiques. Expédition à Nowaia-Zemlia et en Laponie. Tableau physique des contrées visitées, par Mr. Baer, 1837.)

2. Cirkumpolare vegetative Rundschau.

Die Vegetation Nowaja Semlä's zeigt das charakteristische Gepräge der den Hochnorden unseres Erdballes beherrschenden Naturverhältnisse. Es sind dieselben, unter deren Einfluss das schöpferische Spiel physikalischer und chemischer Kräfte in den hochalpinen Gebirgsstrichen jene eigenartigen Gebilde des Pflanzenreiches hervorzaubert, die wir als hochnordische oder hochalpine zu bezeichnen pflegen. Unter gleichen oder ähnlichen Lebensbedingungen sich entfaltend und auslebend offenbaren sie in Bau und Gestalt dieselbe typische Gleichartigkeit.

Wandern wir daher, um ein anschauliches Bild dieser eigenthümlichen Naturverhältnisse zu gewinnen, an der Waldgrenze des hohen Nordens hin, betrachten wir die Flora an und jenseit derselben, machen wir uns mit der den Hochnorden charakterisirenden Vegetationsformation der Tundren und der ihr ähnlichen Steppen bekannt und werfen wir schliesslich einen Blick auf die am Rande des ewigen Schnee's sich ausbreitende Alpenflora. Manches Räthsel findet dabei seine Lösung, manches neue Räthsel drängt sich auf.

Dem Wanderer, der sich den Eismeerküsten nähert, fällt zu allererst das Verschwinden der ihn begleitenden Baumarten auf. Von der Nordwestküste Norwegens an nur eine geringe Strecke ostwärts, nämlich bis zum Kola-Busen, stehen Weissbirken (Betula alba) als äusserste Vorposten des Baumwuchses. Weiter ostwärts, auf der Halbinsel Kola so wie auch vom Weissen Meere bis zum Ural, ist es die Sibirische Tanne (Picea obovata Ledeb.), welche den Waldsaum bildet; vom Ural an über ganz Sibirien fort reicht die Daurische Lärche (Larix dahurica) weiter polwärts als alle übrigen Baumarten.

Westlich von der Halbinsel Kola folgen sich Birke, Kiefer und Tanne; die beiden letzteren folgen einander ganz nahe auf dem Fusse, die Birke ist kaum im Stande, den Vorsprung von einem Breitengrade zu behaupten.

Von der Ostküste des Weissen Meeres bis zum Ural hin bleibt die Reihenfolge der Baumarten wesentlich dieselbe; die Grenzlinien laufen parallel neben einander hin. Indessen schiebt sich hier, unmittelbar von der Küste des Weissen Meeres beginnend, die Lärche (Larix) an die Tanne hinan, vielleicht sogar etwas über sie hinaus. Anfangs hält die Lärche mit der Tanne gleichen Schritt, bis ihre Polarlinie im Nordende des Ural entschieden polwärts vorschreitet, die Linie der Tanne nebst Birke verlässt und durch ganz Sibirien die Waldgrenze behauptet. Je weiter

ostwärts nach Sibirien hinein, desto weiter bleiben Tannen nebst Birken hinter der Lärche zurück.

Jenseit der Waldgrenze tritt die Baumform nur noch in verkrüppelter Zwerggestalt auf. Die echten Polarweiden reichen in Sibirien unmittelbar bis an das Eismeer hinan, im Europäischen Russland beginnen sie von dem 67° N.Br. an nordwärts. In Amerika reichen sie bis an die äusserste Nordgrenze des Baumwuchses hinan und gehen sogar an der Zwergbirke vorbei. Pachtussow bezeugt ihr Vorkommen in Nowaja Semlä (Sapiski, I, 206).

Die Zwergbirke (Betula nana L.) wächst in Nowaja Semlä unter 71° N.Br. (Pachtussow, Sapiski, I, 215). Auf der Südküste fand Pachtussow kriechende Tannen, die noch viel kleiner waren als die dortigen Zwergbirken, desgleichen den Werestniäk, die Zwergform des Wachholders (Juniperus communis L.), der auf der Insel Mageröe vorhanden ist und mit Birken vergesellschaftet in der Nähe des Kola-Busens angetroffen wird.

Die Flora an und jenseit der Baumgrenze zeigt überall einen gemeinsamen Charakter. Unter den 124 Arten phanerogamer Pflanzen des Taimyr-Gebiets, welche sich auf 68 Gattungen vertheilen, sind Oxytropis Middendorfii, Salix taimyrensis, Stellaria ciliatosepala und Rumex arcticus die einzigen neuen Pflanzen. Kane, der in seinen Forschungen unermüdlich gewesen ist, fand unter 79° N. Br., an den bis zu ihm naturwissenschaftlich noch nicht durchforschten nördlichsten Punkten der Westküsten Grönlands, nur Eine unzweifelhaft neue Art, die Pedicularis Kanei D. Grönland besitzt überhaupt 264 Arten, auf 109 Gattungen vertheilt. Nördlich vom 73. Breitengrade fand Kane in West-Grönland 76 Arten, 44 Gattungen angehörig, aber freilich auf einer Wanderung, welche 7 Breitengrade durchschnitt.

Von den 124 am Taimyr-Flusse gefundenen phanerogamen Pflanzenarten kommen fast 100, also ³/₄, in Nordost-Sibirien und Nord-Amerika gleichfalls vor, in Ländern, welche um den halben Umfang, den die Erdkugel unter diesen Breiten hat, von einander abstehen. Wenn die Melville-Inseln nur ⅓ aller Taimyr-Pflanzen besitzen, so erklärt sich diese Erscheinung aus den insularen, kälteren Sommern derselben, die sie mit Spitzbergen und Nowaja Semlä gemein haben. Jenes eine Drittheil kommt aber zwei Drittheilen der Gesammtflora der Melville-Inseln gleich. Sie zählt nämlich nur halb so viel Gattungen als die Flora des Taimyr-Gebiets.

Das um die Hälfte nähere Lappland hat nur die Hälfte aller Taimyr-Pflanzen mit dem Taimyr-Lande gemein, zeigt demnach bedeutend geringere Pflanzenverwandtschaft als Nord-Amerika. Der Unterschied von 4 Breitengraden wird durch die unverhältnissmässige Wärme Lapplands eben so gesteigert als in Nord-Amerika durch dessen Kälte gemindert.

Lappland hat ein Insular-Klima, aber ein bedeutend warmes. Seine Pflanzen sind viel weniger auf die Bodenbesonnung angewiesen als die des Taimyr, daher in Lappland in der Nähe des Meeres Krautpflanzen von 3 Fuss Höhe (Sonchus, Pedicularis), ja sogar hohe Bäume angetroffen werden. Von klimatischer Seite sind die Breitenabstände für die Polarpflanzen von grösserem, die Längenabstände von geringfügigem Belange. Den Beweis dafür bietet die Taimyr-Flora durch folgende Zahlenverhältnisse. Von allen Taimyr-Pflanzen sind

in Süd-Sibirien . . $^2/_3$ der Anzahl vorhanden,
im Europäischen Russland $^3/_4$,, ,, ,,
in Ost-Sibirien . . $^6/_7$,, ,, ,,

Der Ural bildet also nach Westen hin keine wesentliche Pflanzenscheide, eben so wenig die Behring-Strasse nach Osten. Im Grossen und Ganzen bleibt der Anblick der Flora vollkommen derselbe. Lesen wir die beredten Schilderungen, in denen Richardson (Searching Expedit., I, 276 ff.) uns die Tundren am Mackenzie-Flusse darstellt, so glauben wir eine beliebige Gegend Nord-Sibiriens oder Nord-Europa's vor uns zu sehen: Vaccinium uliginosum, Empetrum nigrum, Ledum palustre, Arctostaphylos uva ursi, Cassiope tetragona, Polemonium coeruleum, Pedicularis, Saxifragae &c., Alles dieselben alten Bekannten, ja dieselbe Gruppirungsweise derselben Arten.

Unter ähnlichen Lebensverhältnissen hat die Natur überall ähnliche Geschöpfe hervorgerufen. Der Maler, der Prinz Max von Wied (Reise, I, 20) begleitete, wunderte sich, als er die Physiognomie des Waldes im nördlichen Amerika derjenigen Europa's so ähnlich fand. In derselben Richtung weiter fortreisend hätte er bis Süd-Sibirien kommen und dort wieder dasselbe erleben können, im Amur-Lande hätte er wieder Eichen, Eschen, Wallnussbäume, Haselsträucher und dergleichen mehr vorgefunden, ja er wäre sogar im Amur-Lande nicht nur einer bedeutenden Anzahl Europäischer Pflanzen, sondern bekanntlich sogar mehreren Europäischen Bäumen und Sträuchern begegnet, welche im übrigen Sibirien, über die ganze Breite Asiens fort, sich nirgends sehen lassen, wie z. B. unsere Linde, zwei Europäische Ulmen, die Mispel und dergleichen mehr[1]).

---

[1]) Wie kamen diese dorthin? Wie ist es gekommen, dass das Amur-Gebiet unter der Mehrzahl (an 160) anderer gegen 20 solcher Pflanzenarten mit Nord-Amerika gemein hat, welche im nördlichen Ost-Sibirien nicht gefunden werden. Die Gemeinschaft des Amur-Landes mit Nord-Amerika zu erklären, haben wir fürs Erste nur Einen Weg, denjenigen, ein versunkenes Zwischenland anzunehmen. Diese Erklärungsweise als Regel's (Tentamen florae ussuriensis in den Mémoires de l'Académie Impériale des sciences de St.-Pétersbourg, VIIème série) findet in den Untersuchungen von Martius (Archives des sciences physiques et naturelles, 1848, VIII, p. 102) vollkommene Bestätigung, weil er in der einzig übrig gebliebenen Brücke von Schottland nach Grönland hinüber, in der Reihenfolge der Shetland, Färöer und Island, die Europäischen Pflanzenarten in dem Verhältnisse $^1/_4$: $^1/_2$: $^1/_{10}$ abnehmen und in demselben Verhältnisse die Zahl Grönländischer Arten zunehmen sah.

Zwischen den Beerenpflanzen und den Bäumen findet hinsichtlich ihrer Polargrenze eine Übereinstimmung Statt, die sich am deutlichsten im Taimyr-Lande ausspricht. Sowohl an den Nordküsten Europa's als auch andererseits an denen der Lena- und Kolyma-Gegenden, ja auch an der Mündung des Mackenzie sehen wir allerdings einige Beeren über die Waldgrenze hinaus fast unmittelbar an den Küstensaum des Eismeeres reichen. Noch auf Mageröe finden sich alle 3 Vaccinien (Vaccinium Vitis ideae — Preisselbeere, Vaccinium uliginosum — Blaubeere, Vaccinium Myrtillus — Schwarzbeere) und Empetrum nigrum. Auf den beiderseitigen Küsten des Weissen Meeres gehen Rubus Chamaemorus (Schellbeere), Vaccinium Vitis ideae, Empetrum nigrum und Rubus arcticus bis an den Saum des Eismeeres, ja, mit Ausnahme der letztgenannten Art, über denselben hinüber, auf die Inseln Kolgujew und Nowaja Semlä.

3. Tundra und Steppe.

Unter den Blüthenpflanzen walten jenseit der Baumgrenze, gleichwie in den Alpen, gleichwie im Himalaja, wo die Weideplätze noch 15 bis 16½ tausend Fuss erreichen, so auch in Hochnorden die Gräser vor. Die Formen, aus denen der Grasteppich im Taimyr-Lande gewirkt ist, sind noch gar mannigfach, sie gehören nicht weniger als 10 Gattungen an, welche sich zu wenigstens 21 verschiedenen Arten gestalten. Zur Hälfte sind es Sauergräser, nämlich Binsen-, Ried- und Wollgräser, zur guten Hälfte aber Süssgräser, welche in kultivirten Europa den geschätztesten Futtergräsern beigezählt werden und nichts desto weniger im Taimyr-Lande fast alle bis zu den trostlosen Gestaden des Eismeeres, bis über 75½° N. Br. hinan reichen, unter ihnen einige unserer Mittel-Europäischen Alltagsgenossen, wie z. B. das Wiesen-Rispengras (Poa pratensis) und die Rasenschmiele (Aira [Deschampsia] caespitosa). Ist es zu verwundern, dass die vorzüglichsten Milchkühe (die sogenannte Cholmogor'sche Race, die Nachkommenschaft Niederländischen Viehes, das die geniale Einsicht Peter's des Grossen dahin verpflanzt hat) an den öden Polargegenden bei Mesenj gezüchtet werden?

Aber wie wenig kommt der Anblick des hochnordischen Rasens demjenigen der saftigen Alpenmatten gleich! Fruchtlos sucht das überblickende Auge in der Tundra die wohlthuende Ruhe, welche der Hintergrund grüner Matten bietet. Die eigentliche Gesammtfläche der Tundra erscheint kaum als grünender Boden. Auf dem trockenen festen Boden des hochwelligen Landes fusst eine karge Pflanzenwelt, nicht vermögend, den als Grundlage dienenden lehmigen Geröllsand zu verhüllen. Moos und Sauergräser, ziemlich zur Hälfte, bilden die Decke der Oberfläche, welche, weil sie eben nur fleckweise und nicht ununterbrochen gleich unseren Rasendecken bewachsen ist, wie mit schwachen Hümpeln besetzt erscheint. Hauptsächlich verschiedene Arten von Polytrichum, Bryum und Hypnum, zumal zahlreiche Arten der letztgenannten Gattung, bilden die Moosdecke der hohen, trockenen „Polytrichum - Tundra". Aus der wie ein flaches Rinnennetz sich darstellenden, schmutzig gelbbraunen Moosfläche heben sich Grasflocken humpelartig hervor, — aber die schon bei Eröffnung des Sommers halb abgestorbenen, brandgelben Spitzen der Binsen, Riede und des Wollgrases stechen nur unbedeutend von der Grundfarbe der Moosdecke ab; nur unrein, wie durch einen Flor, schimmert die untere grüne Hälfte des Grases hervor, denn als echte Frühjahrspflanzen haben die Sauergräser ihre Blumen schon im vorangegangenen Sommer vorgebildet und schon zu Anfang des hochnordischen Sommers (10. Juli bis 20. Juli n. St.) sind dieselben in vollster Blüthe und färben sich braun, während die Süssgräser sich erst in der Knospenbildung begriffen zeigen.

Ertödtend einförmig ist der Eindruck der flachen Tundra im weiteren Umkreise, endlos, unbegrenzt verliert sich der Horizont in unerreichbare Fernen. Keine Abwechselung, kein Schatten, keine Nacht im Sommer; Licht, Wind und Schall zittern grenzenlos aus, überall weht es, überall ist es unheimlich still und stumm. Den ganzen Sommer hindurch währt auf der hochnordischen Tundra der eine und einzige, endlos lange Sommertag, beleuchtet von dem blassen Lichte eines mondartigen, in Nebelwallen verschleierten Gestirnes, das der Mensch frechen Blickes ungestraft anglotzen darf. Entnervend ist dieser Anblick, unter dessen stetig wirkendem Einflusse der Mensch zum in sich gekehrten, stumpfen Samojeden herabsinkt. Eingelullt von dem Einerlei der Umgebung versenkt sich der Gedanke des Reisenden in seine innere Welt, ausruhend von den unablässig neckenden Eindrücken, die den Wanderer beklemmend umspielten, so lange er in unermesslichen Urwäldern irrte.

Wie himmelweit verschieden von dem Eindrucke der Tundra und Steppe regt dagegen die dem Hochnorden entsprechende Region des Hochgebirges an, wo in 6000 bis 7000 Fuss Höhe sich gleichfalls die schmalen grünen Streifen des Graslandes zu verlieren beginnen! Die schauerlichen Felsmassen und Trümmergesteine, die starrenden Felswände und Zinken, die gigantischen Gestalten, die wunderbaren Umrisse, die Gegensätze zwischen klarem Himmel, grellem Lichte und finsteren Schatten bewältigen das Gemüth und stimmen es ernst, aber sie kräftigen es zugleich und regen es an, — sie stempeln den Menschen zum frischen, freien Alpensohn.

Die Tundra gewinnt aber grösseres Interesse, je mehr

wir den Fernblick aufgeben und unsere Aufmerksamkeit dem nächsten Umkreise widmen. Obgleich bei näherer Einsicht Gräser in Menge vorhanden erscheinen, vermisst das Auge doch noch mehr die Grasdecke so wie das frische Grün unserer heimischen Gegenden als die Blumen; es bemerkt, dass der abgetragene Teppich zu unseren Füssen ab und an (^{1}/$_{10}$ bis ^{1}/$_{20}$ der Oberfläche) mit unscheinbaren Fleckchen der zierlichen Haide (Cassiope tetragona), der Wasserbeere (Empetrum nigrum) oder der buschigen Dryas octopetala geblümt ist, dass hie und da ein spärliches Renthiermoos als weisse Koralle den Grund ziert, ja dass mitunter eine kaum zu entdeckende, halb vergrabene Zwergweide sich verstohlen zeigt oder gar Zwergblümchen des verkümmerten Chrysosplenium alternifolium oder zwergiger, theilweise verdorrter Krüppel der ohnehin zwergigen Hungerblümchen (Drabae) oder des Zwergranunkels (Ranunculus pygmaeus) sich hervorthun. Der Kenner unterscheidet allerdings sogar unter den winzigen Hungerblümchen die grösste Mannigfaltigkeit, ja sogar 10 verschiedene im Taimyr-Lande vorkommende Arten dieses einen Geschlechts, doch der Eindruck, den alle diese Blümchen hinterlassen, geht in den Begriffe jämmerlicher Dürftigkeit auf, den der Name „Hungerblümchen" schlagend kennzeichnet. Diese Hungerblümchen walten dermaassen vor allen anderen Blumen im Taimyr-Lande vor (10 verschiedene Arten), dass ihre Mannigfaltigkeit nur von derjenigen der Saxifragen (12 Arten) übertroffen wird. Das Ganze macht den Eindruck unverkennbarer grosser Dürre, zumal die verdorrten vor- und sogar vorvorjährigen Blattschöpfe, Blüthenstiele und Fruchtkapseln den grünenden und blühenden Theilen des laufenden Jahres noch fest ansitzen, noch Jahre lang nach ihrem Absterben die grünenden Knospen umhüllend schützen. Kratzt man aber den Boden auf, so findet man feuchte Erde und stösst in Fingertiefe auf Eis; ja das Moos der Rinnchen ruht unmittelbar auf dem Bodeneise.

Hie und da zeigt sich wohl auch auf der hohen Tundra ein Mal ein Alpenmohn oder eine Pedicularis, meist sind das aber die Vorläufer der im Frühsommer überrieselten Stellen. Hier gewinnt das Gras und ein frischeres Grün die Oberhand, die Hümpel vergrössern sich bis zu einem Schritt im Durchmesser und ^{1}/$_2$ Fuss Höhe, die Blätter der Gräser sprossen nicht nur länger, d. i. bis 3 oder 4 Zoll Höhe, einzelne Halme bis 7 Zoll Höhe, empor, sondern stehen auch dichter, namentlich aber das Moos verschwindet, Dryas und Cassiope wachsen freudiger.

Wo sonst auf der hohen Tundra ein entschieden und freudig grünerer Fleck sich schon in weiterer Ferne aus dem Braungelb der Gesammtfläche hervorhebt, da kann man mit Sicherheit auf Süssgräser und auf eine der beiden folgenden aussergewöhnlichen Ursachen schliessen: entweder sind Baue des Eisfuchses dort vorhanden oder es sind verlassene Zeltstellen der Samojeden. Vorzugsweise ist es die Düngung, welche hier die Vegetation hebt, die über den Fuchsbauen sogar in abscheulichem Ammoniak-Dunste wuchert; die grössere Wärme, sowohl durch Ventilation als durch die Eigenwärme der Thiere erzeugt, wirkt kräftig mit.

Wie auf diesen Oasen inmitten der allgemeinen öden Wüste sich die Kraft der Düngung im äussersten Norden bewährt, so auch in den angeschwemmten, jährlich unter Wasser gesetzten, schlammreichen Niederungen. Nur in diesen, den Lajdy, vermögen die hochnordischen Gräser sich zu zusammenhängenden Rasenflächen zu vereinigen. Aber nicht bloss düngend wirken die überschlämmenden Fluthen hier ein, sondern zugleich erwärmend, denn Nichts vermag im hohen Norden in gleichem Grade den Boden zu erwärmen wie über denselben rinnendes Wasser[*]).

Die üppigsten Oasen des Hochnordens finden wir an den Abhängen, welche, vor dem Einflusse rauher Winde geschützt, die Sonnenwirkung senkrecht anprallender Strahlen entgegennehmen, zumal wenn sie mit fetten Uferabstürzen sich verbinden, deren frische Bodenkraft locker daliegt und mit Hülfe ihrer Schwärze die Sonnenstrahlen noch vollständiger aufsaugt. Auch auf diesen Uferabstürzen treten die Süssgräser nur in einzelnen Rasenfleckchen und Rasenschöpfchen auf und unsere Rasendecke vermissen wir auch hier. Aber um so mehr überrascht uns die Farbenpracht so wie der Formenreichthum der Blumenstöcke, welche sich vom dunklen Boden hervorheben. Von oben betrachtend sehen wir oft mehr Blumen als Laub an den Pflanzen. Hier prangen die Sieversia glacialis, die Ranunkeln, die Caltha palustris, die Potentillen und Löwenzahne mit ihren üppigen hochgelben, Saussurea alpina mit ihren grossen blauen Blumen, vom saftigen Laube der Blätter gehoben, oder das blaue Polemonium humile und das Vergissmeinnicht; hier prunken die zierlich geschnitzten rosa-

farbenen Oxytropis-, hier die Pedicularis-Arten mit ihren verschiedenartigen, schön geformten Blüthen, hier der frische zarte Schmelz der gelben, blauen, purpurfarbenen und weissen Saxifragen, die rothen Köpfe der Armeria arctica, hier Polygonum Bistorta oder die schönen zusammengesetzten Formen der Matricaria inodora, var. phaeocephala, hier Erigeron uniflorus und andere Compositen, hier der üppige Alpenmohn (Papaver nudicaule), hier das ausgezeichnet schöne Delphinium Middendorffii (Delph. cheilanthum *Fisch.*?), der riesige Senecio palustris mit seinen zollgrossen Blumen, bis 40 an der Zahl, und noch eine Menge anderer Blumen. Auch eine unscheinbare Tulpe (Lloydia serotina) begegnet uns am Taimyr und wir sehen zu unserem Erstaunen, wie sich die Natur bei der Schwierigkeit, die Früchte zur Reife zu bringen, zu helfen gewusst hat, indem nicht wenige Pflanzen (Poa arctica, Polygonum viviparum, Saxifraga cernua), statt in den Blattwinkeln neue Knospen zu erzeugen, im Hochnorden Zwiebelchen in diesen Blattwinkeln tragen, welche abfallend neue Pflanzen entstehen lassen. Ja, eine Saxifrage (Sax. stellaris, var. foliosa) geht darin noch weiter und aus den Blattwinkeln fällt die junge Pflanze schon in Gestalt eines fertigen Röschens, bewurzelter grüner Blätter zur Erde. Auch sind ja die Pflanzen der Tundren, obgleich wie diejenigen der Steppe in einförmiger Gesellligkeit wachsend, doch nicht mit allem Fug gesellig zu nennen, sondern 10 bis 12 verschiedene Pflänzchen derselben Art stehen dicht an einander gedrängt, weil sie Wurzelverwandte sind, alle im Laufe der Zeit ein und derselben Wurzel entsprossen. Nur dadurch, dass die hochnordischen Pflanzen in solchen Weisen sich fortpflanzen und fast ausschliesslich mehrjährig sind, haben sie der Vertilgung durch einzelne schlimme Sommer entgehen können.

Inmitten mancher Lajdy finden wir Dickichte, die aus wirrem Geäste des Krüppelholzes ärmlicher Strauchweiden oder knorriger Zwergbirken bestehen, die sogenannte „arktische Staudenformation" (Grisebach). Das theilweise verdorrte Gesträuch erhebt sich wenn es hoch kommt, anderthalb Fuss über die Oberfläche der Niederung. Auffallend ist es, dass diese Dickichte sich vorzugsweise in den tieferen Stellen der Lajdy vorfinden, welche im Frühjahre längere Zeit unter dem Wasser stehen und manche Fuss tief zum Boden haben, so in der Niederung, so auch auf dem Hochel....a (z. B. Bely Chrebett), auf denen jedoch die Zwergbirken sich mit den Rentihierflechten vergesellschaften.

Die Polytrichum-Tundren sind die im Hochnorden herrschende Tundraform. Sie ist etwas verschieden von der auf den Felsengestaden des Russischen Lapplands auftretenden, welche das verdorrte röthliche Laub der rasenförmig,

[*]) v. Baer bemerkte auf Nowaja Semlä an solchen Stellen eine üppigere Vegetation, die von dem Schneewasser nicht erreicht wurden, welches den ganzen Sommer hindurch von den Höhen herabfloss. Diesen Widerspruch klärt v. Mittendorff (Reise, I) selbst auf. Die Wirkung des fliessenden Wassers und der Vegetation arktischer Tundren verhält sich im Frühjahr und Sommer entgegengesetzt: im Frühjahre müssen die Gewässer beitragen, den Boden über dem Gefrierpunkt zu erwärmen und die Pflanzenwelt zu beleben; im Sommer werden Bäche, welche Schneewasser führen, ihre Umgebungen verhindern, die Temperatur, der gesteigerten Luftwärme und den mit dieser gleichen Schritt haltenden Vegetationsphasen entsprechend, höher über den Gefrierpunkt zu erheben. Daher entgegengesetzte Wirkungen im ebenen Taimyr-Lande, wo der rasch geschmolzene Schnee nur im Frühlinge die Tundra bewässert, und auf einer Gebirgsinsel, von deren Firnen und Gletschern die Bäche den ganzen Sommer hindurch mit Wasser von 0° gespeist werden. Grisebach, Bericht über die Leistungen in der Pflanzengeographie während des Jahres 1847, Berlin 1850.

aber gleichfalls humpelig wachsenden Diapenzia charakterisirt. Auf diesem Grundtone ruht gleich einer Verbrämung, welche aber nicht selten die Diapenzia-Polster fast überwuchert, das weisse Korallengebilde mehr oder weniger üppigen Renthiermooses, aus dem hier und dort das dunkelgrüne, hässlich gekrauste Blatt der Schellbeere (Rubus Chamaemorus) oder das zierliche Laub der Azalea procumbens, der Andromeda polyfolia oder eine im Moose verkrochene Salix venosa hervorschaut. Bis auf die Diapenzia sehen wir hier bereits den Übergang zu unseren Sphagnum-Hochmooren Nord-Europa's. In der That stellen sich in Lappland, so wie man aus der hohen Tundra in die Niederung hinabsteigt, alsbald Sphagnum-Moose, mit Woll- und Riedgräsern durchwachsen, ein oder Dickichte strauchiger Weiden und Birken. Wo das Sphagnum-Moos an feuchteren Stellen nicht die Oberhand nimmt, da finden wir Trollius, Caltha, Pedicularis, Pinguicula, Ranunculus glacialis und mehr vereinzelt Viola palustris, Allium, Veratrum &c.

Beschauen wir uns die allgemeine Cirkumpolar-Tundra in weiterem Umkreise, wie sie in den Barren-grounds des arktischen Amerika geschildert wird, so finden wir wiederum eine wesentliche Verschiedenheit. Wir sind entschieden in eine Flechten-Tundra versetzt. Offenbar wird dieser Unterschied dadurch bedingt, dass im arktischen Amerika der feste Fels hervordringt, nur von spärlichem Gruse granitischen Gesteines bedeckt. — Das Innere des Tschuktschenlandes wird von Billings als nacktes Felsenland geschildert, in dem überall das Gestein bloss liegt. Deshalb sieht man dort nicht einmal Gras, sondern (nach Billings) nur Moos, von dem sich die Renthiere nähren. Schon hierdurch sind diese Moose entschieden als Flechten charakterisirt. Wir dürfen daran nicht zweifeln, dass das Tschuktschenland von einer Flechten-Tundra eingenommen wird, welche in Allem mit derjenigen des arktischen Amerika übereinstimmen muss.

Die Flechten-Tundren des Hochnordens entsprechen vollkommen der Flechtenregion, welche in den Hochgebirgen unseres Erdballs da beginnt, wo alle übrigen Gewächse versagen.

Die Unterscheidung zwischen trockener Hoch- und gewässerter Niederungs-Tundra bezieht sich nicht auf die absolute Höhe, sondern nur auf die Erhebung über den örtlichen Wasserstand der Gegend. Die meisten und ausgedehntesten Steppenflächen im weitesten Sinne des Wortes — seien es Tundren, Haiden, Steppen, Prairien oder Llanos — haben das gemein, dass sie nur wenig über die Meeresfläche erhaben liegen. Sogar die bergigsten Gegenden der Sibirischen Tundren und Steppen oder auch der Prairien erheben sich mit den Gipfeln ihrer Hügel gewöhnlich kaum bis 500 Fuss Höhe über den Meereshorizont.

Einzelne hochebene Steppen, Tafel-Tundren, Tafel-Steppen, unter denen wohl die bis 4000 Fuss hoch gelegene Gobi die bedeutendste ist, treten von jenen getrennt auf und entwickeln auf ihrem Rücken allerdings in entschiedener Weise den Charakter der trockenen Hochtundren und dürren Hochsteppen, ohne das Vorkommen zahl- und umfangreicher Niederungs-Tundren und Niederungssteppen auszuschliessen. Moräste, auf undurchlassenden Thonbänken der Niederungen ruhend, sind sogar inmitten der Sanddünen der innersten Gobi keine Seltenheit.

Die Verschiedenheit der Bodenbeschaffenheit prägt die Hoch- und Niederungs-Tundren zu eigenthümlichen Formen aus. Demgemäss zerfällt die Hoch-Tundra in a. die Flechten-Tundra des nackten Felsgrundes und b. in die Polytrichum-Tundra des diluvialen Schuttbodens, er mag nun vorzugsweise sandiger, lehmiger oder geröllhaltiger Natur sein.

Die Hochtundra ist charakterisirt durch mangelhafte Bedeckung mit Dammerde, daher hier unter dem vereinten Drucke der Ungunst des Klima's und der Sterilität des Bodens — die ödeste Öde. Die Haide, die charakteristische Form der Europäischen Hochtundra, die der Bodenarmuth ihr Dasein verdankt und gewöhnlich Meeresdünen der Vorzeit bedeckt, führt einerseits zur hochnordischen Polytrichum-Tundra hinüber, andererseits bildet sie, über torfige Strecken hinüberführend, den Übergang zu den Niederungs-Tundren.

Die Niederungs-Tundra ist reicher an Dammerde, reicher an Bodenwärme, da ihr beide von den Fluthen zugetragen werden, so dass wir auf den günstigsten Örtlichkeiten derselben im Hochnorden sogar Wiesenflecke antreffen. Vorwaltend wird aber die Niederung von Torfstrecken eingenommen, welche mit unseren sterileren Europäischen Grünlandsmooren übereinkommen und folglich gleich diesen den Charakter ebener Flächen festhalten. Bald stehen sie nur unter Sauergräsern (dem Seggenriede Europa's), bald unter Dickichten voll jämmerlicher Zwergsträucher. Da im Gebiete des Eisbodens, ihre sogenannten „Bebemoore" oder „Versinkmoore" vorkommen können, so bieten sich diese Grünlandsmoore den Samojeden als Fahrstrasse für ihre sommerlichen Schlittenfahrten. — Die fruchtbarste Form der Niederungs-Tundra führt allmählich, zumal je weiter man südwärts rückt, in die sogenannten „Lajdy" über.

Die unfruchtbarste Form der Niederungs-Tundra bildet das Moosmoor. Es wird aus Wassermoosen (Sphagnum) gebildet und reicht in den Hochnorden nur hinein, da der lange Winter und der Bodenfrost seiner Entwickelung nicht günstig sind. Typisch entwickelt kommen die Wuchergebilde der Wassermoose und des vorwaltend aus ihnen sich bildenden Torfes an den Gestaden der Ostsee und in Mittel-Europa vor.

Ausser der grossen Cirkumpolar-Tundra, welche von der Polargrenze des Waldes und der Bäume rings umschlossen und umgrenzt wird, finden sich inmitten des hochnordischen Krüppelwaldes inselartig eingesprengte Nebentundren, vorzugsweise Hochebenen mehr oder weniger welliger Natur, deren ausgesetzte Lage in so hochnordischem Klima keinen Baumwuchs duldet.

Tiefebenen, die von nassen, schwappenden Mooren bedeckt sind, gehören zu den Tundren, doch ist die Tundra durchaus nicht die Bezeichnung einer Bodenform, sondern einer Vegetations-Formation. Der Finne nennt alle waldlosen Gebirge, jeden einzeln stehenden Bergkegel „Tuntur". Sibiriens Tundren sind vorwaltend wellig oder wenigstens hocheben gestaltet, mitunter erscheinen sie als entschiedenes Hügelland, in welchem Hügel an Hügel mehrere hundert Fuss über die trennenden Kessel und Thäler erhaben steht, zu einem Meere von Hügelwellen an einander sich schliessend. Die Natur der bedingenden meteorologischen Einflüsse bringt es mit sich, dass die Steppen, um so mehr aber die Tundren vorzugsweise auf Hochländern, namentlich auf Hochebenen, so wie auf Bergketten, Bergrücken und Wasserscheiden Platz nehmen. Vorwaltend hat man es mit wellenförmigen Flächen zu thun, die in einer Entfernung von ein Paar Geographischen Meilen oder mehr mit sanft abgerundeten Kuppen den Horizont schliessen.

Wie bei der Steppe ist die Baumlosigkeit kein absolutes, sondern ein typisches Merkmal der Tundra. An der Südgrenze der Cirkumpolar-Tundra so wie namentlich inmitten der Nebentundren stehen in jeder Senkung des Bodens, im Schutze jedes Absturzes Bäume. Aber gleichwie in der Steppe sich nur gewisse Laubholz vorwagen kann, so auch in der Tundra nur Krummholz bestimmter Baumarten. Nur die typische Tundra so wie die typische Steppe sind völlig baumlos. Obgleich in dieser wie in jener die Baumlosigkeit durch entgegengesetzte Zustände hervorgerufen wird, ist die Analogie beider eine sehr grosse. Extreme berühren sich.

Freilich haben beide gemeinsame Grundlagen, die horizontale sowohl als die vertikale Gleichförmigkeit. Die ungenügende Bodengliederung bedingt schon an sich die Armuth des Vegetations-Charakters [1]. Durch die unmittel-

[1] „Wer das, was die Russische Natur an Verschiedenheiten im Grossen darbietet, in frischer Anschauung vereinen wollte, der müsste mit Dampf die unübersehbaren Räume zwischen den wenigen Normalstellen durchfliegen und hätte Zeit genug, die allmählichen Übergänge zu verfolgen. — Um ein Maass für die Anschauung dieser grossartigen Gleichförmigkeit und ihrer allmählichen, unmerkbaren oder versteckten Übergänge zu haben, mag man bedenken, dass am Nordrande des Har-

bare Besonnung ist der excessive Gegensatz der Jahreszeiten auf das Höchste gesteigert, so dass sogar die Durchschnittswärme des Jahres trotz der Winterkälte eine erhöhte ist. Der mit unwiderstehlicher Wucht dahin stiebende Wind, zugleich ein Kind, zugleich auch ein Erzeuger der Steppe, indem er es vorzugsweise ist, der den Baumwuchs nicht aufkommen lässt, fegt von der Steppe wie von der Tundra den Schnee ab, der ohnehin hier wie dort oft vor dem Eintritte der Schneeschmelze verdampft, aufgesogen von der trockenen Luft.

Ja, im Winter kommen sogar darin die Steppen und Tundren überein, dass sie ausserordentlich lufttrocken sind. Dagegen liegt der Hauptunterschied beider darin, dass die Steppe, vorzüglich aber die Tafellandsteppe, das Gebilde des Inneren der Kontinente, im Sommer ausserordentlich lufttrocken ist [1], dass der durch den aufsteigenden Luftstrom,

zes auf einer Strecke von weniger als einer Deutschen Meile mehr geognostische Verschiedenheit zu beobachten ist als auf dem Wege vom Weissen bis zum Schwarzen Meere und dass auf einer Entfernung von kaum mehr als einer Meile, vom Fusse des Harzes bis zur Höhe des Brocken, die Vegetation grössere Gegensätze zeigt als zwischen der Grenze der Steppen und der Eis(meer)küste." Blasius, Reise im Europäischen Russland, 1844, Bd. 1, S. 32.

[1] Oskar Peschel (Neue Probleme der vergleichenden Erdkunde) stellt die klimatischen Bedingtheit des Pflanzenwuchses und der von demselben abhängigen Kulturverhältnisse ins klarste Licht.

Durch die Gestalt der Landmassen auf der Aussenfläche einer Kugel, der am meisten von Westen nach Osten der höchsten Geschwindigkeit am Äquator, mit der geringsten an den beiden Polen bewegt, wird die örtliche Vertheilung der wässerigen Ausdünstung in Nebel, Thau, Regen und Schnee, die Eintheilung in trockene, feuchte und nasse Vegetations-Formation, in Wüste, Steppe und Wald bedingt.

Mit der Vertheilung von Land und Meer ist der bestimmte Gang, die örtliche Veränderung der Sitze der höchsten Gesittung vorgeschrieben.

Die Vertheilung der Luftwärme an der Oberfläche des Erdkörpers ist eben so bedeutsam wie die Vertheilung der feuchten Niederschläge. Nähern wir uns den beiden Polen, so werden die Erdräume immer unbewohnbarer für belebte Wesen wegen der fehlenden Luftwärme, während wir umgekehrt an und innerhalb der Wendekreise leblose Öden antreffen, wo der Boden kein Gewächs mehr hervorbringt und kein Thier mehr nährt, weil ihm die erforderliche Benetzung fehlt.

Die Menge von Erdräumen an wässerigen Niederschlägen wächst mit ihrer Entfernung von demjenigen Meere, dessen Dünste ihnen die Luftströme zuführen sollen. Die Sahara und Macama-Wüste liegen — an Oceanen.

Die Ostpassate haben sich durch die Turanischen Steppen, über das Iranische Hochland, über Nord-Arabien und die Wüsten westlich vom Nil bewegt, bevor sie die Küste der Sahara erreichen. Die geringen Wasserdünste, die sich führen, stammen aus dem asiatischen Eismeere und nachdem sie die Sibirischen Wälder genetzt, im Winter die Kirgisen-Weiden mit Schnee überschattet, lassen sie, ihren Weg nach Südwesten und Westen fortsetzend, fast nur pflanzenleere Wüsten hinter sich.

Der Steppen- und Wüstenstrich der Alten Welt erscheint als das trockene Bett des Nordostpassates, des kalten und schweren Luftstromes, der vom Polarkreis nach dem Äquator, Anfangs von Norden nach Süden, abfliesst, bis er unter den Tropen zur Ostströmung abgelenkt wird.

Nicht die Menge des jährlichen Regentalls, sondern seine Vertheilung innerhalb der Jahreszeiten entscheidet über die Grenzen von Wald und Steppe.

Die Baumlosigkeit der Steppen erscheint als die Folge langer Zeiträume von Trockenheit; nur innerhalb der Wendekreise und in der subtropischen Zone finden wir Steppen. — In Mittel- und Nord-Russ-

zumal in grösserer Meereshöhe, verminderte Luftdruck, indem er die Verdunstung zum wolkenlosen Himmelsraume hinauf beschleunigt, der Dürre Vorschub leistet, welche eben so sehr durch die Nacktheit des Bodens verstärkt wird, als auch keine Pflanzendecke auf so dürrem, staubenden, beweglichen Boden Fuss zu fassen vermag.

Was auf der Steppe durch die Dürre verursacht wird,

das wird auf der Tundra durch Mangel an Wärme bedingt. Sowohl Dürre als Kälte werden hier wie dort insbesondere durch die widerstandslos dahin stiebenden Stürme getragen. Wie diese vorzugsweise den Baumwuchs vereiteln, so gewinnen sie ihrerseits wiederum durch den Mangel an Bäumen erst freien Spielraum.

So wie in den mittleren Breiten die Fruchtbarkeit eines

---

land fällt wenig Regen, aber er fällt zu allen Jahreszeiten, daher erstrecken sich dort unabsehbare Wälder vom Ural bis zur Ostsee.

Süd-Russland gehört trotz seiner winterlichen Schneestürme schon zum subtropischen Gürtel Europa's; die periodischen Winterregen steigen dort (undeutlich) bis 50° N. Br. Die Nord-Europäischen Baumgestalten verscheucht der regenlose Sommer, die immergrünen Gesträuche Italiens der harte Winter. Auf dem neutralen Gebiete zwischen dem nördlichen Waldstrich und den südlichen Hainen (der Krim) breitet sich die Steppe aus, die im Frühjahre blüht, im Herbste grün erschimmert. Ausser Gesträuch und Stauden besteht ihr Pflanzenkleid fast nur aus Gräsern oder aus Zwiebelgewächsen.

Der Blumenhauch über den Thonebenen der Süd-Afrikanischen Hochsteppen dauert nur einen Monat. Im Gebiete der Kleinen Kirgisen-Horde verwandelt sich die Steppe, wenn die Maisonne den Schnee hinwegschmelzt, in ein Tulpenbeet.

Nur Gewächse, die den Kreislauf ihres Lebens rasch vollenden und die Periode der Trockenheit leicht bestehen, vermögen die Steppe auszufüllen.

Die Regenmenge hängt ab von der Oberfläche der verdunstenden Oceane und See'n, von der Wärme, von der Geschwindigkeit, mit welcher die Luft über diese Flächen streicht.

Da die Luft über einer Waldfläche weniger erhitzt wird als über wärmestrahlenden Ebenen, so rufen Wälder Niederschläge hervor.

Auch die Kulturentwickelung der Menschheit ist von den atmosphärischen Niederschlägen bedingt.

Die Stellung der grossen Achse Amerika's von Norden nach Süden, quer zur Drehungsachse des Planeten, bedingt die reichliche Benetzung der Neuen Welt; die Massenausdehnung des Festlandes auf der östlichen Halbkugel von Osten nach Westen, parallel zur Drehungsrichtung des Planeten, bedingt die grössere Trockenheit der Alten Welt. Der Wüstenstrich vom Atlantischen Saume der Sahara bis zur Gobi ist nichts Anderes als das Rinnsal der Nordostpassatwinde.

Es giebt in Amerika nur zwei Wüsten: 1. das salzige Hochland Utah, emporgehoben zwischen Kämmen des Felsengebirges, welche an ihren Pacifischen und Atlantischen Abhängen allen Wasserdunst den Luftströmungen entziehen, so dass sie nur trocken darüberhin streichen; 2. die Bolivianische Wüste, die Atacama, im Gürtel des Südostpassates gelegen, dem alle Wasserdünste entzogen werden, bevor er die Andenkette übersteigt.

Die Neue Welt erscheint nicht bloss durch ihre ebene Gliederung, sondern auch durch ihren senkrechten Bau begünstigt. — An den Atlantischen Rändern, auf der Windseite der Passate, liegen nur niedere Bodenschwellen, welche die Atlantischen Luftströme übersteigen können, ohne viel von ihrem Wasserdampfe zu verlieren, der im meteorologischen Hintergrunde der Festlande und bereits in der Nähe des jenseitigen Oceans an den Cordilleren und Felsengebirgen völlig abgesetzt wird, so dass Ströme wie der Mississippi, Amazonas und die La Plata-Geschwister sich zu entwickeln vermögen. — Drehte sich die Erde von Osten nach Westen, so würden die Passatwinde in Westwinde umgewandelt werden, sie würden, statt vom Atlantic, vom Pacific Dunstmassen aufsaugen und dieselben beinahe vollständig an den Küstenkämmen der Cordilleren absetzen, dieselben noch reichlicher nässen als die Malabar-Seite Indiens am Fusse der Ghat zur Zeit des Regenmonsuns. Hinter den Cordilleren stürzte aber der Passat dann als heisser, vertrocknender Föhn herab und — statt des Waldstriches hätten wir die Sahara. Der hypothetische Fall ist in der Natur wirklich vorhanden. Australiens Höhenrand richtet sich auf der Windseite des Festlandes empor, die Passatlüfte müssen an diesen Wänden emporsteigen, so dass sie schon einen Theil ihrer Dunstmassen einbüssen, bevor sie in das Innere fortschreiten. — Hart am Rande der Küstenstufe beginnt das Steppenland. Der Kern des Festlandes erhitzt durch Ausstrahlung die Luft, hebt den Sättigungspunkt der Luft, lässt den

Rest der Passatdünste nicht zur Verdichtung gelangen. Die Wolken ziehen vorüber, ohne den schon sichtbar gewordenen Wasserdampf bis zur Tropfbarkeit zu verdichten. Daher ist das Innere — Wüstenland mit periodischen Binnengewässern.

Australien ist das Wüsten- und Steppenland, Afrika das Land der Wüsten, Steppen und tropischen Wälder. Und Asien?

Die vorherrschend ostwestliche Richtung der Südküste gegenüber dem kontinentalen Passatwindes und bewirkt im Inneren der erhitzten Ländermasse einen aufsteigenden Luftstrom, in dessen Lücken sich ein regenbringender Südwest-Monsun hinein stürzt, dessen Wasserdünste von den querliegenden Gebirgsmauern aufgefangen werden, so dass der Wüstenstrich auf einen Osten verengerten centralen Streifen beschränkt wird. Wald, Steppe, Wüste durchkreuzen, Jagd-, Räuber-, Hirten-, Ackerbau-, Industrie- und Handelsvölker begegnen sich hier. Hier ist die Wiege der Weltreligionen, das Mutterland Europäischer Gesittung, die Heimath von Korn und Wein, von Seidenraupe und Baumwollenstaude, von Weihrauch und Gewürzen.

Ein Blick auf ein botanisches oder zoologisches Erdbild zeigt, dass Europa erst am Jenissei aufhört, zu Asiens Gliedmaassen gehört. Seiner Urbeschaffenheit nach (die Hochsteppen Spaniens, die Steppen Süd-Russlands und Ungarns abgerechnet) ist es Waldland. Der ungetrübte Sommerhimmel Süd-Europäischer Landschaften (des Winterregenstriches) steht im Gegensatz zu Nord-Europa, welches zu allen Jahreszeiten genetzt wird. Diesem Umstande verdankt Europa seine Gesittung, als die Kultur aus der Zone der periodischen Regen (Winterregen) in den Gürtel der Regen zu allen Jahreszeiten hinüberschritt.

Die Chinesische Kultur hätte sich nicht entfalten können, wenn China nicht in Folge einer Störung der meteorologischen Ordnung Sommerregen nach statt mit seiner südlichen Lage verknüpft hätte. Seiner geographischen Breite nach fällt es in die Zone der Winterregen, also der regenlosen Sommer.

Nicht allein die Halbinselnatur allein, auch die Vorzüge seiner mathematischen Lage erklären die eigenthümliche Befähigung Europa's für Kulturentwickelung. Mit seinem Norden taucht Europa in den Gürtel der Regen zu allen Jahreszeiten, mit seinem Süden in den Gürtel der Winterregen hinein. Es vereinigt zwei verschiedene Erdnaturen, zwei verschiedene Kulturen, in Nord-Europa Wiesenbau und Viehzucht, sommergrüne Laubwälder, Korn- und Weizenbau, Reviere von Korn- und Steinobst, in Süd-Europa Olivengehölze, immergrüne Haine, künstliche Reissümpfe, Citruswäldchen mit goldglühenden Früchten. — Hätten die Arier an den Inseln der nordwestlichen Durchfahrt gesessen, sie würden wahrscheinlich in Schneehütten wohnen, in Seehundsfelle sich einnähen und an den Luftlöchern im Eise mit Harpunen auf Walrosse lauern. In beständigem Kampfe gegen den Hunger, bei unablässiger Ermüdung der Jagd wäre ihnen keine Zeit geblieben, Hymnen zu dichten und ihre Sprache aufs Feinste zu zergliedern.

Auch die sozialen Verhältnisse werden von der Natur der Erdräume, denen sie angehören, bestimmt. Wo wir Wüsten finden, da hausen Räuberstämme — Tuareg, Bedawin, Turkmanen, Kirgisen, Komantschen und Apatschen, Patagonier. Die Wüsten bieten die grössten Hemmnisse der Kulturverbreitung, zu den Beschwerden des Wüstenverkehrs gesellt sich hier die Räubergefahr.

Wenn der Neger sich nur zu einer niedrigen gesellschaftlichen Stufe erheben kann, so ist es zum grossen Theil der verschärfenden Umrisse Afrika's und dem Mangel einer genügenden Aufschliessung des Erdtheiles. Alle Einströmungen fremder Völker bewegen sich nur längs des Mediterranischen Saumes. — Die Wüste hat sich den Völkerwanderungen eben so widersetzt wie den Pflanzen- und Thierwanderungen. — Jenseit der Wüsten und Steppen begegnen wir überall einer veränderten Welt von Organismen.

Sommers von der richtigen Mischung der Wärme und Feuchtigkeit abhängt, bald der eine Sommer zu dürr, bald der andere zu kalt ist, so ist Wärme und abermals Wärme das einzige Bedürfniss der hochnordischen Tundra, Feuchtigkeit dagegen das Einzige, dessen die Steppen-Vegetation zu ihrem Gedeihen bedarf. Je nachdem ist die Steppe wie verbrannt oder prangt in erstaunlicher Üppigkeit. Sie ähnelt darin den Tropen, wo Alles auf die richtige Zeit des Eintrittes der Regenzeit und auf die Reichlichkeit desselben ankommt, Nichts auf die Wärme, die ja nicht fehlen und deshalb auch keine Missernten verschulden kann.

Die Dürre versenkt bekanntlich in den Tropen zur trockenen Jahreszeit sogar die Thiere in einen Schlaf, der dem Winterschlafe der nordischen Thiere analog ist. Auch die Bäume werden in den Steppen und Tundren in entsprechender Weise ergriffen. Die für die Steppen so charakteristische Trockenheit der Luft bildet kein Merkmal der Tundren, weshalb die Tundra eben so gut im Seeklima wie im Binnenklima vorkommt, während die Steppe an das Binnenklima gebannt ist. Nichts desto weniger stellt sich während des strengen Winters auch über den Tundren die grosse Lufttrockenheit ein, aber nur zur Zeit des Schlafes der Vegetation.

Hierin liegt ein eben so grosser Unterschied zwischen den Steppen und Tundren. In den ersteren macht die Vegetation ihre Lebensthätigkeit unter dem Einflusse grosser Trockenheit, in den letztgenannten unter dem Einflusse grosser Feuchtigkeit in der Luft durch. Auch in der Steppe kommen bodennasse Ortlichkeiten vor, aber vorwaltend ist dürrer Boden. Ein solcher ist in der Tundra nicht denkbar, da diese auf Eisboden ruht, und je mehr Wärme sich einstellt, die unter südlicheren Breiten Dürre erzeugen würde, desto mehr Bodeneis thaut im Grunde auf, desto nässer wird er.

Es ist in hohem Grade wahrscheinlich, dass Tundren nur auf Eisboden ruhen, Steppen niemals. Um so merkwürdiger ist es, dass die Ähnlichkeit zwischen dem Pflanzenkleide der Tundren und Steppen sich sogar bis auf das Vorkommen derselben Geschlechter erstreckt. Trotz des Abstandes von mehr als 30 Breitengraden finden wir, dass Basiner am Amu (Darja) dieselben Elymus, Phleum, Alopecurus, dieselben Oxytropis, Potentilla, Rosa, Dianthus, Artemisia &c. nennt, die dem Pflanzenteppich der Taimyr-Landes eingewebt sind. Ja sogar die Charakterblume des Hochnordens, das Hungerblümchen (Draba), eröffnet auch hier im Süden mit mehreren Arten das Frühjahr.

In Bezug auf die ungeheuren Temperatursprünge und Temperaturabstände, denen sie ausgesetzt sind, stehen sich Tundren und Steppen sehr nahe, doch liegt ein kleiner Unterschied vor und es bewegt sich der Temperaturwech-

sel in der Tundra nicht nur innerhalb niedrigerer Thermometergrade, sondern er erreicht auch die ungeheuren Abstände, die ungeheuren Extreme von Kälte und Hitze nicht, welche die Steppe erduldet. Die mehrjährige Steppenpflanze muss nicht nur dem Quecksilber-Gefrierfroste gewachsen sein, sondern an besonnter Ortlichkeit sogar Schwankungen des Thermometers, welche im Laufe eines Jahresrundes mehr als 100 Grad Cels. durchlaufen. — Quecksilber gefriert, Eier backen. — Das Gewächs der Tundra muss genügsamer, das der Steppe abgehärteter sein als irgend ein anderes unseres Erdbodens.

Der Eindruck, den der Anblick der Steppe so wie der Tundra auf das Gemüth des Menschen macht, ist fast immer der gleiche. Die Monotonie ist auf beiden dieselbe. Auf beiden beruht sie auf der Armuth der Flora, auf der Geselligkeit weniger herrschender Formen, auf dem niedrigen Wuchse der Kräuter, auf dem gelblichen Grün. Sind schon in die Tundra behaarte und schuppige Pflanzen in ziemlicher Anzahl vorhanden, so ist das noch um so mehr auf den Steppen der Fall. Gleich dem dürren Steppenkleide erscheint die Pflanzendecke der stets bodenfeuchten Hochtundra nicht minder dürr, weil die Mumien der vorund vorvorjährigen Pflanzen neben den grünenden Pflanzen wohl erhalten dastehen. Auch dieselbe geringe Wuchshöhe wird dort durch die Dürre gleichwie hier durch die Kälte bedingt. — In der Tundra ist die Dauer des ganzen Sommers kaum genügend, um einer einzigen Jahreszeit zu entsprechen, und der Wechsel des Vegetationszustandes beschränkt sich darauf, dass verschiedene Ortlichkeiten sich früher oder später vom Schnee entblössen, vom aufgestauten Wasser befreien und dass demzufolge hier die Vegetation um 1, 2, 3 oder gar 4 Wochen weiter zurück ist als dort, endlich aber die eben erst beginnenden Blüthen mancher Flecke schon vom Herbstschnee verschüttet werden. Ganz anders die Steppe, deren Sommer drei oder gar vier Mal länger anhält. Auf dieser beginnt nach Abfluss des Schneewassers, das oft grosse Flächen ganz unter Wasser setzt und einen grellen Gegensatz zu den Grasbränden darstellt, welche die Nomaden über die Hochsteppen ausgiessen, das Frühjahr eben so zauberisch plötzlich als in der Tundra, aber mit dem buntesten Pflanzenteppiche, dessen Farbenpracht schon in wenigen Wochen verblüht. Tulpen verschiedenster Art schmücken den Boden, prangen aber kaum länger als eine Woche; Liliengewächse, Fritillarien, Irideen, Cypripedien und Mandelsträucher blühen in überraschender Lieblichkeit, aber schon im nächsten Monat ist alles lebensfrische Grün dahin, Alles fahl, bräunlich, graulich oder gar verdorrt. Die Steppe gleicht in der Mitte des Sommers einer öden Brandstätte, das Auge wird ermüdet durch die unabsehbaren graugrünen und gelblichen Wermutharten, aus denen nur die mit Salzpflanzen bewachsenen grünlichen oder die mit schneeweissen Salzausblühungen bedeckten Flecke sich hervorheben. Im Grossen und Ganzen erscheint Alles vergilbt und fahl. Staubwirbel stieben über die Steppe dahin und rollen die gespenstische Gypsophila, diesen aus starrenden, verdorrten Zweigen fast kugelrund gestalteten Busch, vor sich her über die endlose Fläche. Im Herbste beginnt an günstigen Stellen in der Nähe der Gewässer neues Grün, ein neuer Frühling. Manche Blüthen erscheinen von Neuem, werden aber zugleich mit den am Schlusse der Jahreszeit in besten Wuchs kommenden Salzpflanzen urplötzlich von der Winterkälte überrascht und in Frost und Schnee begraben.

Wie in der Zeitfolge, so auch im Raume ist auf der Steppe der Wechsel unvergleichlich grösser als auf der Tundra. Verhältnisse vorausgesetzt, welche die Erwärmung des Bodens beschleunigen, hat die chemisch-physikalische Bodenbeschaffenheit auf der Tundra wenig auf sich. In der Steppe dagegen sehen wir je nach dem Boden die Floren sich sondern. Dammerde-, Lehm-, Sand-, Gypsfloren sind in der Steppe scharf von einander geschieden. Im lockeren Boden sind es Chenopodien und Atriplex-Arten, im Lehmboden Artemisien und Astragaleen; im Sandboden, dem durch thonigen Untergrund die nöthige Feuchtigkeit erhalten wird, wuchern die Gräser Elymus, Stipa, Poa, Festuca, Bromus, Carex u. a.; im Salzboden herrschen die Salsolen und Salicornien vor, kleine, unansehnliche Pflanzen ohne farbige Blüthen; wo aber Gyps im Boden ist, da tritt eine grössere Mannigfaltigkeit, da treten seltene Pflanzen auf.

Je weiter die Steppenflächen nach ihrer geographischen Lage in andere Pflanzengebiete hineinrücken, desto verschiedener erscheinen sie in Bezug auf die Pflanzenarten, welche sie nähren (wie z. B. die Südweststeppen Asiens verglichen mit den Nordoststeppen desselben Festlandes oder den Nord-Amerikanischen Steppen): nichts desto weniger bleiben die Pflanzengeschlechter in dem Maasse dieselben, nichts desto weniger sind trotz der ungeheuersten geographischen Abstände die Arten sich so sehr ähnlich, so ganz analog, so durchaus stellvertretend, sind die typischen Landschaft-bilder so trügerisch dieselben, dass der Gesammteindruck überall der gleiche bleibt.

Die Haideländer Nord-Europa's sind eine vom Klima durchaus unabhängige, der örtlichen Bodenbeschaffenheit entsprungene Erscheinung. Bei der durchlassenden, haltlosen Beschaffenheit des Triebsandes, bei der Erhitzung durch die Sonnenstrahlen, die ihm eigenthümlich und so stark ist, dass man schon unter 40° N. Br. in der Aral-Kaspischen Senkung im Sommer nicht mit nackten Füssen auf dem (bis 48° R.) heissen Sande gehen, nicht Metall, das

auf ihm gelegen, in der Hand halten kann und dass Eier rasch gebacken werden, ist auf der Sandhaide die entschiedenste Steppennatur durch den Boden geboten und kann ihr nur durch über ihr herrschendes Seeklima mehr oder weniger erfolgreich die Wage gehalten werden.

Die Steppen Süd-Russlands, welche in die Niederungsländer der Donau auslaufen, stehen in ununterbrochenem Zusammenhange mit denen Sibiriens. Sie sind durch die Schwarzerde charakterisirt, und zwar bis zu dem Grade typischer Eigenthümlichkeit. Das Klima derselben ist ein unmittelbarer Ausfluss der Steppen Südwest-Sibiriens, es steht unter der Herrschaft der dort wehenden Winde. An Fruchtbarkeit dürfte es mit ihnen erfolgreich wetteifern. Die Fruchtbarkeit der Schwarzerde Südwest-Sibiriens (z. B. der Umgebungen von Tomsk) lenkte die Russische Kolonisations-Strömung seit der ersten Bekanntschaft mit Sibirien hierher (Müller, Sammlung Russ. Gesch., VI, S. 526).

Als zweiten südwärts gerichteten Ausläufer der Sibirischen Steppe kann man die Wüsten ansehen, welche über Nord-Afrika fort das Mittelmeer im Osten und Süden umranden. Sie liegen unter tropischen Breiten, sind häufig mit Grus und Sand bedeckt, so dass in ihnen die dürre Hochsteppennatur Sibiriens gipfelt, grösste Hitze, grösste Dürre des Erdbodens. Unter ihnen ist die Sahara darin merkwürdig, dass der grösste Theil ihrer Oberfläche vollkommen eben ist, durch hervortretenden Felsengrund gebildet, der von wenigem Geschiebe und Sand nur schlecht verhüllt ist. Von Ost nach West bleiben die Verhältnisse trotz der unermesslichen Strecken so gleich, dass die Pflanzenwelt Algeriens mit derjenigen der südwestlichen Asiatischen Steppen grosse Analogie hat. Borschzow fand die Halophyten, ja sogar die Pilze der Aral-Kaspischen Senkung denen Algeriens höchst ähnlich. In beiden Gegenden wächst das sogenannte Erdbrod. Nirgends, selbst nicht in Afrika unter dem Wendekreise des Steinbocks verleugnet sich die Natur des Steppenklima's. Dort, im Damara-Lande, fand Anderson (Reisen in Südwest-Afrika, 1858, SS. 227, 228) im Juli und August die Nächte gerade am kältesten; am Tage war es glühend heiss, Nachts so kalt, dass Wasser sich bis zur Dicke eines halben Zolles mit Eis belegte.

Algerien gegenüber, unter den Breiten der Südhälfte des Kaspi-See's, finden wir auf den Hochebenen der Spanischen Halbinsel die hochebenen Sibirischen Salzsteppen so ausgesprochen wieder, dass nur ein näheres Eingehen in die örtliche Verschiedenheit der meisten Pflanzen die Möglichkeit an die Hand giebt, einen Unterschied zwischen hier und Sibirien festzustellen. Der Gesammtanblick ist bis ins Einzelne dort derselbe wie hier. Nur der Winter ist ein anderer — milder.

Unter den steppenähnlichen Örtlichkeiten West-Europa's gehören die Landes zu den unfruchtbarsten Niederungssteppen, deren Äusseres der allgemeinen hochnordischen Tundra oder auch den unfruchtbarsten Flecken der Grönlandsmoore gleicht, da kurzes spärliches Moos, braunrothe Haide und verkrüppelter Ginster ihre einzige Vegetation ausmachen. Wiederum ist es, wie den Haideländern Nord-Europa's, die Bodenbeschaffenheit — Überschwemmungen während eines Jahresdrittels, festes Eisengestein im Untergrunde —, welche hier die Rolle eines ungünstigen Klima's zu spielen übernommen und erfolgreich durchgeführt hat.

Wenden wir uns zu den Steppengebieten der Neuen Welt, so treten uns auch hier bei denselben Lebensbedingungen dieselben Pflanzenbildungen entgegen. Auf den ausgedehnten Hochebenen des Felsengebirges begegnen wir den salzigen Hochsteppen Sibiriens. Dieselben salzigen Landstriche, dieselben weiten Strecken unwohnlichen Landes kommen dort vor, von dunklerem, mit Sand gemischten Kiese bedeckt, und an tief eingerissenen Uferrändern der Bäche dieselben Weiden und Pappeln, Rosen- und Brombeergesträuche wie in Sibirien. Wir schreiten terrassenweise hinab zu den Grasebenen der Savannen und Prairien und erkennen in ihnen die grasreichen Fluren des Gebiets der Russischen Schwarzerde wieder. Dieselben endlosen Flächen, aber an anderen Orten dieselben Hügel von höchstens 200 bis 300 Fuss Höhe, dieselben Abstürze, dasselbe endlose Meer von Gras und Blumen. Im Frühjahr eine unbeschreibliche Pracht von Prairie-Rosen, Tuberosen und Astern, unter den Gräsern nicht wenig Riedgräser. Das Bisongras Sisleria dactyloides steht neben der Stipa, die die Süd-Russischen Steppen charakterisirt, $\frac{1}{11}$ Gramineen, $\frac{1}{16}$ Cyperaceen, häufig und hervortretend Compositen, dann Leguminosen, Boragineen, Artemisien in wenigen Arten, aber so häufig und so dicht, dass sie in der Physiognomie der Gegend eine Rolle spielen. An anderen Stellen treten Büsche von Astragalus, Oxytropis, Agropyrum, Cristaria, Hypericum, Juniperus repens zu den Gräsern und in kleinen Schluchten auch Ulmen-, Rosen- und andere Gesträuche, an den Ufern der Ströme und gewässerten Thäler das dunkelste, prächtigste Grün, an der Grenze des Gebiets einzelne Baumgruppen, welche am Horizont als verschieden gestaltete Inseln erscheinen.

Wie nur die Ränder der Sibirischen Grassteppen von Hügelketten durchsetzt werden, welche mit Coniferen-Waldungen bedeckt sind, wie sie ausser den Gräsern eine Mannigfaltigkeit an kraut- und strauchartigen Gewächsen, wie Spiraea, Crataegus, Prunus spinosa, Amygdalus nana, Astragalus, Cytisus, Caragana u. d. m., hervorbringen, welche im Frühlinge durch ihre Anmuth bezaubern, so findet genau

dasselbe auch an den Rändern und an der verschmälerten Stelle der Nord-Amerikanischen Prairie Statt, mit welcher sie nordwärts, wo sie unter dem 60. Breitengrade den Saskatschewan überschreitet, in die Waldregion einschneidet, um der Cirkumpolar-Tundra die Hand zu reichen. — Wohl nur im nördlichen Theile der Prairie mag eine Eigenthümlichkeit vieler Bäume der Prairie-Inseln vorkommen, welche an das lange Bart- und Trauermoos der Umgebungen der Tundren erinnert. In Flocken von 6 bis 8 Fuss hängt an den Zweigen solcher Bäume ein silbergraues Bartmoos herab, das alle Blätter und Zweige unsichtbar macht.

Grösste Söhligkeit charakterisirt den bisher aufgezählten baumlosen Flächen gegenüber die Llanos, diese Grasebenen im engsten Sinne des Wortes. Sie sind es in so überschwenglicher Weise, dass nach Humboldt in vielen Theilen derselben auf mehr als 30 QMeilen kein Theil einen Fuss höher zu liegen scheint als der andere. Ganze QMeilen zeigen keinen Baumstamm, gewöhnlich sind Palmen verschiedener Art einzeln durch die Ebene verstreut. Den Sibirier erinnern sie an die einzeln stehenden hohen alten Birken der Baraba-Steppe.

Burmeister's Schilderungen der Pampas (Reise durch die La Plata-Staaten) erinnern lebhaft an die Russischen Steppen. Überraschende, in den Boden grabenartig eingeschnittene Flussthäler, wiederum von Baumwerk besäumt, büschelartige Vertheilung der Gräser, zwischen denen der Boden kahl und unbewachsen bleibt, ganze öde Stellen mit weissen Salzauswitterungen, Salzmoore, Salzpflanzen, endlich auf der Fläche die Geschlechter Salidago, Artemisia, Aretum, Atriplex, Primula, Althea u. d. m., welche im Habitus den eben genannten Geschlechtern so ähnlich sind, dass Burmeister sogar die Europäischen Arten vor sich zu haben glaubte.

Dr. A. Th. v. Middendorff's Sibirische Reise, Band IV, SS. 724—746.

4. Die Flora von Spitzbergen und die Hochgebirgsflora der Alpen und Pyrenäen [1].

Wir haben die Tundra- und die ihr so ähnliche Steppenform in ihrer Verbreitung kennen gelernt und wenden uns nun Spitzbergen, dem äussersten polwärts hinausgeschobenen Vorposten des Erdlandes, zu. Die Pflanzenwelt dieser Inselgruppe ist für die vergleichende Botanik von der grössten Wichtigkeit. Hier treten uns „die verlorenen Kinder" der Europäischen Flora entgegen, von denen sich eine bestimmte Anzahl seit der Eiszeit auf den Höhen der Alpen und Pyrenäen so wie in den feuchten und morastigen Gegenden Mittel-Europa's erhalten hat.

[1] Zu vergl. Malmgren's botanische Untersuchungen in den Geographischen Mittheilungen, 1863, S. 47.

Landet man auf Spitzbergen, so erblickt man hie und da an günstig gelegenen Stellen schneefreie Erdflecken. Diese Landinseln erscheinen Anfangs inmitten der sie umgebenden Schneefelder gänzlich nackt. Tritt man näher, so unterscheidet das Auge bald kleine, an den Boden geschmiegte Pflanzen, versteckt in dessen Rissen auf der der Mittagssonne zugekehrten Seite der Böschungen, geschützt von Steinen oder verloren in den Moosen und grauen Flechten, welche die Felsmassen überziehen. Das von dem Anblick der schwarzen Felsen und der einförmigen weissen Schneeflächen ermüdete Auge ruht aus auf den feuchten, mit grossen Moosen vom frischesten Grün überkleideten Niederungen. Am Fusse der Steilküsten, welche von Seevögeln bewohnt werden, deren Guano den Boden erwärmt und die Vegetation in Thätigkeit setzt, erreichen Ranunkeln, Cochlearien, Gramineen bisweilen die Höhe von mehreren Decimetern und inmitten des Steingetrümmers erhebt sich ein gelbblumiger Mohn (Papaver nudicaule), der selbst unsere Blumenbeete nicht verunzieren würde. Nirgends ein Strauch oder ein Baum. Die am weitesten vorgeschobenen Baumarten, die Weissbirke (Betula alba), die Eberesche (Sorbus aucuparia), die Gemeine Kiefer (Pinus sylvestris), machen in Norwegen unter 70° N. Breite Halt. Dennoch kommen einige Holzpflanzen vor, zwei kriechende Weidenarten, von denen die eine mit netzartigem Blattwerk auch auf den Alpen gefunden wird, die andere als Strauch die feuchte Moosdecke überragt, und Empetrum nigrum, das in den Torfmooren Europa's bis nach Spanien und Italien hinein gefunden wird. Die übrigen Pflanzen sind demüthige, stengellose Gräser, deren Blüthen sich am Boden erschliessen. Sie sind meistens so klein, dass sie selbst dem Kennerauge des Botanikers entgehen; man nimmt sie wahr, wenn man sorgfältig zu seinen Füssen hinunterschaut.

Spitzbergens Vegetation wird aus 245 Pflanzenarten zusammengesetzt, von denen 93 zu den Blüthenpflanzen gehören. Dagegen hat Island 402, Irland 960 phanerogamische Pflanzenspecies. Auf Spitzbergen vermögen demnach nur diejenigen Kinder der Europäischen Flora auszudauern, die bei geringster Wärmemenge ihren Lebensprozess zu vollenden im Stande sind.

Von den 93 phanerogamischen Pflanzenarten Spitzbergens kommen 69 in Skandinavien, 28 selbst in Frankreich vor. Wiesenkresse, Löwenzahn, Schwingel trifft man auf den Ebenen Frankreichs an, Arenaria peploides wächst an den Meeresufern, Chrysosplenium alternifolium in den feuchten Bergwäldern, Empetrum nigrum und Saxifraga Hirculus auf den Torfmooren. Die anderen Species kommen in den höchsten Theilen der Alpen und Pyrenäen vor.

Alle diese Pflanzen haben einen gemeinsamen Ursprung. Was die Cirkumpolar-Flora betrifft, so ist ihre Gleichförmig-

keit konstatirt. Von den 93 Species der Blüthenpflanzen Spitzbergens finden sich, wie Malmgren nachgewiesen hat, 81 in Grönland, 58 auf dem Nord-Amerikanischen Polar-Archipel vor. Die fehlenden Species kommen vorzugsweise auf den westlichen Küsten Spitzbergens vor und gehören der Festlandsflora Nord-Europa's an. Von den 124 Species der Blüthenpflanzen des Taimyr-Landes sind 53 mit den Spitzbergen'schen identisch.

Der bescheidene Blumenkranz, der den Nordpol umflicht, ist unter den verschiedenen Längengraden nicht so mannigfaltig zusammengesetzt wie die übrigen Pflanzengürtel, welche den Erdball umschlingen; es sind überall dieselben Pflanzen, Species, die zu denselben Gattungen, zu denselben Familien gehören; es sind überall die Gramineen, die Cruciferen, die Cariophylleen und Saxifragen, die dominiren, und unter den Gattungen die Draba, die Saxifragen, die Ranunkeln, die Carices, die Rispengräser. Alle diese hochnordischen Arten sind ausdauernd, nur wenige von ihnen vermögen alljährlich Früchte anzusetzen und Samen auszureifen. Eine einjährige Pflanze verschwindet, wenn ein einziges Mal der Samen nicht zur Reife gelangt.

Es existirt demnach eine arktische Flora, aber Spitzbergens Pflanzenwelt ist zugleich eine Verlängerung der Skandinavischen, die sich hier mit der hochnordischen vermengt. Beiden gemeinsam sind 69 Species, die übrigen 24 Spitzbergen eigenthümlichen Arten finden sich im arktischen Amerika, in Nowaja Semlä, in Nord-Sibirien vor und bilden die charakteristische Cirkumpolar-Flora. Wir haben also hier eine aus zwei Floren zusammengesetzte Pflanzenwelt, die eine derselben ist Europäisch und dominirt in Folge der Nachbarschaft Skandinaviens, die andere ist Asiatisch-Amerikanisch, d. i. speziell arktisch oder hochnordisch.

Der hochnordischen Flora ist in den hohen Breiten durch die Sommer-Temperatur eine unüberschreitbare Grenze gesteckt, aber vor der gegenwärtigen Periode hat die Erde eine Kälteperiode durchlebt, während welcher von der polaren Region aus Gletscherströme sich tief nach Europa, Asien und Amerika hinein erstreckten, erratische Blöcke, Geschütte von Sand und Kies mit den auf ihnen vegetirenden Pflanzen fortbewegend. Diese Pflanzen breiteten sich unter den damals herrschenden Temperatur-Verhältnissen südwärts aus. Als eine höhere Wärme die Gletscher wegschmelzte und ihren Rückzug bewirkte, verschwanden fast alle diese Pflanzen von den Ebenen Europa's, aber auf den Mittelgebirgen Deutschlands, auf den Vogesen und vorzugsweise auf den Alpen haben sie sich behauptet. So zählt nach Heer die Schweiz gegenwärtig 360 alpine Species, von denen 158 im nördlichen Europa vorkommen; er macht unter ihnen 42 namhaft, die auf der Ebene des Kantons Zürich gefunden werden.

12

Einige detaillirte Nachweisungen werden genügen, um die vorgeführte Thatsache ins hellste Licht zu stellen. Das Faulhorn bildet einen Theil der den Berner Alpen gegenüber gelagerten Kalksteinkette. Mit seinem Nordfusse taucht es in den Brienzer See, nach Süden senkt es sich zum Grindelwald-Thale ab. Von der Höhe dieses Belvedere umspannt der Blick die ganze Alpenkette, vom Sustenhorn im Kanton Uri an bis zu den Diablerets im Waadtlande. Das Faulhorn gipfelt in einem Kegel, der sich über einem Plateau erhebt, auf welchem ein kleiner Gletscher sich hinzieht. Der Kegel stürzt schroff nach Norden ab, südwärts senkt er sich sanft ab; seine Höhe beträgt 65 Meter, seine Oberfläche $4\frac{1}{2}$ Hektaren, seine Spitze erhebt sich 2683 Meter über den Meeresspiegel. Er wird aus schwarzem, der unteren neocomen Schicht gehörigen Kalkstein gebildet, der an der Luft leicht verwittert, daher auch sein Name. Auf diesem 8 Monate lang schneebedeckten Gipfel leben 132 phanerogamische Species, von denen 8 (Ranunculus glacialis, Cardamine bellidifolia, Silene acaulis, Arenaria biflora, Dryas octopetala, Erigeron uniflorus, Saxifraga oppositifolia und Polygonum viviparum) auf Spitzbergen, 40 in Lappland vorkommen. Keine von ihnen gehört der eigentlich arktischen Flora an, sie alle bilden Bestandtheile der Skandinavischen. Die geringe Zahl der Spitzbergen'schen Arten auf dem Faulhorn ist die Wirkung von zwei Ursachen. Wenn gleich die mittlere Jahreswärme nur — 2°,3 beträgt, so ist doch der Sommer auf dem Faulhorn relativ warm, verglichen mit dem Sommer Spitzbergens; man kann sein Mittel zu + 3°,3 annehmen und um die Tagesmitte schwankt das Thermometer zwischen 10 Grad. Wie auf allen hohen Bergen erhitzt sich der Boden bedeutend, während er in Spitzbergen beständig kalt, feucht und einige Decimeter tief gefroren ist. Der Boden des Faulhorn ist demnach zu warm und nicht hinlänglich feucht für die Spitzbergen'schen Pflanzen. — Die übrigen Pflanzen, welche den stark geneigten Südhang des Kegels schmücken, sind theils Nord-Europäische Arten, theils alpine Formen oder Gewächse der Schweizer Ebene und der unteren Gebirgsregion, die emporgestiegen.

Wenden wir uns nun der Flora einer anderen, scharf umgrenzten, unter anderen Naturverhältnissen stehenden Lokalität, des Jardin de la mer de glace von Chamounix, zu. Der mächtige Schnee-Cirkus, dem Mer de glace angelagert, in dessen Mitte sich der unter dem Namen Courtil oder Jardin hineingebettete Rasenfleck befindet, ist so recht geeignet, Einem ein Spitzbergen'sches Landschaftsbild vorzuzaubern. L'aiguille du Moine und l'aiguille Verte, la tour des Courtes, die Aiguilles de Triolet und de Léchaud beherrschen ihn von allen Seiten; der Montblanc-Gipfel er-

hebt sich majestätisch über das Thalgesenke, durch welches der immense Glacier du géant zum Mer de glace herabsteigt; der mächtige Talèfre-Gletscher füllt den Grund des Cirkus aus. Denkt sich der in der Mitte des Jardin befindliche Gebirgsreisende den Saum des Amphitheaters, dessen Centrum er einnimmt, vom Meere umspült, so kann er sagen, dass er eine Ansicht Spitzbergens vor sich habe. Das schneefreie Inselchen unter seinen Füssen ist ein weiterer physiognomischer Landschaftszug, der Vergleich dieser Eilands-Flora mit derjenigen der polaren Inselgruppe ist der interessanteste, den es geben kann. Der Jardin liegt 2756 M. über dem Meereshorizont, seine Länge beträgt 800, seine Breite circa 300 Meter, seine Entfernung von den nächsten Felsen, auf denen einige Pflanzen vegetiren, wenigstens 800 Meter. Er wird von einer Gruppe abgeglätteter und geriefelter Protogin-Felsen [1] gebildet, welche die beiden Zuflüsse des Talèfre-Gletschers überragen. Der grössere steigt aus dem zwischen La tour des Courtes und den Nadeln von Triolet und Léchaud befindlichen Theile des Cirkus herab, der kleinere zwischen L'aiguille Verte und der Mönchsnadel. Zwei Moränen flankiren diese Felsen, die rechts ist die mächtigere; eine Quelle entsprudelt der Rasenmitte und fliesst als kleiner Bach ab. Das verwitterte Gerölle der Moräne hat sich allmählich mit Pflanzen bedeckt und in einen Rasenteppich verwandelt, dessen Grün unendlich anmuthend mit den umgebenden Schneeflächen kontrastirt.

87 Arten von Blüthenpflanzen schmücken den „Jardin". Um die Flora desselben vollständig zu haben, hat man noch 16 Moose, 2 Leberkräuter und 23 Lichenen hinzuzufügen, was die Totalsumme von 128 Species ergiebt, die auf diesem von ewigem Eise eingeschlossenen Erdinselchen leben.

Mehr als die Hälfte von ihnen wachsen gleichfalls auf dem Faulhorn. Da nun dieses ein isolirter Gebirgsgipfel Angesichts der Berner Alpen, der „Jardin" dagegen ein zum Montblanc gehöriges, inmitten eines eis- und schneebedeckten Felsen-Amphitheaters gelegenes Pflanzen-Inselchen ist, beide unter der Herrschaft verschiedener physischer Bedingungen stehend, so können wir mit Recht den Schluss ziehen, dass die beiden Floren, die des Faulhorn und die des „Jardin", die spezifische Alpenvegetation an dem äussersten Saume der sogenannten Linie des ewigen Schnee's repräsentiren. Nun bilden unter den 87 phanerogamischen Species nur 5 einen Bestandtheil der Flora Spitzbergens (Ranunculus glacialis, Cardamine bellidifolia, Cerastium alpinum, Arenaria biflora, Erigeron uniflorus), also ungefähr

---

[1] Protogin ist eine Varietät des Granits mit undeutlichem chlorit- oder talkähnlichem Glimmer.

dasselbe Verhältniss wie beim Faulhorn, aber 24 von ihnen finden sich in Lappland vor. Demnach haben der Faulhorn-Gipfel und der „Jardin" des Montblanc-Gebiets 50 Blüthenpflanzen gemeinsam. Das Artenverhältniss der Lappländischen Flora zu der des Faulhorn stellt sich wie 30 zu 100, zu der des „Jardin" wie 28 zu 100 heraus, d. h. die Lappländischen phanerogamischen Species machen fast ein Drittheil dieser beiden Lokal-Floren aus; aber keine derselben gehört der arktischen oder cirkumpolaren Flora an. Die die untere Grenze der Schneeregion umsäumende „subnivale" Flora entspricht somit der des nördlichen Lapplands, z. B. der Umgebung des Alten-Fjord. Um eine der Flora Spitzbergens analoge Vegetation zu entdecken, müssen wir uns höher in die Schneeregion erheben, über die Grenze des ewigen Schnee's empor.

Inmitten der Gletschermassen auf dem Nordhange des Montblanc erhebt sich inselartig eine kleine isolirte Felsenkette aus dem umgebenden Eismeere. Sie scheidet in ihrem oberen Theile die Gletscher der Bossons von denen Taconnay's und ist 800 Meter von der Montagne de la Côte, 2 Kilometer von der Pierre de l'Échelle, den nächsten Vegetationsflecken, entfernt. Sie streicht von NNO. nach SSW. Ihr niedrigster Ausläufer erhebt sich 3050 Meter, ihr höchster, von Saussure „Rocher de l'heureux retour" genannter Ausläufer 3470 Meter über den Meeresspiegel. Die Felsen werden von senkrechten Schichten schieferigen Protogins gebildet, zwischen denen die Pflanzen Schutz und ein durch Verwitterung des Gesteins entstandenes Erdreich finden. Von den 24 phanerogamischen Species, die dasselbe nährt, gehören 5 Spitzbergens Flora an. Die Species Spitzbergens verhalten sich demnach zu denen der „Grands Mulets" wie 21 zu 100, und rechnet man Agrostis ripestris ab, so kommt hier weiter keine Lappländische Pflanze vor. Diese kleine, von der Welt abgeschiedene Lokalflora wird ausschliesslich aus hochalpinen Arten zusammengesetzt, denen ein einem Fünftheil hochnordische Species der Spitzbergen'schen Inselgruppe zugesellt sind. Die „Grands Mulets" bilden einen der höchsten Standorte eines Nagers (Arvicola nivalis *Mart.*), dem die Vegetation dort zur Nahrung dient. Fügen wir zu den 24 phanerogamischen Pflanzenarten noch 26 Moose, zwei Arten Leberkraut und 28 Lichenen hinzu, so erhalten wir 80 Species als Totalsumme der Zellen- und Gefässpflanzen, welche diese scheinbar von aller Vegetation entblössten Felsen beleben.

Während eines zweiwöchentlichen Aufenthaltes (vom 13. bis zum 26. September 1856) in der Vincent-Hütte auf dem Südhange des Monte Rosa, in einer Höhe von 3158 Meter über dem Meeresspiegel, haben die Gebrüder Schlagintweit auf dem Gneiss um die Station herum

47 Blüthenpflanzen gefunden, von denen 10 der Flora Spitzbergens angehören. Demnach auch hier dasselbe Artenverhältniss (⅕ der Spitzbergen'schen Flora) wie auf den „Grands Mulets"). Nur Cerastium latifolium, Salix herbacea, Luzula spicata sind Lappländische, Spitzbergen fremde Pflanzen, die übrigen 33 Species sind spezifisch alpine.

Auf dem kulminirenden Punkte des St. Theodul-Passes, der aus dem Zermatt-Thale des Wallis in das Tornanche-Thal Piemont's führt, findet sich noch ein schneefreies, rings von immensen Gletschern eingeschlossenes Pflanzen-Inselchen. Saussure hielt sich hier im Jahre 1789 auf. Dieser Erdfleck erhebt sich 3350 Meter über den Meeresspiegel. Von den 13 hier auf dem Serpentin-Schiefer angesiedelten Blüthenpflanzen finden sich 3 Species auf Spitzbergen wieder. Der Flora dieses interessanten Punktes fehlt noch viel, um vollständig zu sein. Möchte doch ein junger Botaniker der Schweiz oder Italiens sich entschliessen, die Pflanzen hier Behufs einer erschöpfenden Darstellung derselben zu sammeln. Es ist diess um so leichter, da seit 10 Jahren hier ein kleines Wirthshaus existirt, in dem Dollfuss-Ausset 1864 vom 22. August bis zum 3. September verweilte. Der höchste Temperaturstand im Schatten, den er notirte, betrug +6°,2, der niedrigste —16°. Man ersicht daraus, dass das Klima hier dem Spitzbergen'schen an Strenge nicht nachsteht, und es ist wahrscheinlich, dass eine in den Monaten Juli, August und September angestellte Pflanzenlese eine bedeutende Verhältnisszahl Spitzbergen'scher und Nord-Lappländischer Species ergeben würde.

Unsere vergleichende botanische Rundschau wäre unvollständig, wenn wir nicht noch einen Blick in die Hochgebirgswelt der Pyrenäen thäten, um uns zu vergewissern, ob die arktische Flora auch ihre Repräsentanten zurückgelassen aus der Zeit des Rückzuges der Gletscher, welche auch von den Pyrenäen aus sich weit über die Ebenen Frankreichs und Spaniens erstreckten.

Ramond, der in 15 Jahren (zwischen dem 20. Juli und dem 7. Oktober) nicht weniger als 35 Mal den Pic du Midi de Bagnères bestiegen hat, gab sich alle Mühe, die Pflanzen des 16 Meter hohen Kegels, in welchem der Pic 2877 Meter über dem Meeresspiegel ausgipfelt, zu sammeln. Er fand 71 phanerogamische Species. Charles Desmoulins, der den 17. Oktober 1840 den Pik erstieg, konnte nur eine einzige — Stellaria cerastoides — hinzufügen, die den scharfen Augen Ramond's entgangen war. Von den 72 Blüthenpflanzen, die in einer Höhe zwischen 2860 und 2877 Meter vegetiren, kommen 35 gleichfalls auf dem Faulhorn vor, 7 (Poa cenisia, Oxyria digyna, Erigeron uniflorus, Draba nivalis, Arenaria ciliata, Silene acaulis und Saxifraga oppositifolia) finden sich zugleich auf dem Pic du Midi, unter 43° N. Br., 2860 Meter über dem Meeres-

spiegel, und auf Spitzbergen, unter 78° N. Br., am Meeres-
ufer. Was das Artenverhältniss anbetrifft, so ist die Flora des
Pic du Midi reicher an Spitzbergen'schen Charakterpflanzen
als die des Faulhorn, nämlich 10 zu 100, statt 6 zu 100,
wie auf dem Alpengipfel. Ist dieser Unterschied der be-
deutenderen absoluten Erhebung des Pyrenäen-Gipfels oder
anderen bei der ursprünglichen Pflanzenausbreitung obwal-
tenden Umständen zuzuschreiben? Bei dem gegenwärtigen
Stande unseres Wissens ist keine Antwort auf diese Frage
möglich. Doch deutet die Ähnlichkeit der Floren zweier
so entfernter Hochgebirgsgipfel wie Faulhorn und Pic du
Midi auf einen gemeinsamen Ursprung, auf einen gemeinsamen Vegetationsfonds hin, der später modificirt worden
ist durch Umstände, welche vom Klima abhängen, von der
geographischen Lage, von der Mischung mit Pflanzen be-
nachbarter Bezirke oder selbst mit Species, die von den
letzten geologischen Floren, deren Überreste in den jüng-
sten Schichten gefunden werden, abstammen. Alle diese
Erwägungen rechtfertigen den zu Anfang der Untersuchung
ausgesprochenen Satz, dass die meisten Pflanzen Spitzbergens „verlorene Kinder" der Europäischen Flora sind, von
denen sich eine bestimmte Zahl seit der Eiszeit auf den
Höhen der Alpen und Pyrenäen so wie in den feuchten
und morastigen Gegenden Mittel-Europa's erhalten hat.
(Charles Martens, Du Spitzberg au Sahara, pp. 83 – 100.)

5) Die Taimyr-Flora und die Alpen-Flora Ost-Sibiriens.

Vergleichen wir die Taimyr-Flora mit den bekannten
Alpen-Floren Süd-Sibiriens, so ergiebt sich, dass ihnen ⅓
der Phanerogamen des Taimyr-Landes fehlt. Immerhin
wird man sich auf den Höhen dieser Alpen, wenn von
zwei Dritttheilen der Pflanzen des Taimyr-Flusses umgeben,
im Hochnorden wähnen können. Hier wie dort auf den
höchsten Gipfeln sind es Pflanzen derselben Geschlechter,
welche sich vom Taimyr-Flusse bis zum Eismeere hinziehen,
dieselben Süss- und Sauergräser, Saxifragae, Drabae, Se-
neciones u. dgl. m.

In Europa erkennen wir in den verschiedenen Gebirgs-
höhen — Pyrenäen, Alpen, Kaukasus — eben so viele
von einander inselförmig getrennte Verbreitungsbezirke derselben Pflanzen, welche zugleich im höheren Norden, aber
in allen dazwischen gelegenen Gegenden nicht vorkommen.
Wir sehen ein solches inselförmiges Vorkommen mitunter
auf kaum glaublich eng gesteckte Örtlichkeiten begrenzt, wie
z. B. im Riesengebirge. Im Ganzen ist dieses Gebirge zu
unbedeutend, um polar-alpine Formen zu beherbergen.
Nichts desto weniger findet der Botaniker auf dem Nord-
abhange, auf die sogenannte Schneegrube beschränkt, eine
Gesellschaft polarer Pflanzen (Saxifraga nivalis, Rubus Cha-

maemorus, Linnaea borealis, Pedicularis sudetica, Salix phy-
licifolia und myrtilloides, einige Carices &c.), welche dort
gesellschaftlich auf eng umschriebener Örtlichkeit leben.

Das Räthselhafte dieser Erscheinung verschwindet, sobald
man beispielsweise unter Hinweis auf die weit verbreiteten,
aus dem hohen Norden stammenden Blöcke eine in der
Vorzeit von Lappland bis zur Schneegrube des Riesen-
gebirges gelangten Pflanzen annimmt. Seit ein wärmeres Klima
allmählich an den Ostsee-Gestaden ausbreitete, verschwanden dieser Annahme zufolge diese Pflanzen auf der Ebene,
dann auf dem Riesengebirge selbst und beschränken sich
demzufolge auf den sogenannten natürlichen Eiskeller dieses
Gebirges.

Nirgends dürfte eine solche Annahme vorzeitlicher Vorgänge an den Erscheinungen der Gegenwart so sichtlich
dokumentirt werden können als in Ost-Sibirien. Durch
seine Gebirgserhebungen wie durch seine eigenthümliche
klimatische Beschaffenheit bildet Ost-Sibirien eine zusammenhängende, wenn auch über manche Umwege führende
Brücke für die ⅔ aller Pflanzenarten des Hochnordens,
welche zugleich in den Alpen Süd-Sibiriens angetroffen
werden. Von Papaver alpinum, Saxifraga bronchialis, Chrysosplenium alternifolium, Polemonium coeruleum, Polygonum Bistorta, Eriophorum polystrachium, den Charakterpflanzen des Taimyr-Landes, sieht man sich 30 Grad südlicher, am oberen Ussuri, umgeben.

Nicht nur eine Anzahl blüthenloser Pflanzen, Flechten
und Moose des Nordens, auch einige Blüthenpflanzen
finden sich cirkumpolar, zugleich auf den Hochgebirgen
der tropischen Zone wie in den antarktischen Ländern
vor, so Phragmites communis, Trisetum suspicatum u. a.
Überhaupt ist die antarktische Flora, obwohl sie ihren
sehr eigenthümlichen Charakter hat, der arktischen nicht
unähnlich, denn obgleich dort eine Menge anderer Arten
angetroffen werden, so gehören viele doch zu denselben
Gattungen, welche im Norden herrschen, wie z. B. Hierochloa, Cardamine, Juncus, Plantago, Epilobium &c.

Im Hinblick darauf, dass einige Arten, zumal von
Seepflanzen und Seethieren, polwärts nicht verkümmern,
sondern sogar kräftiger werden, dass dieselben nur im
Hochnorden gefunden werden und dass endlich auf den
dem Hochnorden in biologischer Beziehung so sehr ähnlichen äussersten Höhen der verschiedenen Gebirge doch
auch höhere Pflanzen und Thiere gefunden worden sind,
welche als diesen Höhen eigenthümlich betrachtet werden
müssen, auch eine schmale Höhenregion bewohnen und
sich nur wenig zur Ebene hin abwärts senken, — im Hinblick auf alle diese Thatsachen scheint es mir richtig, anzunehmen, dass es eine kleine Anzahl von Pflanzen so

wie Thieren giebt, deren Verbreitungsbezirk ursprünglich ein hochnordischer gewesen.

Dass es um den Pol herum mehrere solche Verbreitungsmittelpunkte hochnordischer Pflanzen gegeben [1]), dass diese Pflanzen sich rings um den Pol ausgebreitet, vorzugsweise in der Richtung der Längen, dass auf diesem Wege die Zahl cirkumpolarer Arten sich gegen die ursprüngliche Anzahl derselben im Laufe der Zeit bedeutend vermehrt habe, dass endlich die nordischen Arten noch fortfahren, sich in derselben Weise auszubreiten, scheint kaum einem Zweifel unterworfen werden zu dürfen.

(v. Middendorff, Sibirische Reise, IV. Bd., SS. 685, 690 u. ff.)

Anhang I.

Die Phanerogamen des Taimyr-Landes
(gesammelt von Dr. A. v. Middendorff zwischen 73½° und 75° 36' N. Br. am Fluss Taimyr).

A. Monocotyledones *Juss.*

I. Gramineae *Juss.*
Alopecurus alpinus *Sm.* — Hierochloa racemosa *Trin.* — Phippsia algida *R. Br.* — Colpodium latifolium *R. Br.* — Calamagrostis lapponica *Hartm.* — Deschampsia caespitosa *Beauv.*, var. minor *Kunth*, var. grandiflora *Trautv.* — Poa arctica *R. Br.*, var. genuina *Trautv.*, var. vivipara *Trautv.* — Poa pratensis *L.*, var. angustifolia *Sm.*, var. humilis *Ehr.* — Koeleria hirsuta *Gaud.*, var. submutica *Trautv.* — Festuca rubra *L.*, var. arenaria *Fries.* — Elymus mollis *R. Br.*

II. Cyperaceae *Dec.*
Carex tristis *M. Bieb.* — C. melanocarpa *Cham.* — C. rigida *Good.* — Eriophorum vaginatum *L.* — E. Scheuchzeri *Hoppe.* — E. angustifolium *Roth*, var. minor *Koch.*

III. Juncaceae *Ag.*
Juncus biglumis *L.* — Luzula campestris *Dec.* — L. hyperborea *R. Br.*, var. major *Hook.*, var. minor *Hook.*

IV. Tulipaceae *Dec.*
Lloydia serotina *Reichenb.*

B. Dicotyledones *Juss.*

V. Betulaceae *Bartl.*
Betula nana *L.*

VI. Salicineae *Endl.*
Salix polaris *Wahlenb.* — S. lanata *L.* — S. glauca *L.* — S. arctica *Pall.* — S. taimyrensis *Trautv.*

VII. Polygoneae *Juss.*
Polygonum Bistorta *L.* — P. viviparum *L.* — Oxyria reniformis *Hook.* — Rumex Acetosa *L.*, var. alpina *Wahlenb.* — R. domesticus *Hartm.* — R. arcticus *Trautv.*

BB. Corolliflorae.

VIII. Plumbagineae *Vent.*
Armeria arctica *Wallr.*

IX. Primulaceae *Vent.*
Androsace Chamaejasme *Wulf.* — A. septentrionalis *L.*

X. Scrophularinae *R. Br.*
Gymnandra Stelleri *Cham.* et *Schlecht.* — Pedicularis amoena *Adams.* — P. sudetica *Willd.*, var. lanata *Walp.*, var. bicolor *Walp.* — P. Langsdorffii *Frisch*, var. gymnostemon *Trautv.* — P. hirsuta *L.* — P. versicolor *Wahlenb.* — P. capitata *Adams.*

XI. Borragineae *Juss.*
Myosotis alpestris *Schmidt.* — Eritrichium villosum *Bunge*, var. latifolia *Trautv.*

[1]) Vgl. Dr. O. Jäger's Aufsatz: „Der Nordpol, ein thiergeographisches Centrum", in dem Ergänzungsheft No. 16 der „Geographischen Mittheilungen".

XII. Polemoniaceae *Vent.*
Polemonium humile *Willd.*

CC. Calyciflorae.

XIII. Pyrolaceae *Lindl.*
Pyrola rotundifolia *L.*, var. pumila *Hook.*

XIV. Ericaceae.
Cassiope tetragona *Don.* — Ledum palustre *L.*

XV. Compositae *Vaill.*
Nardosmia frigida *Hook.* — N. Gmelini *Dec.*
b) Asteroideae *Less.*
Erigeron uniflorus *L.*

c) Senecionideae Less.
Leucanthemum sibiricum *Dec.*, var. peleiolepis *Trautv.* — Matricaria inodora *L.*, var. phaeocephala *Ruprecht.* — Artemisia borealis *Pall.*, var. Purshii *Bess.* — A. Tllesll *Ledeb.* — Antennaria carpathica *Bluff* et *Fingerh.*, var. lanata *Hook.* — Senecio resedifolius *Less.* — S. frigidus *Less.* — S. palustris *Dec.*, var. congesta *Hook.*, var. lacerata *Ledeb.*

d) Cynareae **Less.**
Saussurea alpina *Dec.*, var. subcaulis *Ledeb.*

e) Cichoreae **Vaill.**
Taraxacum ceratophorum *Dec.* — T. Scorzonera *Reichenb.*

XVI. Valerianeae *Endl.*
Valeriana capitata *Pall.*

XVII. Umbelliferae *Juss.*
Neogaya simplex *Meisn.*

XVIII. Saxifrageae *Vent.*
Saxifraga oppositifolia *L.* — S. bronchialis *L.* — S. flagellaris *W.*, var. platysepala *Trautv.*, var. stenosepala *Trautv.* — S. serpyllifolia *Pursh*, var. viscosa *Trautv.* — S. Hirculus *L.* — S. stellaris *L.*, var. foliolosa *Trautv.* — S. nivalis *L.* — S. hieracifolia *Waldst.* et *Kit.* — S. aestivalis *Fisch.* — S. cernua *L.* — S. rivularis *L.* — S. caespitosa *L.*, var. genuina *Trautv.*, var. uniflora *Hook.* — Chrysosplenium alternifolium *L.*

XIX. Crassulaceae *Juss.*
Sedum Rhodiola *Dec.*

XX. Portulaceae.
Claytonia arctica *Adams.*

XXI. Onagreae *Sprach.*
Epilobium alpinum *L.*

XXII. Dryadeae *Bartl.*
Dryas octopetala *L.* — Sieversia glacialis *R. Br.* — Potentilla salisburgensis *Haenke.* — P. fragiformis *W.*

XXIII. Papilionaceae *L.*
Phaca frigida *L.*, var. littoralis *Hook.* — Ph. astragalina *Dec.* — Oxytropis nigrescens *Fisch.* — O. arctica *R. Br.* — O. Middendorffii *Trautv.*

DD. Thalamiflorae.

XXIV. Alsineae *Bartl.*
Alsine verna *Bartl.*, var. glacialis *Fenzl.* — A. macrocarpa *Fenzl.* — A. arctica *Fenzl.* — Cerastium maximum *L.* — C. alpinum *L.*, var. hirsuta *Fenzl.* — Stellaria Edwardsii *R. Br.* — St. ciliatosepala *Trautv.*

XXV. Sileneae *Dec.*
Melandryum apetalum *Fenzl.*

XXVI. Cruciferae *Adams.*
Arabis petraea *Lam.* — Cardamine pratensis *L.* — C. bellidifolia *L.*, var. lenensis *Trautv.* — Parrya macrocarpa *R. Brown.*, var. integerrima *Trautv.* — Odontarrhena Fischeriana *C. A. Mey.* — Draba aspera *Adams.*, var. Candolleana *Trautv.*, var. pilosula *Trautv.*, var. Adamsiana *Trautv.* — D. pauciflora *R. Br.* — D. glacialis *Adams.* — D. algida *Adams.* — D. alpina *L.* — D. lactea *Adams.* — D. altaica *Bunge.* — D. rupestris *R. Br.* — D. hirta *L.* — D. Wahlenbergii *Hartm.* — Cochlearia arctica *Schlechtend.*, var. Wahlenbergiana *Trautv.*, var. oblongifolia *Trautv.* — Hesperis Honkeri *Ledeb.* — Sisymbrium sophioides *Fisch.* — Braya purpurascens *Bunge*, var. longisiliquosa *Trautv.*

XXVII. Papaveraceae *Dec.*
Papaver alpinum *L.*, var. nudicaulis *Fisch.* et *Trautv.*

XXVIII. Ranunculaceae *Juss.*
a) Ranunculeae Dec.
Ranunculus pygmaeus *Wahlenb.* — R. nivalis *L.* — R. affinis

R. Br., var. leiocarpa *Trautv.*, forma microcalyx *Trautv.*, forma macrocalyx *Trautv.* — R. acris *L.*, var. pumila *Wahlenb.*

b) Helleboreae Dec.

Caltha palustris *L.* — Delphinium Middendorffii *Trautv.*
(v. Middendorff's Reise in Sibirien, Bd. I, Th. 2, S. 13—16.)

Die Flora des Taimyr-Landes stimmt nicht bloss in ihrem allgemeinen Charakter, sondern bis auf die einzelnen Formen mit der aller übrigen arktischen Länder überein, welche von den drei Kontinenten aus ihre vegetabilischen Erzeugnisse gegen einander wechselweise ausgetauscht haben. So fehlen im arktischen Europa von den 124 phanerogamischen Species des Taimyr-Landes nur 34 und in Amerika's Polarländern nur 23 Arten, wogegen sich nur 5 bis jetzt der Taimyr-Flora eigenthümliche Formen vorfanden (Delphinium Middendorffii, Oxytropis Middendorffii, Salix taimyrensis, Stellaria ciliatosepala und Rumex arcticus).

Wie in Europa ein enger Zusammenhang zwischen Lappland und den oberen Regionen der Alpen besteht, so spricht sich das nämliche Verhältniss in Asien dadurch aus, dass der Gebirgszug vom Altai bis zum Baikal-See 80 Pflanzenformen mit dem Taimyr-Lande gemeinschaftlich besitzt.

Die Tundra zu beiden Seiten des Taimyr-Stromes ist ein unermessliches Diluvial-Land, eine ebene oder mässig gewellte Fläche, nur den Thalweg begleitet in einem niedrigen, jedoch über die Tundra kulminirenden Höhenzuge von nicht 1000 Fuss Höhe anstehendes Gestein, aus Thonschiefern, Kalk und Mandelsteinen gebildet.

Gegen die Mitte des Juni, als Middendorff den Taimyr erreichte, schmolz daselbst der Schnee, nach dem 18. Juni sank das Thermometer nicht mehr unter den Gefrierpunkt. Eine Woche später waren die Sonnenseiten schneefrei, ringsum rauschten Giessbäche, der Boden war zum Einsinken erweicht, die Flüsse hoben sich 3 bis 6 Klafter über den winterlichen Eisstand. Das Maximum der Sonnenwärme (11°,5 C. im Schatten) herrschte von Ende Juli bis Mitte August, aber schon in der Nacht zum 20. August traten die Nachtfröste wieder ein, die nicht wieder aufhörten, und schon am 15. September stand das Eis auf dem Grossen Taimyr-See. Der Winter war angebrochen und am Ende desselben Monats stieg die Kälte bereits wieder auf — 19° C. — Die Vegetationszeit dauert daher kaum dritthalb Monate, von Mitte Juni bis Ausgang August. Dass sie so lange zu bestehen vermag, wird durch eigenthümliche Verhältnisse theils des Klima's, theils der vegetativen Organisation möglich gemacht. Das ewige Eis des Sibirischen Bodens liegt nämlich am Taimyr sehr flach, aber doch unter, nicht in der Pflanzendecke. An einem der wärmsten Tage, am 2. August, zeigte sich der Boden im freien Sonnenlichte in einer Tiefe von 14 Zoll gefroren und im Schatten unter einer Decke von 2 Zoll moosigen Rasens auch von der höchsten Wirkung der nie versinkenden Sonne unberührt.

Dennoch kann selbst im äussersten Norden des Taimyr-Landes von einer bis zum Meeres-Niveau ihre herabsteigenden Schneegrenze nicht die Rede sein und eben weil jene dünne Scholle sich während des Sommers schneefrei erhält, und die Bedingungen zur Erzeugung und Erhaltung der dortigen Pflanzenformen gegeben. — Die Frage, weshalb bei so niedrigen Luftwärmen der Schnee im Sommer nicht liegen bleibt, dagegen das Eis im Boden bis zu unerforschten Tiefen ansteht, scheint dadurch gelöst, dass ewiger Schnee überhaupt nur in Gebirge möglich ist, wo die Oberfläche grösstentheils geneigt ist und daher weniger materielle Punkte von den Strahlen der Sommersonne getroffen werden. In den Ebenen thaut die Kraft der Sonne den winterlichen Schnee jedes Jahr wieder auf, wobei die mittlere Temperatur tiefer sein kann als in den Schneeregionen des Gebirges und das unterirdische Eis dessen ewigen Schnee vertritt, daher weder arktische Tiefländer noch ausgedehnte Hochflächen irgendwo des grünenden Sommers entbehren. Diese Schneelosigkeit im Sommer, die davon abhängige Belebung selbst des kältesten Bodens, die in den Inneräsien der Breitengestalten den höchsten Süden der anderen Hemisphäre nicht vorhanden ist, erscheint daher im nördlichen Sibirien als die Wirkung der Konfiguration dieses ebenen Polarlandes. Aber schön wird die kurze Sommer darum nicht, unwirthlich bleibt er. Durch die unregelmässige Küstenlinie werden die Bewegungen der Atmosphäre stürmischer, die Niederschläge häufiger, durch die Feuchtigkeit die Temperatur-Extreme gemässigt. Unaufhörlich Nebel und Niederschläge entstehen durch die starken Luftströmungen. „Die Sonne braucht nur hinter Wolken zu treten, um Stosswinde hervorzurufen; zügellos streichen die Stürme über die unbewachsenen Oeden und peitschen den Schnee in dichte Massen zusammen" (v. Middendorff).

Die Feuchtigkeit ist hier überhaupt der Wärme-Regulator, sowohl für die unteren Luftschichten als für die Oberfläche des Bodens, welchen sie während des Sommers durch das Schmelzen des unterirdischen Eises speist, und indem sie grössere Schwankungen der Temperatur verhindert, schützt sie die Vegetation während ihrer Entwickelungszeit.

Die Untersuchungen v. Trautvetter's (v. Middendorff's Reise, botanischer Theil) über den Einfluss des arktischen Klima's auf die Ausbildung der Pflanzenorgane bestätigen die auf Nowaja Semlä gewonnenen Ansichten v. Baer's. — An Masse werden die an der Luft entwickelten Organe von den unterirdischen, namentlich von horizontal kriechenden Rhizomen bei weitem übertroffen, weil auf den letzteren der vorzüglichste Schutz gegen die Winterkälte beruht. Diess ist auch die Ursache, weshalb nur 6 einjährige Gewächse am Taimyr vorkommen, die den Winter in der Form des weniger geschützten Samenkorns überdauern müssen. Die mittlere Wuchshöhe beträgt ungefähr 5 Zoll, 93 Arten bleiben unter der Höhe von 6 Zoll, die übrigen 31 schwanken zwischen 6 und 14 Zoll; die Zwergsträucher sind durchschnittlich noch niedriger als die Kräuter und erreichen noch nicht einmal eine mittlere Höhe von 4 Zoll, die höchsten sind 6 Zoll hoch. Es giebt übrigens nur 8 solcher Holzgewächse: Betula nana, Salix polaris, lanata, glauca, arctica, taimyrensis, Cassiope tetragona und Ledum palustre. — Die geringe Zahl der Blätter an einer Axe, an deren Grunde sie gewöhnlich rosettenförmig zusammenrücken, ist gleichfalls ein allgemeiner Charakter der Flora und erklärt sich aus der Kürze der Vegetationszeit. Deshalb müssen sich die Blätter rasch entwickeln und daher die Internodien zwischen ihnen unentwickelt bleiben, so dass meist nur das oberste Stengelglied, welches die Blüthenknospe trägt, zur Ausbildung gelangt. — Die auf den arktischen Lichteinfluss bezogene, den alpinen Gewächsen gleichfalls eigene Grösse der Blumen spricht sich am Taimyr auffallend genug aus; der mittlere Blüthendurchmesser beträgt mehr als 5 Linien, bei mehreren Arten zwischen 12 und 18 Linien, was bei der Kleinheit der Axen um so mehr hervortritt. — Dass von manchen Pflanzen die Früchte nicht zur Entwickelung gelangen, wie v. Baer in Nowaja Semlä wahrnahm, bestätigen die Untersuchungen v. Middendorff's nicht. — Die Pflanzen, welche sich von Mittel-Europa bis zum Taimyr-Lande verbreiten, sind folgende: Caltha palustris, Ranunculus aeris, Cardamine pratensis, Arabis petraea, Alsine verna, Chrysosplenium alternifolium, Saxifraga Hirculus und caespitosa, Cineraria palustris, Matricaria inodora, Ledum, Pyrola rotundifolia, Androsace septentrionalis, Rumex domesticus und Acetosa, Polygonum Bistorta, Luzula campestris, Eriophorum angustifolium und vaginatum, Festuca ovina, Poa pratensis und Deschampsia caespitosa; die übrigen Europäischen Arten sind als arktisch und alpin zu betrachten.

(Dr. A. Grisebach, Bericht über die Leistungen in der Pflanzen-Geographie und systematischen Botanik während des Jahres 1847. Berlin 1850).

Anhang 2.

Vergleichende Zusammenstellung der Phanerogamen Spitzbergens mit denen des Faulhorngipfels, des Jardin de la mer de glace, der Grands Mulets, der Umgebung der Vincent-Hütte und des Höhepunktes des St. Theodul-Passes.

Die Phanerogamen Spitzbergens.

1. Ranunculaceae. *R. glacialis L.* — R. hyperboreus *Rottb.* — R. pygmaeus *Wgb.* — R. nivalis *L.* — R. sulfureus *Sol.* — *R. arcticus *Richards.*

2. Papaveraceae. Papaver nudicaule *L.*

3. Cruciferae. *Cardamine pratensis L.* — C. bellidifolia *L.* — *Arabis alpina *L.* — *Parrya arctica *R. Br.* — *Eutrema Edwardsii *R. Br.* — *Braya purpurascens *R. Br.* — Draba alpina *L.* — *D. glacialis *Adams.* — *D. pauciflora ? *R. Br.* — *D. micropetala ? *Hook.* — D. nivalis *Liljebl.* — *D. arctica *Fl. dan.* — *D. corymbosa *R. Br.* — D. rupestris *R. Br.* — D. hirta *L.* — D. Wahlenbergii *Hartm.* — Cochlearia fenestrata, *R. Br.*

4. Caryophylleae. Silene acaulis *L.* — Wahlbergella (Lychnis) apetala *Fr.* — W. affinis *Fr.* — *Stellaria Edwardsii *R. Br.* — *St. humifusa *Rottb.* — *Cerastium alpinum *L.* — Arenaria ciliata *L.* — *A. arctica *R. Br.* — A. biflora *L.* — Alsine rubella *Wbg.* — Aamodenia (Arenaria) peploides *Gm.* — Sagina nivalis *Fr.*

5. Rosaceae. Dryas octopetala *L.* — *Potentilla pulchella *R. Br.* — P. maculata *Pourr.* — P. nivea *L.* — P. emarginata *Pursh.*

6. Saxifrageae. Saxifraga hieraciifolia *Waldst. et Kit.* — S. nivalis *L.* — S. foliolosa *R. Br.* — S. oppositifolia *L.* — *S. flagellaris

Sternb. — *S. Hirculus* L. — *S. aizoides* L. — *S.* cernua L. — *S.* rivularis *L.* — *S.* caespitosa *L.* — *Chrysosplenium alternifolium*, var. tetrandum *Th. Fr.*

7. Synanthereae. *Arnica alpina* Murray. — *Erigeron uniflorus* L. — *Nardosmia (Tussilago) frigida* Cass. — *Taraxacum palustre* Sm. — *T.* phymatocarpum *Wahl.*

8. Borragineae. Mertensia (Pulmonaria) maritima *L.*

9. Polemoniaceae. *Polemonium pulchellum Ledeb.*

10. Scrofulariaceae. Pedicularis hirsuta *L.*

11. Ericaceae. Andromeda tetragona *L.*

12. Empetreae. *Empetrum nigrum* L.

13. Polygoneae. *Polygonum viviparum* L. — *Oxyria digyna* Cambd.

14. Salicineae. *Salix reticulata* L. — Salix polaris *Wbg.*

15. Juncaceae. Juncus biglumis *L.* — Luzula hyperborea *R. Br.* — L. arctica *Blytt.*

16. Cyperaceae. *Eriophorum capitatum* Host. — Carex pulla *Good.* — C. mirandra *R. Br.* — C. glareosa *Wbg.* — C. nardina *Fr.* — C. rupestris *All.*

17. Gramineae. Alopecurus alpinus *Sm., R. Br.* — Aira alpina *L.* — Calamagrostis neglecta *Ehrh.* — *Trisetum subspicatum* P. Beauv.— *Hierochloa pauciflora *R. Br.* — *Dupontia psilosantha *Rupr.* — *D. Fischeri *R. Br.* — *Poa pratensis*, var. alpigena *Fr.* — *P. cenisia* All. -- P. stricta *Lindeb.* — *P.* abbreviata *R. Br.* — P. Vahliana *Liebm.* — *Glyceria angustata *Mgr.* — Catabrosa algida *Fr.* — *C.* vilfoidea *Anders.* — Festuca hirsuta *Fl. dan.* — *F.* ovina L. — *F.* brevifolia *R. Br.*

Die 28 kursiv gedruckten Species existiren in Frankreich, die mit einem Sternchen versehenen sind ausschliesslich arktisch und kommen in Skandinavien nicht vor.

Die Phanerogamen des Faulhorngipfels.

1. Ranunculaceae. Ranunculus montanus *Willd.* — *R.* glacialis *L.* — R. alpestris *L.* — Aconitum Napellus L.

2. Cruciferae. *Arabis alpina *L.* — A. Gerardi *Besser.* — *Cardamine bellidifolia *Gaud.* — Draba fladnizensis *Wulf.* — D. frigida *Suter.* — *D.* aizoides L. — *Thlaspi rotundifolium Gaud. — *Capsella bursa pastoris *DC.* — *Lepidium alpinum* L.

3. Violarieae. Viola calcerata *L.*

4. Cistineae. Helianthemum alpestre *DC.*

5. Caryophylleae. Silene inflata *Sm.* — *S.* acaulis L. — Moehringia polygonoides *Mert.* et *Koch.* — *Alsine verna Bartl. — Spergula saginoides *L.* — Arenaria biflora *L.* — A. ciliata *L.* — *Stellaria media *Sm.* — *St.* cerastioides L. — Cerastium arvense *L.* — *C.* latifolium L. — *C.* cerastioides seiloides L.

6. Papilionaceae. Trifolium pratense *L.* — T. badium L. — T. caespitosum *Reyn.* — *Astragalus alpinus *L.* — *Oxytropis lapponica *Gay.* — *O.* campestris DC. — *Hedysarum obscurum *L.*

7. Rosaceae. *Sibbaldia procumbens L. — *Dryas octopetala *Hall.* — P. salisburgensis *Haenke.* — P. grandiflora *L.* — P. aurea *L.* — *Alchemilla vulgaris L. — *A.* alpina L. — A. pentaphylla *L.* — A. fissa *Schum.*

8. Onagrarieae. *Epilobium alpinum *L.*

9. Crassulaceae. *Sedum repens Schl. — S. atratum L.

10. Saxifrageae. *Saxifraga stellaris *L.* — S. aizoides L. — S. bryoides *L.* — S. muscoides *Wulf.* — S. planifolia *Lapeyr.* — S. aizoon *Jacq.* — *S.* oppositifolia L. — S. androsacea *L.* — S. Seguierii, *Spr.*

11. Umbelliferae. Gaya simplex *Gaud.* — Ligusticum Mutellina *Cr.* — *Carum Carvi *L.*

12. Rubiaceae. Galium helveticum *Weig.* — G. sylvestre, var. alpestre *Koch.*

13. Dipsaceae. Scabiosa lucida *Vill.*

14. Synanthereae. Tussilago alpina L. — *Erigeron uniflorus *L.* — *E.* alpinus *L.* — Aster alpinus *L.* — *Arnica scorpioides *L.* — *Artemisia spicata *L.* — *Chrysanthemum leucanthemum L. — *Pyrethrum alpinum Willd. — Achillaea atrata L. — *Omalotheca supina*, var. alpina *DC.* — Cirsium spinosissimum *Scop.* — Leontodon aureum *L.* — L. hispidum *L.* — *Taraxacum dens leonis *Desf.* — *Phyteuma hemisphericum L.

16. Primulaceae. *Primula farinosa *L.* — Androsace helvetica

---

Gaud. — A. alpina *Gaud.* — A. pennina *Gaud.* — A. obtusifolia *All.* — A. chamaejasme *Willd.* — Soldanella alpina *L.*

17. Gentianeae. *Gentiana acaulis L. — G. bavarica *L.* — G. verna L. — G. campestris *L.* — *G.* nivalis *L.* — G. glacialis *A. Thom.*

18. Borragineae. *Myosotis sylvatica*, var. alpestris Koch.

19. Scrofulariaceae. *Linaria alpina *DC.* — Veronica aphylla *L.* — *V. saxatilis Jacq. — V. bellidioides *L.* — *V. alpina *L.* — *V. serpyllifolia *L.* — *Bartsia alpina *L.* — Euphrasia minima *Jacq.* — Pedicularis versicolor *Wbg.* — P. verticillata *L.*

20. Labiatae. *Thymus Serpillum L.

21. Plantagineae. Plantago montana *Lamk.* — P. alpina *L.*

22. Chenopodeae. Blitum bonus Henricus *C. A. M.*

23. Polygoneae. *Polygonum viviparum L. — *Oxyria digyna* Cambd.

24. Salicineae. *Salix herbacea *L.* — S. retusa *L.*

25. Liliaceae. Lloydia serotina *Salisb.* (Phalangium serotinum *Lamk.)*

26. Juncaceae. Juncus Jacquini *L.* — Luzula spadicea *DC.* — *L.* spica *DC.* — Elyna suspicata *Schr.*

27. Cyperaceae. Carex foetida *All.* — C. curcula All. — C. nigra All. — C. sempervirens *Vill.*

28. Gramineae. *Phleum alpinum *L.* — Sesleria caerulea *L.* — *Agrostis rupestris *All.* — A. alpina *Willd.* — Avena versicolor *Vill.* — *Trisetum subspicatum P. Beauv. — *Poa annua *L.* — *P. alpina, var. vivipara *L.* — P.alpina *L.*, brevifolia *Gaud.* — *P. laxa *Haenke.* — Festuca violacea Gaud. — F. pumila *Vill.* — F. Halleri *Vill.*

Die mit einem Sternchen versehenen Species kommen in Lappland vor, die kursiv gedruckten auf dem Gipfel des Pic du Midi de Bigorre in den Pyrenäen.

Die Phanerogamen des Jardin de la mer de glace (Chamounix).

1. Ranunculaceae. *Ranunculus glacialis L. — *R.* montanus Willd. — R. Villarsii *DC.*

2. Cruciferae. Draba frigida *Gaud.* — *Cardamine bellidifolia *L.* — C. resedifolia *L.* — Sisymbrium pinnatifidum *DC.*

3. Caryophylleae. Silene rupestris, var. subacaulis *L.* — *S.* acaulis L. — *Spergula saginoides L. — Arenaria rubra *L.* — A. serpyllifolia *L.* — A. nivalis *Godr.* — *A.* biflora *L.* — Cherleria sedoides *L.* — Stellaria cerastioides *L.* — *Cerasticum latifolium L. — *C.* alpinum *DC.*, var. lanatum. — *Spergula saginoides L.

4. Papilionaceae. Trifolium alpinum *L.*

5. Rosaceae. *Sibbaldia procumbens L. — Geum montanum *L.* — Potentilla aurea L. — P. glacialis *Hall.* — P. grandiflora *L.* — Alchemilla pentaphylla *L.*

6. Onagrarieae. *Epilobium alpinum L.

7. Crassulaceae. *Sedum atratum *L.* — S. repens *Schl.* — *S.* annuum *L.* — Sempervivum montanum *L.* — S. arachnoideum *L.*

8. Saxifrageae. *Saxifraga stellaris L. — S. aspera *L.* — S. bryoides *L.*

9. Umbelliferae. Meum Mutellina *Gaerta.* — *Gaya simplex Gaud. — Bupleurum stellatum *L.*

10. Synanthereae. Cacalia alpina *Jacq.* — C. leucophylla *Willd.* — *Tussilago alpina *L.* — *Erigeron uniflorus L. — *E. alpinus *L.* — *Pyrethrum alpinum Willd. — *Omalotheca supina Cass. — *Gnaphalium dioicum *L.* — *G.* alpinum *Vill.* — Arnica montana *L.* — Senecio incanus *L.* — *Cirsium spinosissimum Scop. — Taraxacum laevigatum *DC.* — Leontodon squamosum *Lamk.* — L. aureum *L.* — *Hieracium alpinum *L.* — H. angustifolium *Hoppe.* — H. glanduliferum *Hoppe.* — H. Halleri *Vill.*

11. Campanulaceae. *Phyteuma hemisphericum L. — Campanula barbata *L.*

12. Primulaceae. Primula viscosa *Vill.*

13. Gentianeae. Gentiana purpurea *L.* — G. acaulis *L.* — G. excisa *Presl.*

14. Scrofulariaceae. *Linaria alpina *DC.* — *Veronica alpina *L.* — V. bellidioides L. — Euphrasia minima Jacq.

15. Plantagineae. Plantago alpina *L.*

16. Salicineae. *Salix herbacea L.

17. Juncaceae. *Juncus Jacquini L. — *J. trifidus *L.* — Luzula lutea *DC.* — L. spadicea DC. — *L.* spicata *DC.*

18. Cyperaceae. *Carex curvula* All. — *C. foetida* Vill. — *C. sempercirens* Vill. — *C. ferruginea* Scop.
19. Gramineae. *Phleum alpinum* L. — Anthoxanthum odoratum *L.* — *Agrostis rupestris* All. — *A. alpina* Scop. — *Avena versicolor* Vill. — *Poa laxa* Haenke. — P. laxa, var. flavescens *Koch.* — *P. alpina *L.* — P. alpina, var. vivipara *L.* — Festuca Halleri *All.* —
Die mit einem Sternchen versehenen Species kommen in Lappland vor, die kursiv gedruckten auf dem Gipfel des Faulhorn.

Die Phanerogamen der „Grands Mulets"
(auf dem Nordhange des Montblanc).

Draba fladnizensis *Wulf* — D. frigida *Gaud.* — *Cardamine bellidifolia* L. — C. resedifolia *Gaud.* — *Silene acaulis* L. — Potentilla frigida *Vill.* — Phyteuma hemisphericum *L.* — Pyrethrum alpinum *Willd.* — *Erigeron uniflorus* L. — Saxifraga bryoides *L.* — S. groenlandica *L.* — S. muscoides *Auct.* — S. *oppositifolia* L. — Androsace helvetica *Gaud.* — A. pubescens, *DC.* — Gentiana verna *L.* — Luzula spicata *DC.* — Festuca Halleri *Vill.* — Poa laxa, *Haenke.* — Poa caesia *Sm.* — P. alpina, var. vivipara *L.* — Trisetum subspicatum Pal. Beauv. — *Agrostis rupestris All.* — Carex nigra *All.*
Die 5 cursiv gedruckten Species kommen auf Spitzbergen, *Agrostis rupestris in Lappland vor.

Phanerogamen der Umgebung der Vincent-Hütte
(Monte Rosa).

Ranunculus glacialis, Hutschinsia petraea *R. Br.* — Thlaspi ce-

paefolium *Koch.* — T. corymbosum *Gaud.* — T. rotundifolium *Gaud.* — *Cardamine bellidifolia* L. — *Silene acaulis* L. — *Cerastium latifolium L.* — Cherleria sedoides *L.* — Potentilla alpestris *Hall.* — Saxifraga aizoides, S. bryoides, S. biflora *All.* — S. exarata *Vill.* — S. muscoides, S. *oppositifolia,* S. retusa *Gouan.* — S. stellaris. *L.* — Achillaea hybrida *Gaud.* — Artemisia Mutellina *Vill.* — A. spicata *Wulf.* — Aster alpinus, Chrysanthemum alpinum, *Erigeron uniflorus*, Phyteuma pauciflorum *L.* — Myosotis nana, Linaria alpina, Veronica alpina, Gentiana verna, G. imbricata *Froehl.* — Androsace glacialis *Hoppe.* — Primula Dyniana, Lagasea, *Oxyria digyna*, *Salix herbacea*, *S. reticulata*. *Agrostis rupestris All.* — *Trisetum subspicatum*, Pal. Beauv. — Festuca Halleri *All.* — *F. orina*, Poa alpina, P. laxa *Haenke.* — Poa minor *Gaud.* — Koeleria spicata *Gaud.* — Elyna spicata *Schrad.* — *Luzula spicata DC.* — Carex nigra *All.*
Die 10 kursiv gedruckten Species kommen auf Spitzbergen, die 4 mit Sternchen bezeichneten in Lappland vor.

Phanerogamen des Höhepunktes des St. Theodul-
Passes.

Ranunculus glacialis L. — Thlaspi rotundifolium *Gaud.* — Draba pyrenaica *L.* — D. tomentosa *Wahl.* — Geum reptans *L.* — Saxifraga planifolia *Lap.* — S. muscoides *Wulf.* — S. *oppositifolia* L. — Pyrethrum alpinum *Willd.* — *Erigeron uniflorus* L. — Artemisia spicata *L.* — Androsace pennina *Gaud.* — Poa laxa *Haenke.*
Die 3 kursiv gedruckten Species kommen in Grönland vor.
(Ch. Martens, Du Spitzberg au Sahara. Paris 1866.)

VII. Thierleben auf und um Nowaja Semlä.

Jeder, der Nowaja Semlä oder sonst eine Gegend des hohen Nordens besucht, wird unwillkürlich vom Gefühle völliger Vereinsamung ergriffen, aber dieses Einsamkeitsgefühl hat nichts Beängstigendes, sondern etwas Feierliches und Erhebendes und kann nur mit dem mächtigen Eindrucke verglichen werden, den der Besuch von Alpenhöhen für immer zurücklässt. Man kann die ein Mal aufgetauchte Vorstellung, als ob der Schöpfungsmorgen eben erst angebrochen sei und das Leben nachfolgen sollte, nicht wieder los werden. — Baum- und Graswuchs fehlen, die besondere Durchsichtigkeit der Luft rückt die fernen Berge dem Auge scheinbar näher, man sieht wohl dann und wann ein Thier, sieht zuweilen in einiger Entfernung von der Küste eine grosse Möve (Larus glaucus) in der Luft schweben oder einen flüchtigen Lemming am Boden hinstreichen, sie reichen aber nicht aus, der Landschaft Leben zu verleihen. Es fehlt bei stillem Wetter an Lauten und hinlänglicher Bewegung, wenn man, nachdem die zahlreich an den See'n ihren Federwechsel abwartenden Gänse weggezogen sind, einen Zug in das Innere unternimmt. Lautlos sind alle ohnehin spärlichen Landvögel Nowaja Semlä's, lautlos die verhältnissmässig viel spärlicheren Insekten. Auch der Eisfuchs lässt sich nur in der Nacht hören. Dieser vollständige Mangel an Lauten, der besonders an heiteren Tagen herrscht, erinnert an Grabesstille und die aus der Erde hervorkommenden, in gerader Linie fortgleitenden und schnell wieder in sie verschwindenden Lemminge erscheinen wie Gespenster. Keine Bäume, keine höher aufgeschossenen

Pflanzen verrathen in ihrem zitternden Blattwerk die durchziehenden Luftzüge; die niedrigen Pflänzchen des Hochnordens erreicht ein leiser Windzug nicht, — man könnte sie für gemalt ansehen. Auch sind beinahe gar keine Insekten beschäftigt, auf ihnen die Befriedigung ihrer kleinen Bedürfnisse zu suchen. Aus der Familie der Käfer ist nur eine Chrysomela gefunden worden. — Wohl sieht man an sonnigen Tagen und erwärmten Stellen, z. B. um kleine vorragende Felsspitzen, eine Erdbiene umherfliegen, aber sie summt kaum, wie an feuchten Tagen bei uns. Ein wenig häufiger sind Fliegen und Mücken, aber auch diese sind doch so selten, dass man sie eben suchen muss, um sie überhaupt zu bemerken. Ein todtes Walross kann ruhig am Ufer liegen, ohne befürchten zu müssen, Würmerfrass zu werden; keine Spur von Insektenlarven findet sich in den Knochen längst erschlagener Thiere, auch wenn es an eingetrockneten Fleischtheilen nicht fehlt. Man sieht daraus, wie selten die Insekten auf Nowaja Semlä sind.

Der Reichthum oder die Armuth an Insekten ist nächst der Pflanzenwelt der sicherste Maassstab für das Klima einer Gegend. Beide bedürfen zu ihrem Bestehen einer bestimmten Menge und einer bestimmten Dauer von Wärme. Für beide fehlt sie in der heissen Zone nie, weiter nach Norden immer mehr. — Es ist aber die geringe Sommerwärme, welche in Nowaja Semlä die reichere Entfaltung des Pflanzen- und Thierlebens verhindert. Nishne-Kolymsk mit viel geringerer mittlerer Jahrestemperatur (— 10° C.) liegt nicht weit jenseit der Grenze hochstämmiger Wälder und zeigt in seiner Umgebung verkrüppelte Sibirische Cedern und Gestrüpp in Menge. In den kurzen Sommern werden die Mücken dort zu einer unleidlichen Plage (Wrangell).

Viel belebter als die Fläche des Landes erscheint die Küste durch die hier nistenden Seevögel. Ihre Zahl und Mannigfaltigkeit ist nicht so gross als an den Norwegischen Küsten oder auf einigen Inseln und Klippen Islands, aber doch findet man auch auf Nowaja Semlä die Küste an einzelnen Punkten dicht besetzt und wird, wenn man sich ihnen nähert, mit lautem Geschrei empfangen. Besonders lebt eine Lumme (Uria Troile aus der Familie der Alceaeae pterorhinae *Brandt*), deren Zahl leicht so gross sein könnte als die aller übrigen Vögel zusammengenommen, kolonienweise; dicht an einander geschaart und in vielen Reihen über einander auf kaum merklichen Vorsprüngen senkrechter Felswände sitzend machen sie Fronte, wenn man sich nähert, und lassen die dunkle Felswand von ihren emporgehobenen weissen Bäuchen fleckig erscheinen. Die Russen nennen einen solchen Brüteplatz einen Bazar. So ist dieses Persische Wort von Russischen Walrossfängern in die Felsen des Eismeeres verpflanzt und in Ermangelung menschlicher Bewohner auf Vögel angewendet. Auf den Spitzen isolirter Klippen, keine anderen Vögel neben sich duldend, nistet die grosse graue Meve (Larus glaucus), welche die Holländischen Walfischfänger, man weiss nicht, ob aus Respekt oder aus Mangel an demselben, den Bürgermeister genannt haben. Er scheint sich selbst als den Herrn dieser Schöpfung zu fühlen, denn er ist dreist genug, vor einer ganzen Gesellschaft von Fischern von den an das Ufer geworfenen Fischen einen oder den anderen zu holen.

Diese Vögel sind die besten Zeugen, dass aus der Tiefe der See mehr zu holen ist als vom Lande. In der That ist hier die Summe des thierischen Lebens unter den Ocean gesunken. Besonders häufig sind kleine Krebse und vor allen die Gammaren, die fast eben so dicht im Wasser um ein hineingeworfenes Stück Fleisch sich sammeln als in Lappland die Mücken um ein warmblütiges Thier. Man kann sie mit einem Siebe zu vielen Tausenden aufschöpfen.

Was die Landthiere betrifft, so reicht die spärliche Vegetation zur Ernährung einer Menge Lemminge aus. Sanfte Abhänge sind oft in allen Richtungen von ihnen durchgraben. — Nächst den Lemmingen sind die Eisfüchse zahlreich, welche in den eben genannten Thieren, den jungen Vögeln und den ausgeworfenen Seethieren reichliche Nahrung finden. Eisbären werden im Sommer wenig bemerkt.

Es sind endlich die Seesäugethiere, welche den Bewohner der Eismeerküste nach Nowaja Semlä zum einträglichen Seegewerbe hinüber gelockt und das hochnordische Inselland in den Bereich des Lebens und Treibens der Archangelskischen Bevölkerung hineingerückt haben.

Dass Nowaja Semlä dem Menschen nicht zum dauernden Wohnorte dienen kann, leuchtet ein. Dennoch haben politische und religiöse Flüchtlinge den Versuch gemacht, sich hier anzusiedeln, sind aber alle dem menschenfeindlichen Klima erlegen. Schon im 16. Jahrhundert zog die Familie Stroganoff aus Nowgorod hierher und liess sich an der Bucht, die ihren Namen trägt, nieder. Noch zu Lepochin's Zeiten sah man, wie Jagdreisende berichteten, auf dem Mehlkap Trümmer von zwei Hütten und von Grabkreuzen mit Inschriften, welche von dem Verweilen der Unglücklichen daselbst Kunde gaben [1] (Lepochin's Reise 1772, Bd. IV, SS. 160, 161). — Eine altgläubige Familie, die Paikatschews aus Kem, suchte 1763 eine Zufluchtsstätte am Ufer der Schwarzen Bai (Tschornaja Guba); in 9 Monaten hatte Alle — 9 Personen — der Scharbock weggerafft. Auch Beispiele freiwilliger Übersiedelung sind vorgekommen. Pachtussow erzählt, dass 1823 ein Samojede, Mawei, der seine Rentierheerde durch eine Seuche verloren hatte, mit Frau und Kindern nach Nowaja Semlä übergesetzt sei, nachdem er seinem Götzen gelobt hatte, dort zu überwintern. Noch denselben Winter kam die Familie elend um. Ein Verwandter, der 1824 dahin kam, fand die Leichen auf dem Hofe und in der Hütte umherliegen. Von Mawei war keine Spur vorhanden. — Der Aufenthalt auf der Insel ist ein zeitweiliger und beschränkt sich auf den kurzen Polarsommer. Nur wetterfesten Seefahrern und Jagdreisenden ist es gelungen, wie die Entdeckungsgeschichte der Insel nachweist, auf Nowaja Semlä zu überwintern.

Vermag es der Mensch nun einmal nicht, auf der Insel auszudauern, so fühlt sich dagegen sein gefährlichster hiesiger Gegner, der Eisbär, um so wohler auf ihr. Truppweis durchstreifen Polarbären das Land von Kap Nassau bis Kussow Noss, obwohl ihr Lieblingsaufenthalt der nordöstliche Küstenstrich ist, wo sie unbehelligt von der Konkurrenz des Menschen zwischen den Eisfeldern ihr Monopol auf die unerschöpflichen Jagdgründe ausbeuten. Das Ufer ist hier mit Knochen wie übersäet. — Die Hauptnahrung des Polarbären besteht in ausgeworfenen Thieren; fehlen ihm diese, so macht er auf Seethiere Jagd. Wenn gleich seine eigentliche Heimstätte das Land ist, so geht er doch auf Eisschollen in die See, um Robben, Seehasen und selbst Walrosse zu erjagen. Gewöhnlich tritt er

---

[1] „Im Jahre 1594 fand Barents in der von ihm so genannten Lorenz-Bucht, welche genau unserer Stroganower entspricht, eine Niederlassung, die aus 3 Hütten bestand, deren Bewohner sich, wie er voraussetzt, geflissentlich vor ihm verbargen. Einige Gräber und Grabmäler bewiesen, dass sie schon ziemlich lange bestand. Setzt man die Entstehung derselben 20 bis 30 Jahr vor jene Zeit, so entspricht dieselbe namentlich derjenigen Epoche, in welcher die Nowgoroder den meisten Grund hatten, in weit von ihrem Vaterlande entfernte Gegenden auszuwandern, d. h. der Regierung Johann's des Grausamen. Es ist sogar sehr möglich, dass mehrere jener Ansiedler in jener Zeit nach Nowaja Semlä verbannt wurden." Kap. Lütke's Viermalige Reise &c., S. 317.

seine Jagdfahrten mit dem ersten Erscheinen des Eises an. Er schwimmt und taucht mit grosser Gewandtheit zwischen den Eisschollen und schwingt sich behend an ihnen empor, wenn er ausruhen will. Alle Thiere dieses Erdstrichs, die grossen Cetaceen ausgenommen, beugen sich dem zottigen Beherrscher der Polarwelt, nur der Hund, der Begleiter der Russischen Jagdreisenden, stellt sich ihm und scheucht ihn von der Hütte seiner Herren hinweg. „Den ganzen Winter hindurch", erzählt Moïssejew (Sapiski des Hydrographischen Departements des Marine - Ministeriums, Bd. III, S. 72. 73, 1845), „waren die Bären unsere beständigen, wenn auch gerade nicht angenehmen Gäste. Sie zerbrachen die Fuchsfallen und gefährdeten unsere Promenaden. Sehr oft kamen sie zu der Hütte und wenn auch die Hunde uns ordnungsmässig davon Meldung thaten, so hielten wir es doch für nöthig, in einiger Entfernung von dem Vorhaus eine Wächtertonne mit Fett aufzustellen und von ihr aus eine Klingelschnur zu der Glocke im Vorhause zu führen. Das beschäftigte den Bären, verhinderte ihn, gerade auf die Hütte loszugehen, und liess uns Zeit, mit den Flinten herauszuspringen. Es ist bemerkenswerth, dass unsere Hunde sich vor den Bären durchaus nicht fürchteten, dass die Bären nie selbst einen angebundenen Hund wegfingen konnten." — Pachtussow sagt (Sapiski des Hydrograph. Departements, Bd. I, S. 91, 1842): „Die Bärenjagd wird auch von den echten Jägern für gefährlich gehalten, besonders auf dem Lande. „Gott gebe, dass wir das Walross am Ufer, den Eisbären im Wasser jagen" — ist eine stehende Redensart derselben. Ungemein kräftig gebaut, zeigt sich der Polarbär auf dem Lande hinlänglich gewandt und kühn."

Wölfe kommen auf Nowaja Semlä vor, aber lange nicht so zahlreich wie die Eisbären. Sie streichen vorzugsweise da, wo Renthiere weiden. Gleich den Eisbären nähren sie sich von allerlei Aas.

Füchse zeigen sich in der Umgebung des Nikolski Scharr, doch scheinen sie wenig verbreitet zu sein.

Die Renthiere sind durch zahlreiche Überwinterungen der Jagdreisenden wenigstens an der Westküste seltener geworden. Das Nowasemlaer Renthier ist kleiner als das Spitzbergen'sche. Es nährt sich im Winter vom weissen Moose, das auf den Bergen und in Sümpfen wächst, im Sommer begnügt es sich mit Blattfutter. An manchen Stellen, besonders in der Nähe der See'n, trifft man Renthiere in Heerden weidend an.

Einheimische Hunde giebt es auf Nowaja Semlä nicht, dagegen ist der Eisfuchs (Canis Lagopus), der das Mittelglied zwischen Hund und Fuchs bildet, indess mehr dem letzteren ähnelt, um so zahlreicher. Die hiesigen Polarfüchse sind dunkel-aschfarbig, nähren sich von Nestvögeln und ans Ufer gespülten Thierleichen, vorzugsweise aber von

Lemmingen; können sie dieselben im Winter unter dem tiefen Schnee nicht mehr erreichen, so fallen sie sich unter einander an und der stärkere frisst den schwächeren. Um diese Zeit erscheinen sie hager und abgemagert, im Sommer dagegen und ganz besonders im Herbst sind sie fett und von stattlichster Korpulenz.

Ungemein zahlreich treten die Lemminge auf. Sie gehören zwei Arten an. Die eine scheint Mus groenlandicus Traill's oder Mus hudsonicus *Auct.*, die andere eine Russische Varietät des Skandinavischen Lemmings zu sein. Sie nähren sich von verschiedenen Gräsern und Kräutern, ohne die Wurzeln anzunagen, und bilden ihrerseits die Hauptnahrung der Polarfüchse und der Eulen.

Mit dieser Aufzählung ist das Verzeichniss der Landsäugethiere so ziemlich erschöpft. Was die Vögelwelt Nowaja Semlä's betrifft, so verräth dieselbe mit Spitzbergen verglichen durch den Reichthum an Arten die Nähe des Festlandes. Es sind diese Arten dieselben, welche die nördlicheren Gegenden Europa's durchziehen, ja zum Theil in ihnen verweilen, von denen aber ein anderer Theil bis nach Nowaja Semlä zieht, um sich ungestört dem Geschäfte der Fortpflanzung zu widmen. Einheimische Landvögel Nowaja Semlä's sind: die Schneeeule (Strix Nyctea), das Schneehuhn, die Schneeammer (Plectrophanes nivalis), Strepsilas collaris, Tringa maritima und ein Falke (Falco Buteo *L.*). Ältere Überlieferungen sprechen von einem Adler, von dem aber das jüngere Geschlecht der Jagdreisenden Nichts wissen will; vielleicht ist er vom Falken nicht verschieden.

Unter den Schwimmvögeln, die die Saison hier zubringen, sind die Saatgänse so gemein, dass das Einsammeln der ausgefallenen Schwungfedern ein Gegenstand des Jagderwerbes ist. Eis-Enten (Anas glacialis) sind häufig und Singschwäne (Cygnus musicus) nicht selten. Nach Lepochin nisten Eider-Enten (Anas mollissima) zahlreich auf einsamen steilen Felsen, wo die Jäger ihnen nicht beikommen können. Zahlreicher als in Nowaja Semlä sammeln sich die pflanzenfressenden Schwimmvögel auf der Insel Kolgujew, die als bedeckt mit Gänsen und Schwänen geschildert wird. Man schickt Jagd - Expeditionen, aus Samojeden bestehend, hierher, um die Vögel zu erschlagen und einzusalzen. Einst wurden hier auf zwei Jagden 15.000 Gänse erlegt [1].

---

[1] Kolgujew hat keine festen Bewohner; nicht sowohl die Unwirthlichkeit der Insel als ihre Entfernung vom Kontinent verhindert die nomadisirenden Samojeden, sich hier niederzulassen. Um die Mitte des vorigen Jahrhunderts (1767) möchten verfolgte Sektirer (Rasskolniki) den Versuch, sich hier anzusiedeln, allein der Skorbut wurde ihnen so verderblich, dass von der ganzen Schaar nur Wenige am Leben blieben und Kolgujew wieder verliessen.

Die Russischen Promyschlenniks, die Bewohner von Mesenj und den umliegenden Dörfern und die Bauern von Pustosersk, die sich mit dem Fischfang und der Jagd im Weissen Meere und an den Ufern des Oceans beschäftigen, wissen jedoch aus dieser unwirthbaren Insel Nutzen zu ziehen. Sie nehmen einige Samojeden aus der Kanin- und anderen

Zu den Schwimmvögeln Nowaja Semlä's gehören noch Uria Troile (in unsäglicher Menge), Uria Grylle, Colymbus septentrionalis, Sterna Hirundo, Larus glaucus, Larus tridactylus, Lestris Catarractes, Procellaria glacialis. — Somateria spectabilis und Larus eburneus kommen nur an der Nordküste vor, so wie Mormon Fratercula und Mergulus Alle.

Fast alle diese Vögel sind Meeresfischer und übersommern bloss, die Möven ausgenommen, in Nowaja Semlä. Mit dem Antritt des Winters ziehen sie ab.

Unter den Seesäugethieren, welche die Küsten Nowaja Semlä's besuchen, sind die wichtigsten das Walross, die Robbe und der Delphin.

Der Grösse und der Zahl nach nehmen die Walrosse unbestritten den ersten Rang ein. Am häufigsten sind sie an der Nordküste; an der Westküste und in der Jugor'schen Strasse haben sie nach den Aussagen der Jäger einen grösseren Umfang als an der Ostküste. Die grössten Walrosse werden in den nordöstlichen Theilen des Eismeeres erlegt und messen 5 bis 6¼ Arschin. Sie nähren sich von Krebsen, Weichthieren und Seepflanzen (Meerkohl, Meererbsen). Das Frühjahr und den Sommer bringen die Wal-

rosse auf dem Lande zu, wo sie auszuruhen, sich an der Sonne zu wärmen und bisweilen einem tiefen Schlafe zu überlassen lieben. Die Weibchen bringen nur Eins, selten zwei zur Welt, zeigen sich den Kleinen gegenüber ungemein zärtlich und vertheidigen sie aufs Äusserste, selbst mit Hingebung des eigenen Lebens.

Der nächste Rang unter den Meersäugethieren an den Küsten Nowaja Semlä's kommt den Robben zu. Sie sind in zwei Arten hier vertreten.

1. Der Seehase (Phoca leporina *Lep.*, Phoca albigena *Pall*), der etwas kleiner als das Walross ist und bis 4 Arschin lang wird. Er hat eine dicke, mit schwärzlich-gelben Haaren bedeckte Haut, lebt grösstentheils im Meere und kommt nur bisweilen im Sommer die Flüsse hinauf, ja geht selbst an das Ufer, um auszuruhen, während das Weibchen das Junge säugt. Die Seehäsin wirft nur Ein Junges.

2. Die gewöhnliche Robbe (Phoca hispida *Fabric.*, Phoca vitulina seu canina *L.*) mit rundem Kopfe und grossen runden Augen. Der Leib ist mit kurzen silberfarbigen Haaren bedeckt. Sie gehen gleichfalls im Sommer die Flüsse hinauf, kriechen an das Ufer und lagern sich dort paarweise. Das Weibchen wirft Ein Junges im Juli.

Noch eine Art von Robben, welche diesen Gewässern angehört, aber nicht an der Küste von Nowaja Semlä selbst, sondern an der Timanischen Küste und im Eingange des Weissen Meeres und auch dort nicht häufig gesehen wird, soll mit einer Mütze das Gesicht bedecken können, ist also wohl der Klappmütz der Holländer oder Phoca cristata *Erxl.*, Cystophora borealis *Nilsson.*

Der unter dem Namen Weissfisch (Beluga) bekannte Delphin Nowaja Semlä's (Delphinus Leucas) hat eine gelblich-weisse Haut, einen mit dem Wal verglichen mehr zugespitzten Kopf und einen horizontalen Schwanz. Die beiden Brustfinnen messen zwei Fuss in der Länge und dienen dem Thiere als Ruder. Die Delphine nähren sich von Lachsen, Stinten und sonstigen kleinen Fischen. Ihre Bewegung ist eigenthümlich, sie schwimmen auf- und niedertauchend. Im Wesen und Treiben erinnern sie am meisten an den Narwal. Gesellig und verträglich durchziehen sie das Meer, entfernen sich im Sommer von den Küsten und kehren mit zunehmender Kälte in die Nähe derselben zurück. Das Weibchen wirft Ein Junges oder zwei. Zuweilen erscheinen die Weissfische in langen dichten Zügen an der Küste Nowaja Semlä's. So sah Pachtussow am 12. (24.) Juni 1833 eine Beluga-Heerde von wenigstens 700 Stück. Viele von den Weibchen trugen ihre dunkelblauen Jungen auf dem Rücken. (Sapiski des Hydrograph. Depart., I, 122.)

Von Delphinen gehören diesem Meere noch Delphinus Orca (Kossaschka der Russischen Jäger) und eine kleine Art.

Tundren in Sold, fahren mit ihnen im Frühling nach Kolgujew, versehen sie mit Lebensmitteln, Kleidung, Renthieren zu ihren Streifzügen — da es auf der Insel keine giebt — und dem nothwendigsten Jagdmaterial, als Flinten, Pulver, Blei &c., und lassen sie den Winter über dort. Diese Samojeden betreiben die Jagd der Eisbären, Walrosse, Seehasen, Steinfüchse &c. Bei Eintritt des Sommers kommen ihre Dienstherren wieder nach der Insel, sammeln die Winterbeute ein und führen dieselbe in die Heimath, nach Mesenj oder nach Pustosersk, um sie später in Archangel oder auf den Jahrmärkten zu verkaufen. Ausser den Fellen der erwähnten Seethiere ist vor Allem Walrossthran der lukrativste Handelsartikel.

Diesem Ertrage der Winterjagd schliesst sich eine nicht geringe Ausbeute an, die im Laufe des Sommers gewonnen wird, indem Kolgujew schon seit alter Zeit als der Sommeraufenthalt von zahlreichen Schaaren Schwäne, Eidervögel und Gänse, namentlich der letzteren, berühmt ist. Früher pflegten die Gänse in solcher Menge nach der Insel zu fliegen, dass sie ganze von ihnen bedeckt war; jetzt (1841) vermindert sich ihre Zahl, wie Promyschlenniks versichern, mit jedem Jahre, indem sie mit besonders dazu abgerichteten Hunden, die einen Zug witternd sich äusserst flink auf sie werfen und die kaum flügge gewordenen Jungen erwürgen; oft stürzen sich auch die Samojeden selbst mit Knütteln bewaffnet unter die Vögel und tödten sie schaarenweise. Die erlegten Gänse werden von den Russischen Dienstherren der Samojeden eingesalzen und mit der übrigen Beute nach der Heimath transportirt. Die Gänseeier werden gleichfalls in grosser Menge gesammelt. Die anderen Vögel werden in Überfluss vorhanden, doch giebt es genug Eidervögel (Gagki), deren Federn sehr geschätzt werden.

Nur solche Samojeden treten in den Dienst der Promyschlenniks, welche kein Eigenthum besitzen und zu Hause keine andere Aussicht haben, als ihren Almosen zu leben.

(Die Insel Kolgujew. Nach dem Russischen von Herrn A. S. Saweliew. In A. Erman's Archiv für wissenschaftliche Kunde von Russland, Bd. X, SS. 313—316.)

13*

welche die Russen Meerschwein nennen und die entweder Delphinus Delphis oder Delphinus Phocaena ist, an.

Von Cetaceen enthalten die Nowasemlaer Gewässer eine Art von Walen aus der Unterabtheilung der Finnfische (Balaenoptera) mit sehr kurzen Barten. Sie zeigen sich selten in der Nähe der Insel und von Strandungen derselben an der Küste hört man Nichts. Näher nach der Nordküste von Lappland, wo sie fast jährlich an der Matowsker Bucht stranden, sind sie so häufig, dass es zu verwundern ist, wie man frühere Versuche, diese allerdings schwer zu erlegenden Thiere regelmässig zu verfolgen, nicht wieder erneut und beharrlich durchführt.

Merkwürdig ist, dass der Grönländische Wal sich niemals in die Gegend von Nowaja Semlä zu verirren scheint. Um so mehr muss man glauben, dass der Walfischfang, den die Normänner im neunten Jahrhundert nach Ottar's Zeugniss in der Gegend des Nordkaps trieben, auf jenen Finnfisch gerichtet war. Sehr viel seltener ist der Narwal (Monodon Monoceros) und nur in der Nähe des Eises.

Von Fischen enthält der hohe Norden, auch wo er sehr reich an Individuen ist, gewöhnlich doch nur wenige Arten, zum Theil schon deswegen, weil das süsse Wasser nicht seine eigenen, in wärmeren Gegenden zahlreichen Formen hat, sondern nur Fische, die aus der See zu gewissen Zeiten aufsteigen.

Die bis jetzt in Nowaja Semlä bekannt gewordenen Fische gehören 10 Arten an. Unter ihnen ist der für die Fischerei wichtigste der Salmo alpinus Fabr. Er wird bis 3/4 Arschin lang und wiegt 3 bis 15 Pfund. Im Herbst steigt er in die Bergsee'n auf, welche, wie die sie mit dem Meere verbindenden Flüsse, von dieser Lachsart wimmeln. Im Frühjahr kehren die Goljzy (Nacktlinge, wie sie die Russischen Fischer wegen ihrer kleinen, kaum bemerkbaren Schuppen nennen) in das Meer zurück. In manchen Jahren werden sie in ungeheueren Quantitäten gefangen und weit verfahren. Sie scheinen übrigens nur an der Westküste vorzukommen, in den Flüssen der Ostseite soll man sie nach Loschkin's Bemerkung gar nicht antreffen. Für diese charakteristisch ist der Omul (Salmo Omul Pall.).

Nur der Alpenlachs und der Omul sind für den Betrieb der Fischerei von Bedeutung, die übrigen Fische haben für das Seegewerbe gar keinen, Gadus Saida Lep. und Cyclopterus Liparis für die Ökonomie der Natur nur geringe Bedeutung.

Bulletin scientifique &c., T. III, pp. 343—352. Tableau physique des contrées visitées, par M. Baer. Vie animale à Nowaja-Semlä.)

Wir lassen hier als Anhang einige Notizen aus Pachtussow's Tagebüchern folgen, wie sie im Auszuge in den

Sapiski des Hydrographischen Departements des Ministeriums (Bd. I u. II) veröffentlicht worden sind.

„Von Vögeln sahen wir während der Sommermonate Schwäne und Gänse, welche um die Mitte des Mai schaarenweise aus Osten, von Waigatsch her, angeflogen kamen und sich weiter in das Innere der Insel begaben, wo sie wahrscheinlich gute Brutplätze kennen. Sie ziehen um die Mitte des Oktober wieder ab, ihren Flug nach SSW., d. h. gerade nach Russki Saworot, richtend, zur Petschora hin. Die Taucher gehören zur gewöhnlichen Art. Von Entenarten Trauer-Enten (Anas nigra, Russisch: Turpan) und Eider-Enten und Eis-Enten (Anas hiemalis, Russisch: Ssauk oder Ssawka). Von Mevenarten Raubmöven, Sturmvögel (Procellaria glacialis, Russisch: Turpan), die Mojewka (?), weiss, taubenähnlich, mit rothen Füssen, die Piruschka (?), von derselben Art, nur mit schwarzen Füssen, die Schtschegolicha (?) —Prunkdame— oder Nordkapmöve, der Tschirok, eine kleine, Schwalben-ähnliche Meve mit gespaltenem Schwanz und grossen Flügeln; sie sind ungemein zahlreich an der Südküste Nowaja Semlä's. Auch sahen wir verschiedene Arten Schnepfen (Kulitschki). Alle diese Vögelarten erschienen im Frühjahr, als der Schnee zu schmelzen begann, und sie alle zogen mit Ausnahme der Meven im Herbst davon. Auf Nester oder Nestlinge sind wir nicht gestossen. Ufervögel, die herüber kommen, haben wir nicht gesehen. In den Wintermonaten zeigten sich Eulen, welche sich von Mäusen, Eisfüchsen und Vögeln nähren. Die grossen weissen Meven, die Taucher und die diesen ähnlichen, nur kleineren und schwarzen Taucherhühner (Tschistiki) nähren sich von Fischen. Die Hähnchen oder kleinen Schnepfen (Petuschki, Kulitschki) nähren sich von Würmern im Moose oder längs des Strandes im ausgeworfenen Seetange. — Von Insekten haben wir verschiedene Arten von Fliegen und Mücken gesehen. Die erste Fliege bemerkten wir den 15. Juni.

„Von Vierfüsslern bemerkten wir am Lande den Polarbären, den Wolf, den Rothfuchs, weisse und blaue Eisfüchse, Renthiere und Feldmäuse, die Lemminge genannt werden.

„Seethiere. Der Wal zeigte sich nur an der Westküste, etwa 20 Meilen vom Strande. Belugen haben wir eine Menge gesehen im Flusse Sawina, in der Lütke-Bai und an der ganzen Ostküste. Von Walrossen haben wir nur 3 Stück an der Südküste angetroffen. Seehasen und Robben zeigten sich genug. — Alle diese Thiere nähren sich von Seetang und Fischen. — —

„Der Stockfisch kommt an der Westküste vor, der Omul in den Flüssen des südlichen Theiles von Nowaja Semlä. — Alles das spreche ich den Jagdreisenden nach, denn obschon ich ein Freund des Fischfanges bin, so konnte ich doch kein Fischchen fangen.

„Während unseres Aufenthaltes (1832 bis 1833) in Nowaja Semlä erlegten wir 2 Eisbären, 3 Renthiere, gegen 40 Polarfüchse (worunter 1 blauer), 1 Seehasen, 2 Robben (Nerpy), 18 Gänse, gegen 20 Enten, 10 Meven, einige Schnepfen (Kulitschki), Taucher (Gagarki) und Taucherhühner (Tschistiki)." (Sapiski, I, 216—220.)

Von den Polarbären erzählt Pachtussow:

„Die See war vom 3. (15.) November an 18 Tage lang eisfrei. So wie das Eis davon getragen war, begannen die Bären die Fallen zu besuchen und den Köder wegzufressen, die Eisfüchse verschwanden; unsere Promenaden (zu den Fallen) verloren nicht nur alles Interesse, sondern wurden auch gefährlich. — — Hatte ich gleich oft gehört, dass der Eisbär auf Robben, Seehasen und sogar auf Walrosse Jagd mache, so mochte ich es doch nicht recht glauben; jetzt überzeugte ich mich thatsächlich davon. Kaum hatte sich das Eis wieder der Küste genähert, so waren die Eisbären an den Fallen nicht mehr sichtbar, natürlich weil sie auf dem Eise bessere Nahrung fanden. — Auch die

Füchse störten nicht wenig den Fang der Eisfüchse, indem sie den Köder in den Fallen abfrassen, aber in Folge der ihnen angeborenen Schlauheit nie in die Falle gingen. Früher hatte ich nie davon gehört, dass Füchse in Nowaja Semlä vorkommen, und daher hatten wir uns nicht mit Fangeisen und Gift versehen, womit man sie gewöhnlich erlegt." (Sapiski, I, 81—84.)

In Beziehung auf Treibholz sagt Pachtussow:

„An der westlichen Küste Nowaja Semlä's kommt viel weniger Treibholz vor, besonders nördlich von der Admiralitäts-Halbinsel, als an der östlichen. — Das Treibholz besteht grösstentheils aus Birken, Weiden, Wachholder, Rothtannen (Pinus Abies), Fichten (Pinus sylvestris) und selten aus Lärchen" (Sapiski, II, 91). In Beziehung auf die Strömungsverhältnisse kommt die Stelle vor: „Zufolge der Bewegung der Eisfelder von Süden nach Norden könnte man vermuthen, dass im Meere die südliche Strömung anhaltend stärker ist als die nördliche." (Sapiski, II, 91.)

VIII. Volkswirthschaftliche Bedeutung Nowaja Semlä's.

1. Soziales: Betriebsweise. — National-Russisches Genossenschaftswesen. — Charakteristik der Küstenbevölkerung.

Die Fülle des animalischen Lebens an den Küsten Nowaja Semlä's hat seit alter Zeit auf die Archangeler Küstenbevölkerung eine unwiderstehliche Anziehungskraft ausgeübt. Auch den Samojeden hat die ergiebige Renthierjagd hinüber gelockt.

Feste, unwandelbare Bräuche, aus der Vorväter Zeit stammend und vom Geschlecht zu Geschlecht vererbt, regeln unverletzlich den Betrieb des Seegewerbes.

Gewöhnlich gehen die Promyschlenniki (Jagdreisenden) mit dem Beginn des Sommers, so wie das Weisse Meer eisfrei wird, auf ihren Lodjen und Karbassen[1]) von Archangelsk in See; — beabsichtigen sie, auf Nowaja Semlä zu überwintern, so brechen sie im Herbst auf. Die Mannschaft eines jeden Fahrzeugs bildet eine geschlossene Genossenschaft (Artelj) von 8 bis 20 Personen. Das Haupt derselben, zugleich der Schiffsführer, heisst Kormschtschik, der zweite Befehlshaber Halb-Kormschtschik (Polukormschtschik), der dritte Ushenschtschik (vom Worte Ushna-pai, d. h. Proviant- und Beutetheil, der jedem Einzelnen zukommt). Die Übrigen haben als Gemeine diesen ihren Oberen zu gehorchen und unterliegen bei Disziplinarvergehen der Strafe. Alle zusammen (Artelj) sind kontraktlich dem Unternehmer untergeordnet, der sein Kapital einsetzt und die Kosten der Ausrüstung bestreitet.

Zur Einhausung auf Nowaja Semlä versehen sich die Pomorzy (Pommern, Meeranwohner) mit einer fertig gezimmerten zerlegbaren Balkenhütte von 2 bis 3 Faden Länge und Breite und dem dazu gehörigen Vorhause von 1½ bis 2 Q.-Faden Grundfläche, so wie mit dem erforderlichen Holz-

---

[1]) Die Lodja ist ein flachkieliges Fahrzeug, 36 bis 60 Fuss lang, 10 bis 18 Fuss breit, 7 bis 11 Fuss tief. Bei 9 Fuss Tiefgang kann sie 12,000 Pud, bei dem gewöhnlichen Tiefgang (3 bis 5 Fuss) eine Last von 1500 bis 9600 Pud tragen. Geringe Lenksamkeit und Schwerfälligkeit lassen sie wenig geeignet zu Fahrten auf der hohen See erscheinen. — Die Karbasse, das zu den Fahrten auf dem Weissen Meere am häufigsten benutzte Fahrzeug, ist 18 bis 28 Fuss lang, 4½ bis 6 Fuss breit, hat 1 Fuss Tiefgang und ist Ruder- und Segelschiff zugleich. Entsprechend den verschiedenen Arten des Seegewerbes, denen die Karbassen im Bau angepasst sind, werden sie verschieden benannt. Für die Jagd im Frühlinge werden z. B. die Frühlings-Karbassen angewendet, zweimastige, sechsrudrige Fahrzeuge, bis 28 Fuss lang, bis 4 Fuss breit, bis 2½ Fuss tief. Sie werden längs des ganzen Küstenstriches, besonders in Cholmogory und Mesenj, gebaut. Um — sie über das Eis ziehen zu können, werden am Schiffsboden 2 hölzerne Schlittenkufen angebracht. (Materialien zur Geographie und Statistik Russlands, gesammelt von den Generalstabs-Offizieren des Archangeler Gouvernements, 1865. Russisch.) — Kapitän Lütke (Viermalige Reise,

S. 274) sagt: „Die Lodji sind dreimastige Schiffe, welche von 25 bis zu 70 und 80 Tonnen laden. Sie haben Masten aus Einem Stücke, von denen die 2 vorderen ein Raasegel tragen, der hinterste aber ein Gafel-Segel. — Auf jeder Lodja fahren 10 bis 20 Mann, von denen je 4 eine Schujäkke mit sich führen. Die Schujäkken sind offene Boote von 20 bis 40 Fuss Länge mit spitzem Vordertheil und Spiegel." — A. Erman's Archiv, Bd. XXIII, 1865, S. 176: „Die Karbasse Pachtussow's hatte sich auf dem rückwege 1833 bei starken widrigen Winden und hohem Seegang in die dringendste Gefahr, von den Sturzsee'n zum Sinken gebracht zu werden oder zum Kentern."

vorrath für den Winter. Für den Jagdbetrieb an Ort und Stelle führt jede Lodja 5 bis 10 Karbassen mit sich, die, eine in die andere geschachtelt, an den Seiten des Fahrzeugs untergebracht werden. Auf Rechnung des Unternehmers versieht man sich mit Proviant für ein Jahr. Dabei kommen auf den einzelnen Arbeiter (nach Lepochin [1]) 30 Pud Roggen- und Gerstenmehl, 5 Pud Gerstengraupen und Hafermehl, 5 Pud Salzfleisch, 5 Pud gesalzener Stockfisch, 5 Pud gesalzene Butter, 1 Pud Tischbutter, 5 Pfund Hanföl, 2 bis 3 Pfund Honig zu Kisselj (säuerlichem Mehlbrei), 5 Pfund Erbsen, 5 kleine Eimer gekäster Milch (Tworogg) mit Molken, was eine Tonne von 1 Arschin Durchmesser und Länge ausmacht, endlich als Mittel gegen den Skorbut eine gleich grosse Tonne mit eingemachten Multebeeren (Rubus Chamaemorus).

Jeder einzelne Arbeiter erhält eine Renthierhaut zum Unterlager, eine Oberdecke aus Schaffellen und alles zum Betrieb der Jagd und Fischerei Erforderliche, Feuergewehr, Pulver, Blei, Netze &c. Die Genossenschaft ist ihrerseits verpflichtet, die gesammte Ausbeute der Land- und Seejagd dem Unternehmer abzuliefern und darauf die Theilung vorzunehmen, wobei zwei Drittheile auf den Unternehmer fallen. Ein Drittheil wird von ihm unter die Genossenschaft vertheilt in der Weise, dass auf den Kormschtschik das Vier- bis Sechsfache, auf den Polnkormschtschik die Hälfte von dem Antheil des ersteren, auf den Gemeinen die zwischen Unternehmer und Arbeiter vertragsmässig festgestellte Quote (pokrut, daher die Arbeitsgenossen Pokrutschenniki heissen) kommt.

Die Überfahrt ist nicht immer ohne Gefahr. Gerathen die Jäger zwischen Treibeis, so wird das Fahrzeug zerdrückt. Dann bleibt dem Kühnen nur die Wahl, entweder sogleich mit der Lodja sich von den Wellen begraben zu lassen oder auf den Eisschollen in die See hinein zu treiben, bis Hunger und Kälte dem Elend ein Ende machen. Doch kommen Fälle vor, dass Schiffbrüchige nach Tage langer Schollenfahrt wohlbehalten an der Küste landen.

Sogleich nach der Ankunft in Nowaja Semlä wird das Fahrzeug an einer sicheren Ankerstelle untergebracht. Häufig trifft es sich, dass die Jagdreisenden hier ein von früheren Besuchern zurückgelassenes Blockhäuschen vorfinden. Im entgegengesetzten Fall macht man sich ohne Zögern an die Herstellung einer Hütte mit Vorhaus, Badestube und Proviantzelt, so wie der zum Fange von Eisfüchsen dienenden Wachthäuschen. Letztere werden in der Entfernung von 5 bis 10 Werst von der Winterrast im ganzen Umfange des Fangplatzes errichtet, wobei man auf möglichst grösste Küstenerstreckung Rücksicht nimmt, da die Eisfüchse

während der Wintersaison sich vorzugsweise von Thierleichen nähren, welche das Meer an das Ufer spült. Zwei bis drei Leute bilden den Wachtposten, der von Zeit zu Zeit vom Hauptquartier aus abgelöst wird.

Die Einrichtung der Winterhütte auf Nowaja Semlä ist überall dieselbe. An beiden Seiten der Wände sind Pritschen angebracht, die als Schlafstätten dienen. In der Mitte bleibt ein Gang von höchstens 2 Arschin Breite frei. Der Ofen in der Ecke ist ohne Rauchfang, so dass die Hütte während des Heizens mit dickem Qualm angefüllt ist. Der unvermeidliche Kohlendunst hat schon manchem Menschenleben während der strengen Fröste ein Ende gemacht.

Nach Beendigung der Jagd tritt die Artelj mit der aus Walross-, Robben-, Delphin- und Bärenfett, Thierhäuten, Eiderdunen &c. bestehenden Ladung die Heimfahrt an und der Ertrag des Fanges wird zwischen Unternehmer und Arbeitern in der oben angegebenen Weise getheilt. Aber nicht immer reussiren die Jagdfahrten, oft genug kommt es vor, dass der Unternehmer das ganze im Unternehmen angelegte Kapital einbüsst. Der Erfolg derartiger kostspieliger Expeditionen ist so unsicher, dass sie Hazardspielen zu vergleichen sind. Wenn das Meer ungewöhnlich eisfrei ist, so sind die Verluste sehr bedeutend. Doch kann Ein Tag den ganzen Einsatz herausbringen. Aus diesem Grunde werden die Jagdunternehmungen nach zeitweiligem Stocken immer wieder erneut. Gewöhnlich ist die Folge eines glücklichen Jahres, dass in den nächsten zu viele Schiffe nach Nowaja Semlä gehen und die meist gesellig lebenden Meersäugethiere entweder fast ganz aufreiben oder sie verscheuchen. So waren im J. 1834 einige Jagdunternehmungen nach vorausgegangenem Stillstande sehr glücklich. Im folgenden Jahre gingen 80 Schiffe mit wenigstens tausend Menschen in See. Im J. 1836 sank die Zahl der Schiffe auf die Hälfte herab. Im J. 1838 waren nicht viel über 20 Schiffe an Nowaja Semlä's Küsten, aber nur eins derselben, das in die Kara-See einlief, hatte bedeutenden Gewinn, eins oder zwei brachten die Kosten der Ausrüstung heraus, von den übrigen hatten die meisten mehr als die Hälfte derselben verloren (v. Baer, Bulletin scientifique, T. III, p. 349). Noch ein Umstand wirkte zu Anfang des Jahrhunderts auf das Steigen und Fallen des Nowasemljaer Seegewerbes ein, — die Konkurrenz Spitzbergens. Da in jenen Jahren die Wallfischfänger in den Gewässern bei Spitzbergen auf der Jagd nach den grossen Thranthieren besonders glücklich gewesen waren, so versorgten sie die West-Europäischen Märkte mit Thran und die Archangeler Ausfuhr sank von 40- bis 70.000 auf 10- bis 20.000 Pud herab. Die erfahrenen alten Schiffsführer (Kormschtschiki) starben in kurzer Zeit, einer nach dem anderen. Fahrzeuge, die man mit weniger erprobten Führern in See geschickt hatte,

---

[1] Reise, IV, 142 (Russisch).

kehrten ohne Beute heim; einige, die nicht für den Winteraufenthalt ausgerüstet waren, wurden von dem Eise in den
Baien des Nordens abgesperrt und gingen mit der ganzen
Mannschaft zu Grunde. Die grossen Verluste der Archangeler Kaufleute durch verminderte Nachfrage, niedrige Preise,
Einbusse von Kapital bestimmten sie, die Jagd-Expeditionen
gänzlich einzustellen. Dagegen wurden von Anderen (z. B.
aus Mesenj) diese Expeditionen fortgesetzt. Die niedrigen
Preise des Thranes wirkten auf den Spitzbergener Jagd-
erwerb eben so nachtheilig; anstatt 15 und 20 Fahrzeuge
wie früher wurden eins oder zwei dahin abgeschickt. —
Die Spitzbergener Unternehmungen kamen nicht in Schwung
auf Kosten der Nowasemlaer, sondern beide verfielen gleichzeitig (Kap. Lütke, Viermalige Reise, S. 113).

Zur Zeit Lepochin's (1772) gab es in Archangelsk nur
zwei Schiffsbesitzer, von denen jeder Ein Fahrzeug, der
eine nach Nowaja Semlä, der andere nach Spitzbergen, expedirte. Ausserdem sendete noch die Danilow'sche Gesellschaft der Altgläubigen ein Fahrzeug nach Nowaja Semlä.
Rechnet man 4 Lodjen aus Mesenj, die aber nur während
der Sommerzeit den Thierfang betrieben, hinzu, so ist damit der Umfang des Seegewerbes um 1772 vollständig bezeichnet.

In den Jahren 1859 und 1860 hat das ganze Küstenland nicht mehr als 5 oder 6 Schiffe in die Polarsee auf
den Fang von Thranthieren ausgeschickt.

Die Ursache des gegenwärtigen niedrigen Standes des
Seegewerbes ist, abgesehen von den Verhältnissen des Welt-
marktes, in dem zähen Festhalten der Küstenbevölkerung
an den veralteten Geschäftsformen des Betriebes so wie in
dem rohen, primitiven Bau der Jagdschiffe (Lodjen) und
Jagdboote (Karbassen) zu suchen, welche sich zu Küstenfahr-
ten trefflich eignen, aber die hohe See nicht halten können.

Vor Lütke und Pachtussow unternahmen die alten Schiffsführer ihre Nordfahrten ohne Loth und Karte. Bloss mit
einem Kompass (Matotschka) versehen richteten sie den
Kurs gewohnheitsmässig, die Stärke des Windes und die
Wetterzeichen in Betracht ziehend, von Kanin Noss aus
nach Nordosten und Ostnordost, je nach der Lage des
Theiles der Küste von Nowaja Semlä, welchen sie erreichen
wollten. Bei schnellster Fahrt legte das Fahrzeug circa
200 Werst täglich zurück. — Die häufigen Seereisen machten sie mit den Elementen, mit Wind und Wetter, Eis und
Strömung vertraut, liessen sie die ruhigsten Baien, die
sichersten Ankerstellen auffinden, schärften ihre Sinne für
die Erscheinungen des Thierlebens, so dass sie genau wussten,
wo und wann jegliche Thierart am zahlreichsten anzutref-
fen, zu welcher Jahres- und Tageszeit es am vortheilhaf-
testen sei, ihr nachzustellen. Erst seit Lütke's und Pachtussow's Reisen sind sie mit auf Längen- und Breiten-

bestimmung basirten Karten bekannt geworden und haben
sich allmählich in ihren Gebrauch auf ihren Fahrten hinein-
zufinden gelernt.

Der Charakter der Pomorzy ist männlich und bieder. Dass
die Genossen zusammenhalten und in Handel und Wandel
die strengste Rechtlichkeit unter sich beobachten, ist nicht
zu verwundern. Aber auch im Verhältniss zum Geschäfts-
Unternehmer herrscht eine seltene Gewissenhaftigkeit. Unter-
schlagungen, heimlicher Verkauf, alle die kleinen Sünden
geschäftlicher Praxis, wie sie industriellen und kommerziellen Unternehmungen nur zu häufig ankleben, kommen hier,
wo jede Kontrole schwierig, ja geradezu unmöglich ist,
nicht vor. — Dafür verleugnet der waghalsige Sohn der
Eismeerküste auch die schlimme Seite der Seemannsnatur
nicht, die übrigens mit den Grundmängeln des nationalen
Charakters und dem niedrigen Stande der Volksbildung zu-
sammenhängt. Dem Russen fehlen die sittlichen Eigen-
schaften, welche zum vorausdenkenden Sparen, zur Kapital-
bildung unerlässlich sind. Die Ursachen dieses Mangels liegen
in historisch gegebenen sozial - politischen Verhältnissen,
deren Umwandlung sich zu vollziehen beginnt. — So ver-
jubelt denn der flotte Archangel'sche Promyschlennik den
Gewinn eines mühseligen, in Drangsal und beständiger Le-
bensgefahr durcharbeiteten Jahres in einigen Wochen oder
Tagen, worauf er sich wieder in die feste Zucht der Genossenschaft begiebt. Lump wird er nicht.

Für die Hebung des Nowasemlaer Seegewerbes liesse
sich viel thun. Mit dem Bau von Jagdschiffen nach dem
Muster der kleinen, von Engländern und Nord-Amerikanern
zu ihren arktischen Expeditionen konstruirten Fahrzeuge,
mit der Anwendung der Dampfkraft müsste der hohe Norden
zu neuem Leben erwachen. Das arktische Klima verliert
bei comfortablerer Einrichtung der Winterwohnungen seine
Schrecken, wie Pachtussow und Ziwolka bewiesen haben.
Wohl werden nach wie vor Schneestürme den kühnen Jäger
Tage lang in seine Hütte bannen, die lange Polarnacht depri-
mirend auf seine Stimmung wirken. Dagegen helfen Wechsel
der Beschäftigung, frischer Humor, an dem es dem Pomorez
nicht fehlt, wenn ein tüchtiger Führer wie Pachtussow an
der Spitze steht. Was die Schneestürme betrifft, so wüthen
sie in der Kirgisensteppe mit gleicher Heftigkeit wie auf
Nowaja Semlä und der Sibirische Kosak ist ihnen jeden
Winter eben so ausgesetzt, wie Pachtussow es im Petu-
chowski Scharr war. Das Russische Klima prägt sturm-
und wetterfeste Männer aus. Was nicht in zarter Jugend
drauf geht, wird gegen Kälte und Hitze gleichmässig ab-
gehärtet, wie die Kawalewskische Expedition der Sibirischen
Bergleute nach Semmur beweist. — Nicht die Kälte, gegen
die man sich schützen kann, der tagelange Aufenthalt im
engen, qualmenden, stinkenden Raum, wo die Thranlampe

das Tageslicht vertritt, die Bewegungslosigkeit, wenn die Hütte unter Schnee begraben liegt und die Stürme frei über die Lebendig-Begrabenen hinrasen, die nagende Langeweile und ihre Begleiterin, die Apathie, — sie sind die eigentlichen Feinde des Überwinterers auf Nowaja Semlä, sie disponiren zum Skorbut, der schon so manche Jagdgesellschaft bis auf den letzten Mann hingerafft hat. Pachtussow's und Ziwolka's Überwinterungen zeigen, wie bei einiger Reinlichkeit, bei geregelter Bewegung in freier Luft, bei angemessener Diät der Scharbock wohl zu vermeiden ist. Durch das hier überall reichlich vorhandene Löffelkraut hat die Natur selbst für ein kräftiges Gegenmittel gesorgt. Ausserdem wenden die Jagdreisenden als wirksame Arznei an eingeweichte Multebeere (Rubus Chamaemorus), die Brühe von abgekochten Fichtenzapfen und gleich den Samojeden warmes Renthierblut und rohes Renthierfleisch. — Mit den Dampfern und den wohnlich eingerichteten Winterhäusern würde eine neue Ära für das Nowasemlaer Seegewerbe und in seinem Gefolge für die Erforschung der Insel anheben. Dazu gehören Kapital, Unternehmungsgeist, ein höher gebildeter Handelsstand. Die für die moderne Betriebsweise erforderlichen Seeleute wird die tüchtig angelegte Küstenbevölkerung, der bisher geistig-sittliche Durchbildung fehlte, mit der eingeführten Volksschule, dem in höherer staatlicher Kulturform wiedergeborenen self-government und dem neugestalteten öffentlichem Rechtsleben gewiss liefern. Ist ja doch Lomonossow [1]), der Peter der Grosse der Russischen Schriftsprache und

---

[1]) Lomonossow wurde 1711 in einer Fischerhütte des Dorfes Denissowka bei Cholmogory geboren und war der Sohn eines Kronbauern, der Seefischerei trieb. Der Vater nahm den Knaben auf seinen Fahrten ins Meer mit, wo er Eislandschaften, Seethiere, Stürme und Nordlichter, die gewaltige Nordlands-Natur nicht aus dem Bilder-Atlas, sondern miterlebend kennen lernte. Den Winter verbrachte er in dem eingeschneiten, sturmumbrausten Blockhäuschen, Volksliedern und Mährchen lauschend, handschriftliche Elementarbücher entziffernd, die er beim Kirchendiener fand, mit den Dissenters (Raskolniki) diskutirend. Nachdem er den Psalter des Simeon von Polozk, die Slawische Grammatik des Meletius Smotrizky und die Arithmetik Magnizky's verdaut hatte, hielt es den jungen Fischersohn nicht mehr in der engen Hütte des Dörfchens Denissowka. Er lief dem Vater davon, gesellte sich zu einem Schlittenzuge, der mit gefrorenen Fischen nach Moskau ging, und fand dort den Eingang in die geistliche Akademie. Von der Moskowischen Akademie zog er über in die Kiew'sche. Aber der frischen Naturkraft widerte das hier gebotene scholastische Distelfutter an. Glücklicher Weise wurde Lomonossow bemerkt und als tüchtigster Schüler auf die junge Petersburger Akademie geschickt. Nachdem er bisher alte Sprachen, Mathematik und theologische Fachstudien getrieben hatte, hielt es mit Leidenschaft auf Physik, Chemie und Mineralogie und ward zu weiterer Ausbildung nach Deutschland expedirt. Drei Jahre studirte er in Marburg unter Wolf Philosophie und las Deutsche, jetzt vergessene Dichter. Dann treffen wir ihn in Freiberg, wo er sich mit dem Bergmannswesen vertraut macht. Zudringliche Gläubiger weckten in ihm die alte Reiselust; rasch entschlossen macht er sich auf, um über Holland die Heimweg zu gewinnen. Der flotten Studentenzeit wurde Valet getrunken. Ein böser Stern wollte, dass der als homonose Bursche in nicht ganz zurechnungsfähigem Zustande Preussischen Werbern in die Arme fiel und in die Rekrutenjacke gesteckt wurde. Nüchtern geworden entsprang er der ihm zugedachten militärischen Carrière, schlug sich nach Russland durch und gelangte

---

Wissenschaft, der echte Sohn der Eismeerküste. Das Meer ist des Pomorzen Element, mit dem er von Kindesbeinen an vertraut wird und von dem er auch im späten Alter nicht lassen kann. Vergegenwärtigen wir uns noch ein Mal Art und Weise, Leben und Treiben des Promyschlennik. Nachdem er seine Karbasse mit Proviant und dem zum Thierfang nöthigen Geräthe ausgerüstet hat, macht er sich auf nach Nowaja Semlä. Mag ein Sturm ihn verhindern, sein Ziel zu erreichen, oder sollte er, im tiefen Herbst mit reicher Beute heimkehrend, von einem Windstoss überrascht sein Fahrzeug an das Ufer geworfen werden und er selbst kaum mit dem nackten Leben davon kommen, was kümmert es ihn! Er steigt an das Land, sucht sich ein Stück Treibholz (Plawnik), haut daraus mit dem Beil ein Kreuz, steckt es in die Erde und schreibt darauf: „An diesem Orte erlitt der und der an dem und dem Tage, in dem und dem Jahre seit Erschaffung der Welt Schiffbruch" — und damit ist die Sache abgethan. Sich deswegen abzuhärmen, fällt ihm nicht ein. Gelingt es ihm, wohlbehalten einen Lagerplatz zu erreichen und einen guten Fang zu machen, — nun, so errichtet er ein Kreuz zum Andenken und schreibt mit grossen Buchstaben darauf: „Dieses Kreuz hat der und der hier aufgepflanzt." Manche Uferstellen des Weissen Meeres und der Eismeerküste, wo die Jagdreisenden ihr Gewerbe mit besonderem Erfolge betrieben haben oder noch betreiben, sind mit Kreuzen dermassen übersäet, dass man sie für Kirchhöfe halten möchte. Gehen die Seefahrer sammt ihren Schiffen zu Grunde, werden sie von Hunger, Kälte und Erschöpfung aufgerieben, erliegen sie in den Winterrasten ihrem schlimmsten Feinde, dem Scharbock, nun, so war das ihre Bestimmung. Man gedenkt ihrer andächtig im Kirchengebet und bittet Gott, dass er sie in sein himmlisches Reich aufnehmen möge. Kein Jahr vergeht, wo nicht eine Archangeler Fischerfamilie ein Mitglied verliert, was die Überlebenden nicht abhält, in dessen Fusstapfen zu treten.

Der Archangeler Bürger Paschin unternahm es, in

1741 glücklich in die Petersburger Akademie, wo er zuerst als Adjunkt, dann als Professor angestellt wurde. Seine literarische und wissenschaftliche Thätigkeit wirft einen hellen Glanz auf die Regierungszeit der Tochter Peter's des Grossen und greift epochemachend in die Geistesentwickelung des Russischen Volkes ein. — Das an Material reichste Werk über Lomonossow's Leben und Schriften ist Polewoi's „Michail Wassiljewitsch Lomonossow" (1846, 2 Bde.). — — Lomonossow interessirte sich selbstverständlich für Nordpolfahrten aufs Lebhafteste. Er war der Ansicht, dass man über den Pol weg segeln könne. Ihm gehört die geistige Urheberschaft der Expedition Kapitän Tschitschagow's an, der 10 Jahre vor Phipps dem Pole fast eben so nahe kam wie der Englische Seefahrer. Die Fahrt des Russen Tschitschagow blieb ein Geheimniss. Erst 30 Jahre später stattete Müller über sie einen Bericht ab. Scoresby kannte sie nicht, wenigstens führt er sie in dem Bericht über nordische Reisen (1817) nicht auf. Erst Krusenstern hat sie in seine Übersicht der Polar-Reisen aufgenommen. Das Detail, so weit davon noch vorhanden ist, wurde erst in neuester Zeit in den Sapiski des Hydrographischen Departements veröffentlicht. Vgl. v. Baer, Bulletin scientifique, Tome II, p. 167.

einer Karbasse von Archangelsk nach Petersburg zu fahren. Das erste Mal gelang das Wagestück, auf der zweiten, im Spätherbst angetretenen, Fahrt scheiterte das Fahrzeug an der Norwegischen Küste.

Die Walrossfahrer sind in ihrer Art gebildete Seeleute. Der Kompass ist ihr unzertrennlicher Begleiter. Viele von ihnen fertigen Karten nach dem Augenmaass an, halten Fahrbücher, in denen sie die von ihnen besuchten Örtlichkeiten bezeichnen, angeben, ob die Ankerstelle sicher und bequem ist oder nicht, bei welchem Winde man am bequemsten einlaufen kann, wie hoch die Fluth steigt, wie Ufer und Grund beschaffen sind. Die Karten der Jagdfahrer (unter denen sich die Meeranwohner, Pomorzy, vor den Flussanwohnern vortheilhaft auszeichnen) haben den Russischen Marine-Offizieren bei den Küstenaufnahmen erhebliche Dienste geleistet.

Führen wir beispielsweise ein Paar Berühmtheiten der Russischen Eismeerküste an. Iglin, der Walrossfahrer aus Mesenj, ist eine echte Charakterfigur, der Typus eines Promyschlennik von altem Schrot und Korn. Vier Mal überwinterte er auf Nowaja Semlä, ein Mal auf Grumant (Spitzbergen). Der Archangelskische Kaufmann Karnejew, in dessen Diensten er stand, beauftragte ihn eines schönen Tages, nach Spitzbergen auf das Seegewerbe auszufahren. Iglin war noch nicht dort gewesen. Ohne sich lange zu bedenken, nahm er einen Kompass, die erste beste Karte und segelte ab. Er überwinterte auf Grumant und kehrte den nächsten Sommer mit stattlicher Beute heim, aber von 24 Mann waren 18 am Scharbock geblieben. Im Jahr 1841 begleitete er den Akademiker Ruprecht auf seiner Reise nach Kanin Noss, Kolgujew und der Küste der Malosemelj'schen Tundra. Unterwegs schlug er ihm vor, direkt nach den Barent-Inseln zu gehen. Natürlich konnte sich der Gelehrte nicht auf die kühne Improvisation des Promyschlennik einlassen. — Der Heros der Jagdreisenden ist der Mesenjer Bauer Theodot Rachmanin, der gewissermaassen sein ganzes Leben auf Eismeerfahrten zugebracht hat. Siebzehnjährig trat er in privaten Seedienst, begab sich 40 Jahre hindurch jedes Jahr in See, brachte 26 Winter auf Nowaja Semlä, 6 Winter auf Spitzbergen zu und hatte nach alle dem noch Kraft und Muth, 5 Winter auf den Weg nach dem Jenissei zu wenden. — Nikitin besuchte Nowaja Semlä in einem Boote, nur von seiner Frau begleitet. — Eine Reihe abenteuerlicher Fahrten kühner Jagdreisenden lebt im Munde des Volkes fort. Auch Loschkin's Andenken (Abschn. II, Abth. 2) hat sich frisch in der Überlieferung erhalten [1].

---

[1] Vgl. v. Baer, Bulletin scientifique, II, 166. — Die Insel Kolgujew. Nach dem Russischen von H. A. S. Saweljew, in Erman's Archiv, Bd. X, S. 302 ff. — Ssidorow, Der Norden Russlands, in: Russkij Westnik, 1866, Bd. 63 und 64.

2. Das Seegewerbe.

Erscheint auch Nowaja Semlä unwirthbar, der Kolonisation verschlossen, so hat doch die Insel für den Menschen der Eismeerküste einen hohen Werth. Aus der menschenleeren Öde dort holt er sich zum grossen Theil, was ihm zur Leibes Nahrung und Nothdurft unentbehrlich ist. Den wichtigsten Erwerbszweig der Küstenanwohner bildet der Thierfang, der weit landeinwärts in die Volkswirthschaft der Nord-Russischen Gouvernements zurückgreift und in hohem Grade die Beachtung einer intelligenten, für die Hebung der Volksinteressen Sorge tragenden Regierung verdient. — Der Natur der Sache nach gliedert sich der Betrieb des Seegewerbes in 3, in der Praxis nicht gesonderte, Zweige: Fang der Seethiere, Fluss- und Seefischerei [1], Jagd der Landthiere.

Nowaja Semlä's Hauptreichthum besteht in der Fülle der Seesäugethiere und Fische. „Wenn es Fische giebt, wird es auch Brod geben", sagen die Pomorzy und drücken damit aus, dass ein ergiebiger Fischfang die Basis ihres wirthschaftlichen Gedeihens bildet. Ihnen ist das Wasser Nahrungs- und Erwerbsquelle. Ist die Ausbeute der Fischerei gering, so muss der Pomorez mit Weib und Kind, wie der Bauer der Getreide-Gouvernements, wenn ihm seine Ernte missräth oder zu ergiebig ausfällt, Fische bilden im Norden den Hauptbestandtheil der Nahrung, nur äusserst selten erscheint Fleisch auf dem Tische. Korn erzeugt das Archangel'sche Gouvernement nicht ausreichend. Mit dem Überschuss des Ertrages der Fischerei deckt der Pomorez die unzulängliche Getreideproduktion.

a. Fang der Seethiere.

Gegenstand der Nowasemlaer Meeresjagd bilden die nordischen Thranthiere: Walrosse, Robben, Delphine (Beluggen); wichtigster Erwerbszweig ist der Walrossfang, mit dem sich vorzugsweise die Bewohner von Mesenj und in neuester Zeit die der Ishemzer beschäftigen.

Gleich nach seiner Ankunft in Nowaja Semlä schickt der Unternehmer die Karbassen ins Meer hinaus auf die Walrossjagd. Bei klarem Wetter, wo die Thiere gern am Lande oder auf den Schollen sich lagern, gehen die Jäger, je 4 in der kleinen offenen Karbasse, hinaus und suchen so schnell als möglich die offenen Strecken zwischen dem treibenden Eise zu gewinnen, wo auf weite Strecken hin der Wellenschlag aufhört. Kreisen die Schollen das Boot ein und drohen sie, es zu zerdrücken, so wird es auf das Eis

---

[1] Die Seefischerei (besonders der Häringsfang), welche an der Lappländischen und Bjelomorskischen Küste betrieben wird, fällt aus den engeren Grenzen der sich auf Nowaja Semlä beschränkenden Darstellung heraus. Eine nur einigermaassen eingehende Besprechung würde sich zum besonderen Aufsatz auswaiten.

14

gezogen. Jede Karbasse enthält ausser dem Mundbedarf das Jagdgeräth: Harpunen, Fanggabeln, Kugelbüchsen, Pulver und Blei, Riemenzeug &c. Nachdem die Jagdboote sich circa 10 Werst vom Ufer entfernt haben, vertheilen sie sich, indem ein jedes ein besonderes Eisfeld zur Rekognoscirung wählt. Man nähert sich vorsichtig demselben, fährt an ihm hin oder springt auf das Eis und zieht das Boot am Schleppriemen hinter sich her, immer sorgfältig nach einer Lagerstätte spähend. Zeigt sich die erwünschte Walrossheerde, so sucht man sich ihr unter dem Winde zu nähern, da die Thiere eine feine Nase haben und ins Wasser plumpen, sobald sie Gefahr wittern. Ist es den Jägern geglückt, sich der Ruhestätte zu nähern, so machen sie sich vor Allem daran, den Walrossen den Rückzug ins Meer zu verlegen, was grosse Gewandtheit und Behendigkeit erfordert. Nachdem sie die vordersten rasch niedergestochen, eilen sie zum Eisloch, welches die Thiere gewöhnlich in der Mitte der Scholle anlegen. Sehen sich diese überall vom Wasser abgeschnitten, so drängen sie sich auf einen Haufen zusammen, eins über das andere sich wälzend, um durch ihre Wucht das Eis zu durchbrechen oder durch ihre Wärme es zu schmelzen. Nun schlagen die Jäger eins nach dem anderen mit Keulen todt. Die breitläufigen Kugelbüchsen, deren sich früher die Russischen Jäger bedienten, sind von ihnen aufgegeben worden, um die in der Nähe weilenden Thiere nicht durch den Knall der Gewehre zu verscheuchen. Ist man mit der Arbeit fertig, so bricht man auf zum nächstgelegenen Toross und beginnt das Manoeuvre von Neuem. Es kommt vor, dass Walrossjäger an einer Lagerstätte so viel Walrosse erlegen, dass sie auf ihren Karbassen nur die Köpfe mit den Hauzähnen an das Ufer schaffen können und Haut und Speck zurücklassen müssen. Ist es möglich, so kehren sie später wieder zurück, suchen die Toross auf und holen den Rest der Jagdbeute ab.

Gelingt es den Walrossen, rechtzeitig ihr Element, das Wasser, zu erreichen, so kommt es zu einem nicht selten verhängnissvollen Kampfe. Der Jäger hat es hier mit einem Gegner zu thun, der den Umfang und die Kraft eines Stieres, dazu ein tüchtiges Gebiss und 2 besonders respektable Hauzähne im Rachen sitzen hat. Hier findet die eigenthümlich konstruirte Harpune der Nowasemlaer Jäger ihre Anwendung. Sie ist mit einer dolcbartigen Schneide versehen, deren eine Seite in einen Widerhaken ausläuft; an der anderen befindet sich eine Röhre, in welche der Schaft hineingesteckt und an der der Fangriemen befestigt wird. Auf einer Eisscholle treibend schleudert der Jäger die Harpune dem Walross in die Brust und schlingt den langen Riemen um einen rasch ins Eis gestossenen Spiess. Das rasende Thier schleift seinen Feind

auf der Scholle weit ins Meer hinaus, bis ihm die Kräfte versagen. Nun wird es auf das Eis gezogen und vollends todt geschlagen.

Liegen die Walrosse so nahe am Wasser, dass es ihnen gelingt, sich hinabzuwälzen, bevor ihnen der Weg abgeschnitten werden konnte, so schleudern die Jäger ihre Harpunen auf sie, springen ins Boot, befestigen die Riemen an dem Schnabel des Bootes und drängen sich auf dem Spiegel zusammen, da die angeworfenen Thiere auf der Flucht die Spitze der Karbasse tief zur Wasserfläche herabziehen. Nach vergeblichem Bemühen, in die Tiefe zu entkommen, schwimmen sie empor und nehmen den Kampf auf Leben und Tod an. Es ist diess der entscheidende Moment. Bisweilen gelingt es ihnen, die Planken des Bootes mit ihren Hauzähnen zu zertrümmern und sich mitten hinein ins Fahrzeug zu schwingen. Dann bleibt den Jägern nur das Eine übrig, sich ins Wasser zu flüchten und an den Rand des Fahrzeuges angeklammert abzuwarten, ob es den anderen, durch Zeichen benachrichtigten Jägern, gelingt, ihnen noch rechtzeitig zu Hülfe zu kommen.

Um die Mitte des Sommers (d. i. Mitte Juli), wenn die Westseite der Süd-Insel vom Eise frei und es den Walrossen dort zu warm wird, ziehen sie sich in die Kara-Seezurück. — Dagegen trifft man sie an den Küsten der Nord-Insel den ganzen Sommer über heerden- und familienweise an, aber nur wenige Walrossfänger suchen sie hier auf. — An der Süd-Insel werden Heerden selten angetroffen, sondern nur einsam lebende alte Männchen und Weibchen. Anfang August kehren die auf den Fang ausgeschickten Karbassen zu ihren Lodjen zurück und begeben sich um die Mitte des Monats zur Karischen Pforte, um hier die Jagd auf die mit dem Eintritte des Herbstes aus der Kara-See in den Ocean zurückkehrenden Thiere fortzusetzen. Nach dieser zweiten Jagd treten sie zu Anfang des Monats September den Heimweg ins Weisse Meer an [1].

Die im Handel verwertheten Produkte der Walrossjagd sind Häute, Speck und Zähne.

Da die Walrosse wuchtig und ungemein fett sind — ein ausgewachsenes Thier wiegt in der Regel 100 Pud —, so häutet man sie sogleich im Wasser oder auf dem Eise ab und nimmt nur Haut, Zähne und Speck an Bord, der Kadaver mit den Eingeweiden wird ins Meer geworfen.

Rohen Speck gewinnt man vom Walross circa 10 bis 15 Pud, die grössten liefern sogar 28 Pud. Da es im hohen Norden an ausreichendem Brennholz fehlt, so wird

---

[1] Untersuchungen über den Zustand der Fischerei in Russland, herausgegeben vom Ministerium der Staats-Domänen, Bd. VI, 1862: Fang der Land- und Seethiere im Weissen und Eismeere (Rybnyje i swerinyje Promysly na Bjelomm i Ledowitomm Morách).

er ungeschmolzen heimgeführt. Dadurch verliert er an Güte und sinkt im Preise. — Der Nowasemlaer Rohspeck wird von Zwischenhändlern aufgekauft, die ihn nach Archangelsk oder einem anderen Küstenplatz bringen. Hier wird er in besonders eingerichteten Gruben oder auch in Trögen der Einwirkung der Sonnenwärme ausgesetzt. Die Tröge sind geneigt, damit das Fett aus den höher stehenden in die tiefer stehenden abfliessen kann, aus denen es dann in Tonnen gelangt. Diess an der Sonne ausgeschmolzene Fett wird Ssyrotopp (Rohschmalz) genannt. Es ist rein, dünnflüssig, von weisslicher Farbe und wird in besonderen Gefässen aufbewahrt. Den Rest in den Trögen schmelzt man in kupfernen Kesseln aus, welche 40 und selbst mehr Pud Fett fassen.

Beim Schmelzen des Walfischthrans wird in der Regel Robben- und Beluga-Fett hinzugethan. Dieses Gemisch heisst Thran (Worwannoje Ssalo). Das Schmelzverfahren ergiebt gewöhnlich ³/₄ Thran und ¹/₄ Bodensatz, der zu Nichts weiter nütze ist.

Früher gingen 2- bis 10.000 Tonnen Thran, die Tonne zu 7 Pud, ins Ausland. Der heutige Mittelpreis für 1 Pud Thran ist 2¼ Rubel Silber.

Der Walrossthran findet seine Hauptanwendung in den Seifenfabriken und Gerbereien, ausserdem dient er als Leuchtstoff und wird von verschiedenen Gewerken benutzt. — Aus einem Walross gewinnt man durchschnittlich 8 bis 10 Pud Thran.

Die Walrosshäute werden zu Wagen- und Kummetriemen verarbeitet, aus den Schnitzchen macht man Leim, der in Papierfabriken verwendet wird.

Eine Walrosshaut kostet 10 bis 12 Rubel Silber. Wird sie zu Riemen verarbeitet, so kommt ein Ertrag von 40 Rubel S. heraus. (Untersuchungen &c., Bd. VI, S. 159.)

Die Hauzähne des Walrosses liefern den Stoff zu geschätzten Schnitzarbeiten. Ihre Knochensubstanz ist nicht so rein wie die der Elephanten- oder Mammuthzähne, nach der Mitte zu wird sie marmorähnlich gelblich. — Die Hauzähne der Nowasemlaer Walrosse wiegen ³/₄ bis 1 Pfund, doch kommen welche vor, die ein Gewicht von 20 Pfund haben. Die Sibirischen sind grösser und gewichtiger, bis 25 Pfund. Gegenwärtig bezahlt man das Pfund mit 60 Kopeken Silber.

Aus dem Angeführten ergiebt sich, dass ein Walross ersten Ranges abwirft: für 18 Pud Thran 45 Rubel Silber, für die Hauzähne 12 Rubel Silber, für die Haut 12 bis 40 Rubel Silber, demnach im Ganzen 69 bis 97 Rubel Silber. Ein Walross von gewöhnlichem Umfange trägt ein: für 10 Pud reinen Thranes 25 Rubel Silber, für die Hauzähne 4 Rubel Silber, für die Rohhaut 8 Rubel Silber, dagegen für die zu Riemenwerk verarbeitete bis 20 Rubel

Silber, in Summa 37 bis 49 Rubel Silber. — Für gewöhnlich erbeutet ein Fahrzeug nicht mehr als 10 Thiere, ist der Fang ausnehmend glücklich, 50. (Untersuchungen &c., Bd. VI, S. . .)

Da die übrigen Theile des Walrosses nicht benutzt werden und an den Ufern Nowaja Semlä's so wie des Festlandes massenhaft zu Grunde gehen, indem die Jäger sie ins Meer werfen, so schlug der Akademiker Hamel vor, an geeigneten Küstenpunkten Fabriken zur Herstellung stickstoffhaltiger kondensirter Düngstoffe einzurichten und die Dungprodukte auf flachen Booten flussaufwärts an die Uferstriche des Archangeler Gouvernements zu verführen, welche wegen mangelnden Düngers nur magere Ernten abwerfen; von dort aus könnten als lohnende Rückfracht Mehl, Salz &c. an die Küste transportirt werden. So würde der in den Gewässern des Eis- und Weissen Meeres verkommende Dungstoff dem magern Boden des Nordens zu Gute kommen, während die Natur in der schwarzen Erde den Bewohner des mittleren Striches des Europäischen Russlands, dem wegen des unverhältnissmässig vertheuernden Transportes künstlicher Dünger nicht zugeführt werden könne, mit einem der Düngung wenig bedürftigen Boden als Nahrungs- und Erwerbsquelle ausgestattet habe. (Recueil des actes de la séance publique de l'Académie Impériale des sciences de St.-Pétersbourg, tenue le 29 décembre 1845, p. 328.)

Der Robbenfang wird grösstentheils in den Buchten an besonders dazu geeigneten Standorten betrieben. Er ist unvergleichlich leichter als der der Walrosse. Gewöhnlich bleibt der Unternehmer selbst mit seinem Knaben auf dem Fahrzeug und stellt die Senknetze, die zum Fang der verschiedenen Robben-Arten dienen, auf. Sie werden aus Schnüren von der Dicke einer Linie mit 3 bis 4 Zoll breiten Maschen angefertigt. Man lässt sie 3 bis 4 Faden tief ins Wasser. Auf der ganzen Länge der oberen Randschnur sind Schwimmhölzer in 11 Werschok Entfernung von einander angebracht. Da die Netze lange im Wasser stehen, werden sie getheert und die Schwimmhölzer leicht angekohlt. Einen Unterrand haben sie nicht, die Zugsteine sind unmittelbar an den untersten Maschen befestigt. Der Fangplatz wird aus 2 Netzen gebildet. Das eine, das Ufernetz, circa 26 Faden lang, wird senkrecht zur Uferlinie hinabgelassen, das andere, das Krummnetz, 30 und mehr Faden lang, wird verankert. Der Gang aus dem Ufernetz ins Krummnetz heisst das Pförtchen. (Untersuchungen, Bd. VII, S. 23.)

Sich den ausgestellten Netzen nähernd stösst der Seehund zuerst auf das Ufernetz, schwimmt an ihm hin, gelangt ins Pförtchen, treibt sich im Fangplatze herum, bis er in die Maschen des Krummnetzes geräth und sich in ihnen verfängt. Es kommt vor, dass eine kaltblütige, weltkluge Robbe, wenn sie mit der Schnauze an das Netz gestossen, vorsichtig zurückweicht und glücklich den Rückweg aus dem Mordwasser herausfindet.

Jeder Nowasemlaer Fahrer nimmt 6 oder 7 solcher Netze mit und darin besteht seine ganze Auslage für diesen Zweig seines Gewerbes. Daher gewinnt derselbe nach Jahren, während welcher die Ausbeute des Walrossfanges eine besonders geringe war, die Oberhand. Verglichen mit der Walrossjagd ist der Seehundsfang ein Kinderspiel. Alltäglich begiebt sich der Jäger ein oder auch zwei Mal zur Besichtigung an die Fangplätze und „begnadigt" die Arrestanten nicht mit Pulver und Blei, sondern mit einem Knittelhieb über den Kopf. — Der Robbenschläger wechselt den Standort von Zeit zu Zeit. — Auch im Winter wird bisweilen der Robbenfang betrieben. Dann werden die Netze unter dem Eise aufgestellt.

Gegenwärtig ist dieser Zweig des Seegewerbes auf die Süd-Insel beschränkt. An den Küsten der Nord-Insel kommt der gewöhnliche Seehund gar nicht, der Seehase nur selten vor. — In letzterer Zeit sind die Lyssuny (alte, ausgefärbte Männchen) am zahlreichsten erbeutet worden. Bisweilen fällt der Fang ungemein ergiebig aus. Es ist vorgekommen, dass in 3 Tagen in 3 Netzen gegen 300 Stück gefangen worden sind. Die Durchschnittssumme beläuft sich für den Sommer auf 100 Stück.

Die Nerpy [1]) und die Seehasen werden auch vom Ufer aus geschossen, wenn sie sich dahin begeben, um auszuruhen und sich an der Polarsonne zu wärmen. Man geht ihnen auf Karbassen ins Meer nach, wie den Walrossen. Hier werden zwischen den Heerden Lyssuny angetroffen, aber meist vereinzelt.

Nachdem man den Robben das Fell abgezogen hat, wird der Speck in Tonnen untergebracht, aber erst zu Hause ausgekocht. Zu dem Zwecke findet man fast in allen Bjelomorskischen Dörfern Speckschmelzereien oder „Speckwärmer". (Untersuchungen &c., Bd. VII, S. 80.)

Der Seehase liefert mehr Thran als das Walross, gegen 15 Pud. Er wird in ansehnlichen Quantitäten ausgeführt, aber auch viel im Inneren Russlands verwendet, zur Herstellung von sämischem Leder, zur Bearbeitung der Elenn- und Renthierhäute.

---

[1]) Phoca groenlandica führt bei den Russen nach Alter und Geschlecht sehr verschiedene Namen. Lyssan oder Lyssun heisst das alte, ausgefärbte Männchen, Utelga das Weibchen, Sserunok und Sserka heissen die Jungen mit nicht ausgefärbten jährigen Thieren, Plechanko, Hochludka, Bjellka die Jungen nach ihren verschiedenen Färbungen. Doch ist man in der Anwendung der Namen für die jungen Thiere nicht ganz genau, denn man wendet sie auch auf die Jungen einer Robben-Art an, die hier vorkommt und im erwachsenen Zustande Nerpa heisst. Es ist wohl des Fabricius Phoca hispida. v. Baer (Bulletin scientifique, III, 350).

Die Robbenhaut ist die geschätzteste unter denen der Seesäugethiere und wird zu Stiefeln, Schuhen, Handschuhen verarbeitet. Die Seehundsfelle sind in rohem Zustande steif und hart und dienen zum Überziehen von Koffern und Reiseschlitten, zu Ranzen, Schurzfellen &c.

Die Haut der Seehasen zeichnet sich durch ungemeine Dicke aus. Sie wird von den Meeranwohnern zur Herstellung von Stiefelsohlen benutzt. Würden die Häute kunstgemäss gegerbt werden, so müssten sie ein vorzügliches Sohlenleder abgeben, das vor dem aus Ochsenhäuten den Vorzug hätte, undurchdringlich für die Nässe zu sein. Das Fell der jungen Seehasen, welches durch weiches, langes, dichtes, ins Graue spielendes Haar den Biberfellen ähnelt, behandeln die Kürschner gleich dem übrigen Rauchwerk, färben es in Biber um und benutzen es zu Pelzkrägen, Mützenbesätzen und dergleichen.

Die Felle der Lyssuny werden auch in Tonnen eingesalzen, indem man in die einzelne Tonne 50 bis 60 Felle legt, wobei 2½ bis 4 Pfund Salz auf das Fell kommen, und sie dann ohne Weiteres ins Ausland schickt. Das Fell des Frühlings-Lyssun wiegt 1 Pud, das des Herbst-Lyssun dagegen nur 30 Pfund, das Fell der Nerpa wiegt bis 1½ Pud, das Fell des Seehasen 1½ bis 2 Pud, das Fell des Walrosses bis 10 Pud. — Der grössere Theil der Felle von Seesäugethieren geht ins Innere von Russland und findet dort die mannigfaltigste Verwendung.

Die Behandlung der Felle, um sie vom Haar zu reinigen, ist ungemein einfach. Man spannt sie auf viereckigen Rahmen aus und lässt sie in den Fluss hinab, wo die Strömung am stärksten ist. Dort bleiben sie 2 Wochen, werden dann herausgeholt und an der Luft getrocknet. — Man bedeckt sie auch, statt sie ins Wasser zu tauchen, mit Moos und vergräbt sie in der Tundra, wo sie in Folge des Gährungsprozesses das Haar verlieren. Darauf werden sie gegerbt oder verbleiben, wenn ihre Bestimmung ist, Riemenzeug zu werden, in weissgarem Zustande.

Aus der Haut des Lyssun werden 6 Paar der besten Sohlen, aus der Haut des Seehasen 10 Paar geschnitten. Übrigens bringen die Promyschlenniki die Häute der Seehasen, die selten sind, nicht auf den Markt, sondern verwenden sie selbst zur Herstellung des Riemenzeugs für den Anspann. Die Haut eines grossen Seehasen giebt gegen 80 Klafter-Faden [1]). Ein solcher Faden wird mit 10 bis 20 Kopeken Silber bezahlt.

Die Lyssuny-Häute werden zu schwarzem Stiefelleder verarbeitet, besonders in Cholmogory. Aus den Nerpa-Fellen bereitet man im Ssolowezkischen Kloster Häute, welche Ziegenhäuten ähneln und das Material zu leichten,

---

[1]) Durch das horizontale Ausstrecken der Arme gemessen.

weichen, wasserdichten Hemden für die Fischer liefern. Auch diese Hemden werden hier angefertigt.

Der Weissfischfang beginnt unverzüglich nach dem Freiwerden des Meeres vom Eise oder sobald auch nur die Torossen vom Ufer zurückgewichen sind. Das Fanggeräth ist dasselbe wie bei der Walrossjagd: Harpune, dreizinkige Fanggabel, Kugelbüchse von grossem Kaliber. Ausserdem hat die Karbasse mehrere Netze an Bord, grössere Zugnetze, circa 200 Faden lang und 5 bis 6 Faden breit, von den gewöhnlichen nur durch das Fehlen des Netzsackes unterschieden, und kleinere, grossmaschig aus Stricken geflochtene Netze.

Der Fang mit Standnetzen findet in den Buchten Statt. Die Netze werden vor dem Eingang aufgestellt, um den Weissfischen, die mit dem Hochwasser hinaufgegangen sind, den Rückweg abzuschneiden. Doch liefert diese Fangart nur geringe Beute. Der Hauptfang findet mit Zugnetzen auf den Untiefen während der Paarungszeit Statt und im Herbst, wenn die Belugen, die kleinen Fische verfolgend, schaarenweise die Baien und Flüsse hinaufgehen. Die Karbasse geht dann tief in See und legt sich vor Anker; die Jäger stehen Stunden lang auf dem Hinterdeck und lugen aus, ob nicht irgendwo der blendend weisse Oberleib des Delphins aus der Fluth emportaucht. So wie ein Thier bemerkt wird, flattert die rothe Signalflagge am Maste empor, die Segel- und Ruderboote setzen sich in Bewegung, die Karbasse folgt, es gilt den Delphin von der Seeseite ab- und dem Ufer oder den seichten Stellen (von 10 bis 12 Faden) zuzudrängen. Nun werden die Netze ausgeworfen und halbkreisförmig in einander verschränkt. Zeigt sich der Weissfisch innerhalb des „Hofes", des von den Netzen eingeschlossenen Wasserraumes, so wird der Halbkreis immer mehr verengert, indem von jedem Netze ein „Flügel" eingezogen wird. Jetzt wird der „Hof" durch das zusammenhängende Netz kreisförmig einund abgeschlossen, die Jäger rudern mit wildem Hurrah hinein, der Mitte zu, und suchen dem verdutzt emporfahrenden Thiere die Harpune in die Schnauze zu schleudern. Der angeworfene Delphin bietet alle Kräfte auf, das Todesnetz zu durchreissen, schiesst pfeilschnell hin und her, die Karbasse hinter sich nachschleifend. Die Jäger lassen das an der Spitze des Bootes befestigte Harpunenseil abrollen, damit das Boot nicht umgeworfen oder herabgezogen werde, was nicht selten vorkommt. Je energischer die Anstrengungen der Beluga sind, je ungestümer sie dahin rast, desto rascher wird sie die Beute ihrer Verfolger. Lassen endlich ihre Kräfte nach, so ziehen die Jäger das todesmatte Thier gemächlich an das Fahrzeug heran und geben ihm den Gnadenstoss, indem sie ihm die Gabel tief ins Spritzloch bohren.

Nach beendigter Jagd werden die erbeuteten Belugen an das Land geschafft und zerlegt. Der Speck wird von der Haut in Streifen abgelöst und sorgfältig in Tonnen verpackt, um in den Archangel'schen Thransiedereien ausgeschmolzen zu werden. Fleisch, Eingeweide, Knochen werden in die See geworfen oder am Ufer zur Speise für die Seevögel zurückgelassen. Daher sind die Küsten in der Nähe der Jagdplätze mit abgenagten Knochen übersäet. — Von einer Beluga gewinnt man 1 bis 2 Tonnen Speck im Werthe von 200 Rubel Silber. Derselbe ist reiner und weisser als Robbenspeck und gilt für den besten von den Seesäugethieren gewonnenen. Je mehr Weissfisch-Speck im Thran enthalten ist, von desto höherer Güte ist er. — In den Lampen brennt das Beluga-Fett fast ohne Russ.

Die Hautstücke (laftaki) werden zu einem Haufen zusammengelegt und in der Tundra vergraben, um sie einer leichten Gährung auszusetzen. Hier bleiben sie so lange, bis die zellenartige, mit bunten Härchen bewachsene obere Hautschicht (alapena) sich abgelöst hat; dann werden sie in Rahmen gespannt, mit Thran eingerieben und so lange geknüllt, bis die Haut weiss geworden ist, worauf man die Fleischseite abschabt und die derartig gegerbte Haut zu Riemenzeug für den Anspann verarbeitet. Dieses Leder kann weder Nässe noch Trockenheit vertragen, wird feucht schlaff, ausgetrocknet steif und brüchig. Würde man die Beluga-Haut kunstmässig gerben, so gäbe sie ohne Zweifel ein taugliches Material zu Fusszeug. Gegenwärtig kommt sie nicht auf den inneren Markt und wird im Archangel'schen Küstenlande zu dem einheimischen Riemenzeug verarbeitet.

Das Beluga-Fell wiegt gegen 3 Pud. Man kann aus demselben 4 bis 6 Paar Kummetriemen schneiden, von denen der Klafter-Faden zu 40 bis 60 Kopeken Silber verkauft wird. Die vier Hautstücke (die Beluga wird beim Zerlegen geviertheilt) geben je 3 Paar Sohlen.

Der Beluga-Fang ist trotz der mancherlei Vortheile, die er gewährt, mit grossen Auslagen verbunden. Der Ankauf der Netze bildet schon eine bedeutende Ausgabe. Ein vollständiges Ringnetz besteht aus mehreren Abtheilungen, von denen jede auf 60 bis 150 Rubel Silber zu stehen kommt. Zum Einkreisen der Beluga sind wenigstens 4 Karbassen erforderlich; gewöhnlich sind 6 bis 8 beisammen, deren Mannschaften sich zu einer Betriebsgesellschaft verbunden haben. — So kommt die Ausrüstung auf 900 bis 1200 Rubel Silber zu stehen. Unter den Jagd-Unternehmern des Küstenlandes sind nicht viele, die ein so bedeutendes Kapital an ein so gewagtes Unternehmen, dessen Erfolg von tausend unberechenbaren Zufälligkeiten abhängt, setzen können. — Ein Fangnetz dient bei sorgfältiger Behandlung

10 Jahre; der mittlere Ertrag des Sommerfanges beläuft sich auf 4000 Rubel Silber.

Da ein Beluga-Netz gegen den halben Betrag der Jagdbeute vermiethet zu werden pflegt, so trägt es dem Eigenthümer jährlich 2000 Rubel Silber ein. Die andere Hälfte vertheilt die aus circa 40 Köpfen bestehende Jagdgesellschaft unter sich in der Weise, dass auf Jeden 50 Rubel Silber für die 6 Wochen der auf dem Meer bei eigener Beköstigung und auf eigener Karbasse zugebrachten Jagdsaison kommen.

b. Flussfischerei.

Die Flussfischerei Nowaja Semlä's beschränkt sich auf 2 Lachs-Arten, den Alpenlachs (Golez, Salmo alpinus *Fabr.*) und den Omul (Salmo Omul *Pall.*).

Der Alpenlachsfang ist der wichtigere. Er findet im Anfange des Monats August Statt, um die Zeit, wo die Walrossjagd eingestellt wird, und hört Mitte August auf, wenn die Walrosse aus der Kara-See zurückkehren. — Die auf den Lodjen zurückbleibenden Unternehmer betreiben den Lachsfang während der ganzen Saison, derselbe ist aber unbedeutend und sein Ertrag wandert in den Gesellschaftskessel zum Unterhalt der Leute.

Der Alpenlachs geht die Flüsse hinauf in die Bergsee'n, um zu laichen. Sein Fang wird mittelst rasch hergestellter Flusszäune betrieben. Ein Ankertau (auch eine Ankerkette) wird quer über den Fluss gespannt, an demselben werden Pfähle eingerammt und je dichter das Netz befestigt. Hinter dem Pfahlwerk befindet sich die einer Fischreuse ähnliche, oben offene Fangkammer (tainik — geheime Kammer) aus Netzen oder Geflecht. Der Eingang in die Fangkammer ist so schmal, dass nur Ein Lachs zur Zeit durchschwimmen kann. Keinen Ausgang findend drängen sich die Goljzy in den abgesperrten Raum hinein und füllen ihn an. Von Zeit zu Zeit stellt sich der Fischer ein, sperrt mit einem Pfahle die schmale Öffnung ab und holt mit einem Schöpfnetz die Gefangenen einen nach dem anderen heraus.

Man fängt die Goljzy gleichfalls auf der Wanderung nach den Flüssen an der Küste selbst. Fangart und Netze sind dabei eigenthümlich. Man wendet Stell- (grösser als die gewöhnlichen, ohne Netzsack) und Zugnetze kombinirt an, kreist den Zug ein und schleppt ihn an das Ufer. Jedes Fahrzeug versieht sich zu diesem Zwecke mit 12 Stand-, 3 Stell- und 3 Zugnetzen.

Der Alpenlachsfang ist nicht immer gleich ergiebig. In den Jahren 1830 bis 1833 fiel er besonders reich aus, diese Jahre heissen noch jetzt die „Lachsjahre". Um diese Zeit war die Fischerei der Goljzy die bevorzugte Branche des Nowasemlaer Seegewerbes. Damals führte man keine

Rechnung, die Mannschaften, welche an demselben Fischplatz anlegten und gemeinschaftlich arbeiteten, theilten die Beute nicht einmal nach Karbassen, sondern Jeder nahm, so viel sein Fahrzeug fasste und sein Salzvorrath erlaubte. Gestattete der Wind nicht, an das Land zu gehen, so warf man die Lachse ins Wasser und machte den folgenden Tag einen frischen Zug. Kein Wunder, dass bei derartiger Betriebsweise die Zahl der Lachse rasch abnahm! Indessen vermehrten sie sich doch bald wieder und 1852 gab es abermals ein reiches Jahr. Zwei Unternehmer fingen bloss in der Nechwatowa, der eine 470, der andere 430 Pud Lachs und die Ausbeute hätte noch viel grösser sein können, wenn der Salzvorrath nicht zu Ende gewesen wäre. — Als mittlerer Ertrag gelten 300 Pud Lachs per Fahrzeug.

Daraus folgt, dass die Versorgung des Archangeler Fischmarktes mit gesalzenen Lachsen nach der grösseren oder geringeren Ergiebigkeit des Jahres sehr verschieden ausfällt. Bald erscheint er überfüllt, bald nur dürftig versorgt. Das Pud Lachs wurde in den letzten Jahren mit 3 Rubel Silber bezahlt.

Die Omuls werden gewöhnlich im Herbst gesalzen. Man rechnet auf ein Pud $1\frac{1}{2}$ Pfund Salz. Ins Innere jedes Fisches wird eine Prise gestreut, jede Schicht mit Salz überschüttet.

Stellenweise, besonders in der Umgegend der Mituschicha-Bai, werden Stockfische gefangen, die eine Lieblingsspeise der Pomorzy bilden.

c. Die Jagd auf dem Lande.

Wenn gleich der Fang der Wasserthiere den Hauptzweig des Seegewerbes der Pomorzy bildet, so wird doch von den Überwinterern während des Zeitraumes, wo die See vom Eise gesperrt ist, die Jagd auf Polarbären, Eisfüchse und Rennthiere betrieben. An derselben betheiligen sich mit grossem Eifer die Samojeden, welche in kleinen Trupps oder auch familienweise während der Wintersaison über die Eisbrücken des Ingor'schen Scharr und der Karischen Pforte nach Nowaja Semlä hinüber gehen. Um sich in den unabsehbaren Schneewüsten nicht zu verlieren, zeichnet jede Familie ihr eigenthümliche Figuren in den Schnee, die es den einzelnen Zeltgenossen ermöglichen, sich nach den Schneespuren gegenseitig aufzufinden. Ihr Jagdgeräth bilden Bogen, Pfeile, Wurfspiesse, Schlingen und Fallen.

Die Jagd des Eisbären ist eben so lukrativ als gefährlich. Man erlegt ihn mit Kugelbüchsen und Jagdspiessen. Ein Rencontre auf dem Lande ist immer eine missliche Sache, da der Bär hier zu Hause ist, dem Menschen selten ausweicht, sondern in der Regel ihn angreift [1]). Man kann ihm durch die Flucht entgehen, wenn man Kaltblütigkeit genug bewahrt, im Laufe rasch die Richtung zu ändern, da das Thier bei seiner Steifheit im Bogen wenden muss. Pachtussow räth entschieden ab, ohne Feuergewehr auf den Polarbären loszugehen, da er mit grosser Gewandtheit dem Jäger den Jagdspiess entreisst. Daher schiessen die Jäger den Polarbären am liebsten im Wasser, wenn er den Robben, Walrossen, Delphinen nachstellend von-Scholle zu Scholle schwimmt.

Zuweilen glückt es, durch blosses Geschrei den gefährlichen Wanderer zu verscheuchen. Pachtussow erzählt einige interessante Fälle der Art. Einer seiner Leute erblickte einen Eisbären, der auf die Winterhütte lossteuerte. Da Alle ausgegangen und er allein war, begann er aus Leibeskräften zu schreien. Der Bär fuhr zusammen, stand still und trat den Rückweg an, von Zeit zu Zeit sich umschauend. Ein anderes Mal stiessen 2 Matrosen, die unbewaffnet vom Strande heimkehrten, auf einen Eisbären. Das Thier war kaum 12 Schritt von ihnen entfernt. Erschreckt durch die plötzliche Erscheinung schrieen sie laut auf, theils um den Feind abzutreiben, theils um die Gefährten von ihrer fatalen Situation in Kenntniss zu setzen. Der Eisbär stand still, fasste sie scharf ins Auge und schwenkte dann linksum in die Berge. An demselben Tage fand sich ein anderer von den Leuten, als er die Hausthüre öffnete, unvermuthet einem Bären gegenüber, der in aller Gemüthsruhe den Inhalt der Thrantonne neben dem Vorhaus untersuchte. Der Matrose schrie auf, der Bär ergriff die Flucht.

Der Polarbär besitzt eine riesige Muskelkraft. Er bekämpft das Walross in dessen Elemente, packt es und klettert mit seiner Last am Eisfeld oder Ufer empor.

Die Benutzung des erlegten Thieres ist eine sehr mannigfaltige. Das Fell, das man den todten Gegner auf dem Kampfplatz abzieht, wird an den Standorten der Jäger getrocknet und liefert warme Kleidung, Fusszeug, Pelze, Handschuhe, Stiefelsohlen. Es ist dauerhaft, wärmehaltig, für Nässe undurchdringlich — und wird mit 6 bis 8 Rubel Silber bezahlt. Man färbt die Felle, wenn sie zu Decken dienen sollen, und verarbeitet sie zu Schwarzleder. Die Sohlen aus der Bärenhaut sind den Walrossjägern von grösstem Nutzen, da sie die Bewegung auf dem glatten Eise ermöglichen. Das Fleisch wird von ihnen gegessen und gilt als Delikatesse, auch das Fett ist schmackhaft und gesund. Ein Bär liefert 5 bis 6 Pud Fett.

Die Eisfüchse werden mit besonders eingerichteten Holz-

fallen (Schlagbrettern) gefangen. Man stellt dieselben in der Regel am Meeresufer, die eine von der anderen circa 25 Faden entfernt, auf. Um den Fang der Polarfüchse zu betreiben, entfernen sich die Jäger 30, 40, ja selbst 100 Werst nach beiden Seiten vom Standquartier und benutzen als Rast- und Standorte die von früheren Gewerbsgenossen zurückgelassenen Wachthütten. Die Jagdgesellschaft löst sich zu diesem Zwecke in 3 bis 4 Trupps auf, welche bestimmte Hütten ständig beziehen. — Eine Fuchsfalle ist rasch hergestellt. Man bedarf dazu nur eines Brettes aus Treibholz (plawnik), das zur Feuerung untauglich, feucht und angefault sein kann, und einer dünnen Stange, welche das Brett in geneigter Stellung erhält. Als Lockspeise werden in jede Falle etwa 3 Solotnik Speck oder Schweinefett gelegt. Berührt der Eisfuchs die Falle, so fällt das Brett auf ihn und verhindert sein Entkommen. Schwer ist es, die Fallen vor den Besuchen der Eisbären zu wahren. Auch Füchse erscheinen als ungebetene Gäste. Sie sind selten, werden in Fuchseisen gefangen oder bekommen Gift. — Die Polarfüchse sind auf Spitzbergen häufiger und werthvoller als auf Nowaja Semlä. Dort werden unter 10 Polarfüchsen 8 blaue und 2 weisse gefangen, in Nowaja Semlä hingegen 8 weisse und nur 2 blaue auf 10. Die letzteren werden 7 bis 8 Mal theurer bezahlt als die ersteren. (Kapitän Lütke, Viermalige Reise, S. 113.)

Zahlreich sind die Renthiere. Sie bevölkern vorzugsweise die sumpfigen, moosbedeckten Niederungen der Ostküste. Dahin gehen indess die Jäger nicht häufig. — An der Westküste scheinen die Thiere seltener geworden zu sein. Pachtussow hatte 1832 an der Kamenka-Bucht eine Heerde von 500 Köpfen gesehen, während der Anwesenheit v. Baer's wurden nur wenige erlegt. Eine Jagdgesellschaft, welche das Jahr vorher auf Nowaja Semlä überwintert hatte, hatte kein einziges erlegen können.

Das Fleisch der Renthiere liefert eine gesunde und nahrhafte Kost, das heisse Blut des so eben geschossenen Thieres wird von den Jagdreisenden als vortreffliches Mittel gegen den Skorbut getrunken. Aus dem Fell wird die warme, dem Klima vortrefflich angepasste Kleidung der Samojeden und der Bewohner des Mesenj'schen Kreises angefertigt. Dieselbe besteht aus Malitza, Ssowik, Pima, Lupty und Pyshik. Die Malitza ist ein Unterkleid, das aus den Fellen junger, 3 bis 4 Monate alter Thiere gemacht wird. Es gleicht einem Frauenhemd und wird mit den Haaren nach innen getragen. Ist das Wetter kalt und stürmisch, so zieht man über die Malitza den Ssowik, ein Oberhemd mit Kapuze, an welchem die Haarseite nach aussen gekehrt ist. Es wird aus dem Fell erwachsener Thiere bereitet. Die Pima sind lange warme Stiefel, zu denen die Komas, die Felle der Renthierbeine, genommen

---

[1]) Vgl. Ausland 1866: „Bilder aus Spitzbergen", wo Prof. Nordenskjöld's Zusammentreffen mit einem Eisbären geschildert wird.

werden. Die Sohlen werden aus den Fellstücken oberhalb der Hufe zusammengenäht. Lupty sind Strümpfe aus den Fellen der Renthierkälber, die man über den nackten Fuss, die Haare nach innen, zieht. Der Pyshik, die Hirschkalbmütze, wird aus dem Fell von Renthierkälbern hergestellt, die noch nicht einen Monat erreicht haben. Als Zwirn dienen Renthiersehnen und die obere Membrane der Därme.

Das Gewicht eines ausgewachsenen Renthieres beträgt 12 Pud, wovon 10 Pud auf das Fleisch, 2 Pud auf das Fell kommen.

Den ergiebigsten Zweig der Vogeljagd bildet der Fang der Eiderenten. Die Eiderdunen zählen zu den wichtigeren Artikeln des inneren und auswärtigen Handels. Der Fang ist schwierig, da die Vögel an den steilsten, unzugänglichsten Küstenfelsen nisten und nie von den Inseln und Meeresgestaden tiefer landeinwärts fliegen. Die Jäger lassen sich an Stricken hinab zu den Brutplätzen, über sich die drohend überhangenden Felsen, unter sich die Brandung.

Die Federn müssen sorgfältig gereinigt werden. Diejenigen, welche die Eiderente nicht selbst sich ausgerupft hat. sind kurz und grobfaserig. Daher gewinnt man aus einem Pud gesammelter Federn nur etwa 5 Pfund reiner Dunen. Die, welche auf den Archangel'schen Markt gelangen, kommen aus Nowaja Semlä und Spitzbergen. Die Spitzbergen'schen werden von den Walrossfängern während der Mussezeit gesammelt. — Die Jäger essen das Fleisch der Eiderenten. Die Eier sind ausnehmend schmackhaft und den Hühnereiern entschieden vorzuziehen. Ausser den Dunen, den Federn, dem Fleische und den Eiern könnte man noch den Vogelmist verwerthen, indem man ihn in die für den Landbau noch geeigneten, aber wegen allzu geringen Viehstandes düngerarmen Gegenden des Archangeler Gouvernements verführte.

Ausser den Eiderenten werden von den Vogeljägern Taucher (Gagarki) und Gänse theils für den eigenen Kessel, theils für den Markt erlegt. Zu letzterem Zwecke wird das Fleisch in Tonnen eingesalzen und nach Archangelsk verführt.

Druck der Engelhard-Reyher'schen Hofbuchdruckerei in Gotha.

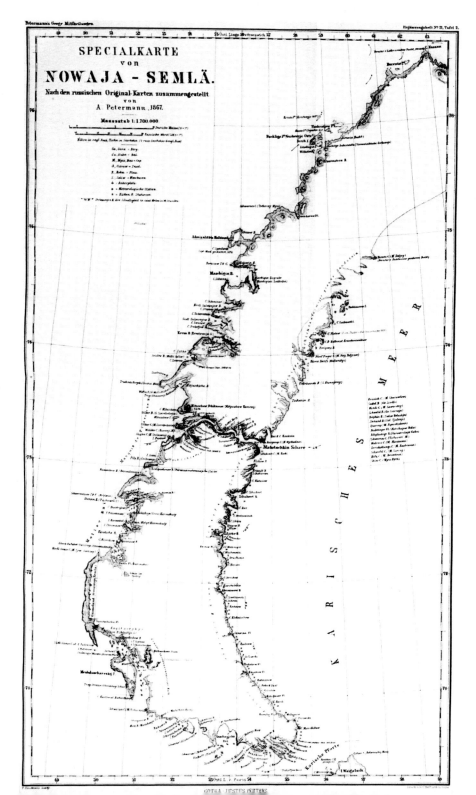

SPECIALKARTE
von
NOWAJA - SEMLÄ.

Nach den russischen Original-Karten zusammengestellt
von
A. Petermann, 1867.

Maassstab 1:1.700.000

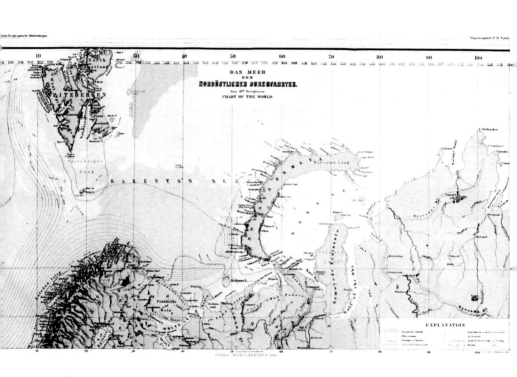

DAS MEER
DER
NORDÖSTLICHEN DURCHFAHRTEN.
Aus H⁹ᵉ Berghaus
CHART OF THE WORLD.